Helga Braunger-Galuschka

**Mathematik
für die Kollegstufe**

Aus dem Programm
Mathematik

Mathematische Formelsammlung
von F. Kemnitz und R. Engelhard

Analysis für Fachoberschulen
von K.-H. Pfeffer

Mathematik für Fachschulen Technik
von H. Rapp

Mathematik für die Kollgestufe
von H. Braunger-Galuschka

Mathematik für Ingenieure, Band 1 und 2
von L. Papula

Übungen zur Mathematik für Ingenieure
von L. Papula

Mathematische Formelsammlung
von L. Papula

Vieweg

Helga Braunger-Galuschka

Mathematik für die Kollegstufe

Mit 157 Abbildungen

Der Herausgeber:
Dipl.-Ing. Kurt Mayer, Oberstudienrat a.D., war bis 1990 Leiter der Wilhelm-Maybach-Schule, Stuttgart-Bad Cannstatt und bis 1992 Leiter des einjährigen Berufskollegs zur Erlangung der Fachhochschulreife beim Kolping-Bildungswerk, Stuttgart.

Die Autorin:
Helga Braunger-Galuschka, Assistentin des Lehramtes, unterrichtet seit 1987 am Kolping-Berufskolleg in Stuttgart-Bad Cannstatt.

Alle Rechte vorbehalten
© Friedr. Vieweg & Sohn Verlagsgesellschaft mbH, Braunschweig/Wiesbaden, 1993

Der Verlag Vieweg ist ein Unternehmen der Verlagsgruppe Bertelsmann International.

Das Werk einschließlich aller seiner Teile ist urheberrechtlich geschützt. Jede Verwertung außerhalb der engen Grenzen des Urheberrechtsgesetzes ist ohne Zustimmung des Verlags unzulässig und strafbar. Das gilt ins-besondere für Vervielfältigungen, Übersetzungen, Mikroverfilmungen und die Einspeicherung und Verarbeitung in elektronischen Systemen.

Umschlaggestaltung: Klaus Birk, Wiesbaden
Druck und buchbinderische Verarbeitung: W. Langelüddecke, Braunschweig
Gedruckt auf säurefreiem Papier
Printed in Germany

ISBN 3-528-04923-5

Vorwort

Mathematik für die Kollegstufe -

... für wen?

Das einjährige Berufskolleg zur Erlangung der Fachhochschulreife faßt Kollegiatinnen und Kollegiaten der verschiedensten Berufsgruppen in Klassen mit Schwerpunktfach Technik, Betriebswirtschaftslehre, Biologie oder Gestaltung zusammen. Daß im Fach Mathematik aufgrund dieser beruflichen Fächerung die unterschiedlichsten Voraussetzungen gegeben sind, liegt auf der Hand. Dazu kommt, daß für den einen oder anderen Kollegiaten die Schulzeit schon lange zurückliegt und die Inhalte verständlicherweise in Vergessenheit geraten sind. Vor diesem Hintergrund entstand die Idee, für diesen Leserkreis ein Buch zu konzipieren, das inhaltlich den gesamten Pflichtstoff 'Analysis' abdeckt. Da sich die Mathematik in vergleichbaren Bildungseinrichtungen im wesentlichen nicht unterscheidet, ist auch der Einsatz z.B. im dreijährigen Kolleg oder in beruflichen Gymnasien u.a. denkbar. Darüber hinaus entspricht das vorliegende Buch wesentlichen Inhalten der Bildungsprogramme anderer Bundesländer.
Bei der Erstellung des Buches wurde darauf geachtet, daß es nicht nur unterrichtsbegleitend eingesetzt werden kann, sondern daß es in besonderem Maße zum Selbststudium anregt.

... mit welchem Ziel?

Ziel dieses vorliegenden Buches ist es, jeden einzelnen Leser an der Stelle abzuholen, wo er stehen geblieben ist, und ihm in einem Art Marathonlauf - schließlich stehen nur wenige Unterrichtswochen zur Verfügung - die Kenntnisse zu vermitteln, die er braucht, sich qualifiziert den mathematischen Forderungen der Fachhochschulen zu stellen.

.... auf welchem Weg?

Um diesem Ziel gerecht zu werden, sind innerhalb dieses Buches einige Weichen gestellt:

- Im Kapitel 'Grundlagen' wird das gedanklich-theoretische wie auch das rechnerisch-praktische Fundament für die weiteren Überlegungen bereitgestellt.

- Methodisch sollen zwar "die mathematischen Inhalte vorwiegend anwendungsbezogen eingeführt und behandelt werden"[1], um wirklich jedem den Weg in die Mathematik zu ebnen. Ohne sachliche und formale Präzision würde dieses Buch jedoch den Weg in die weiterführende Mathematik verbauen. So sollen Praxis und Theorie sich nicht ausschließen, sondern gegenseitig bereichern.

---

[1] Ministerium für Kultus und Sport Baden-Württemberg: Kultus und Unterricht; Bildungsplan für das Berufskolleg (1989), S. 86

- Die Aufgaben wurden in verschiede Typen eingeteilt: Mit einer Folge von GRUND-AUFGABEN werden die neuen Lerninhalte vorgestellt, präzisiert und verallgemeinert. Kontrollergebnisse gestatten das neu Gelernte zu überprüfen. Eine breite Auswahl von **Übungsaufgaben** ermöglicht, je nach Bedarf, das Erarbeitete zu festigen. Dabei wurde auf einen angemessen steigenden Schwierigkeitsgrad geachtet. Beispiele aus der Praxis runden diese Aufgaben ab.

Zum Schluß...

gilt der Dank all denen, die mich beim Erstellen dieses Buches begleiteten. Anführen möchte ich dabei:

- Herrn OStD Mayer, der den Anstoß für das Entstehen dieses Buches gab,

- den Mitarbeitern des Verlages, die die Realisierung des Buches ermöglichten, vor allem Herrn Kühn von Burgsdorff und Herrn Ewald Schmitt.

Ganz besonders möchte ich in diesem Zusammenhang meine Studienkollegin Margot Krank erwähnen, die sich um die mathematische Durchsicht dieses Buches bemühte.

Helga Braunger-Galuschka

Stuttgart, im Juli 1993

Inhaltsverzeichnis

1 Grundlagen 1
   1.1 Mengentheoretische Grundbegriffe 1
      1.1.1 Definition und Darstellung einer Menge 1
      1.1.2 Mengenoperationen 3
      1.1.3 Zahlmengen 4
   1.2 Rechenpraktische Hinweise 5
      1.2.1 Rechenoperationen und ihre Gesetzmäßigkeiten 5
      1.2.2 Das Rechnen mit Brüchen 6
      1.2.3 Die binomischen Formeln 10
      1.2.4 Das PASCALsche Dreieck 12
      1.2.5 Termumformungen 13
   1.3 Der Funktionsbegriff: Die Funktion und ihr Schaubild 15
      1.3.1 Zuordnungen und Funktionen 15
      1.3.2 Definitions- und Wertemenge von Funktionen 17
      1.3.3 Schaubild und Wertetabelle einer Funktion 23

2 Die Grundfunktionen und ihre Schaubilder 27
   2.1 Lineare Funktionen und Gleichungen 27
      2.1.1 Lineare Funktionen und ihre Schaubilder 27
      2.1.2 Aufstellen von Geradengleichungen 30
      2.1.3 Lösungsverfahren linearer Gleichungssysteme 35
          2.1.3.1 Rechnerische Behandlung 35
          2.1.3.2 Zeichnerische Behandlung 37
      2.1.4 Klassifizierung linearer Gleichungssysteme 38
      2.1.5 Parallelität und Orthogonalität 40
   2.2 Quadratische Funktionen und Gleichungen 43
      2.2.1 Quadratische Funktionen und ihre Schaubilder 43
      2.2.2 Quadratische Gleichungen 48
          2.2.2.1 Beträge 48
          2.2.2.2 Betragsgleichungen 48
          2.2.2.3 (Rein-) Quadratische Gleichungen 49
          2.2.2.4 Gemischtquadratische Gleichungen 50
      2.2.3 Klassifizierung quadratischer Gleichungen 51
      2.2.4 Bestimmung quadratischer Funktionen 55
          2.2.4.1 Der allgemeine Ansatz 55
          2.2.4.2 Der Ansatz über die Scheitelform der Parabelgleichung 56
          2.2.4.3 Der Nullstellenansatz 57
          2.2.4.4 Die Diskriminantenmethode 57

2.3 Potenz- und Wurzelfunktionen 61
    2.3.1 Potenzen und Potenzfunktionen mit Exponenten aus /N 61
        2.3.1.1 Potenzen mit Exponenten aus /N 61
        2.3.1.2 Potenzenfunktionen mit Exponenten aus /N und ihre Schaubilder 64
    2.3.2 Potenzen und Potenzfunktionen mit Exponenten aus /Z 66
        2.3.2.1 Potenzen mit Exponenten aus /Z 66
        2.3.2.2 Potenzfunktionen mit Exponenten aus /Z \ /N und ihre Schaubilder 67
    2.3.3 Potenzen und Potenzfunktionen mit Exponenten aus /Q 69
        2.3.3.1 Potenzen mit Exponenten aus /Q 69
        2.3.3.2 Potenzenfunktionen mit Exponenten aus /Q \ /Z und ihre Schaubilder 71
    2.3.4 Umkehrfunktionen 74
2.4 Exponential- und Logarithmenfunktionen 76
    2.4.1 Die allgemeine Exponentialfunktion 76
        2.4.1.1 Wachstumsvorgänge 76
        2.4.1.2 Die allgemeine Exponentialfunktion und ihr Schaubild 77
    2.4.2 Wachstums- und Zerfallsprozesse 78
    2.4.3 Die natürliche Exponentialfunktion 81
        2.4.3.1 Die EULERsche Zahl e 82
        2.4.3.2 Die natürliche Exponentialfunktion und ihr Schaubild 82
    2.4.4 Die allgemeine Logarithmenfunktion und ihr Schaubild 84
    2.4.5 Das Rechnen mit Logarithmen 85
        2.4.5.1 Die wichtigsten Logarithmensysteme 86
        2.4.5.2 Umrechnung von einem Logarithmensystem in ein anderes 86
        2.4.5.3 Die Logarithmengesetze 87
    2.4.6 Exponential- und Logarithmengleichungen 89
    2.4.7 Die natürliche Logarithmenfunktion und ihr Schaubild 94
    2.4.8 Zusammenhang zwischen der allgemeinen und der natürlichen Exponentialfunktion 95
2.5 Trigonometrische Funktionen 98
    2.5.1 Die trigonometrischen Funktionen Sinus und Kosinus 101
        2.5.1.1 Veranschaulichung der Winkelfunktionen Sinus und Kosinus am Einheitskreis 101
        2.5.1.2 Wichtige Eigenschaften der Sinus- und der Kosinusfunktion 102
        2.5.1.3 Wichtige Sinus- und Kosinuswerte 102
    2.5.2 Die trigonometrische Funktion Tangens 104
        2.5.2.1 Veranschaulichung der Winkelfunktion Tangens am Einheitskreis 104
        2.5.2.2 Wichtige Eigenschaften der Tangensfunktion 105
    2.5.3 Der Sinus- und der Kosinussatz 107
        2.5.3.1 Der Kosinussatz 107
        2.5.3.2 Der Sinussatz 108

    2.5.4   Die Schaubilder trigonometrischer Funktionen 112
        2.5.4.1   Das Bogenmaß 112
        2.5.4.2   Das Schaubild der Sinus- und der Kosinusfunktion 114
        2.5.4.3   Das Schaubild der Tangensfunktion 116
    2.5.5   Dehnung und Stauchung der Sinus- und der Kosinuskurve senkrecht zu den Koordinatenachsen 118
  2.6 Übersicht über die bisherigen Funktionen und ihre Schaubilder 122

3 Zusammengesetzte Funktionen und ihre Schaubilder 134
  3.1 Linearkombinationen von Funktionen 134
    3.1.1   Beispiele für zusammengesetzte Funktionen 134
    3.1.2   Der Begriff 'Linearkombination von Funktionen' 135
    3.1.3   Schaubilder 'linearkombinierter' Funktionen 136
  3.2 Die ganzrationalen Funktionen 138
    3.2.1   Der Begriff 'ganzrationale Funktion' 138
    3.2.2   Symmetrieuntersuchung der Schaubilder ganzrationaler Funktionen 140
    3.2.3   Nullstellenbestimmung ganzrationaler Funktionen 144

4 Einführung in die Differentialrechnung 154
  4.1 Das Tangentenproblem 154
    4.1.1   Problemstellung 154
    4.1.2   Verallgemeinerung des Tangentenbegriffes 154
    4.1.3   Die Ableitung einer Funktion an einer Stelle 156
    4.1.4   Die Ableitungsfunktion 160
    4.1.5   Zusammenstellung der wichtigsten Ableitungsfunktionen 162
    4.1.6   Drei wichtige Ableitungsregeln 167
        4.1.6.1   Die Faktorregel 168
        4.1.6.2   Die Summenregel 169
        4.1.6.3   Die vereinfachte Kettenregel 170
  4.2 Näherungsweise Bestimmung von Nullstellen: Das Newton-Verfahren 175
    4.2.1   Vorbemerkung 175
    4.2.2   Das NEWTON-Verfahren 177
  4.3 Hoch-, Tief- und Wendepunkte des Schaubildes einer Funktion 181
    4.3.1   Extremstellen und Extremwerte einer Funktion 181
    4.3.2   Zwei Kriterien zur Ermittlung von Hoch- und Tiefpunkten 183
    4.3.3   Wendestellen einer Funktion 190
    4.3.4   Zwei Kriterien zur Ermittlung von Wendepunkten 191
  4.4 Das Verfahren einer vollständigen Funktionsuntersuchung 195
    4.4.1   Der Acht-Punkte-Katalog 195
    4.4.2   Die Funktionsuntersuchung am Beispiel ganzrationaler Funktionen 197
    4.4.3   Die Funktionsuntersuchung am Beispiel transzententer Funktionen 202
  4.5 Praxisorientierte Problemstellungen der Differentialrechnung 207
    4.5.1   Bestimmung ganzrationaler Funktionen 207
    4.5.2   Extremwertprobleme 214

| 5 | Einführung in die Integralrechnung | 220 |

5.1 Das bestimmte Integral ... 220
    5.1.1 Problemstellung ... 220
    5.1.2 Definition des bestimmten Integrals ... 222
    5.1.3 Weiterführende Beispiele ... 222

5.2 Der Hauptsatz der Differential- und Integralrechnung ... 225
    5.2.1 Stammfunktionen ... 225
    5.2.2 Formulierung des Hauptsatzes ... 227

5.3 Die wichtigsten Eigenschaften des bestimmten Integrals ... 230
    5.3.1 Linearität des bestimmten Integrals ... 230
    5.3.2 Intervalladditivität ... 233

5.4 Berechnung weiterer Flächeninhalte mit Hilfe des Hauptsatzes der Differential- und Integralrechnung ... 236
    5.4.1 Inhaltsberechnung von Flächen, die teils unter- teils oberhalb der x-Achse liegen ... 236
    5.4.2 Inhaltsberechnung von Flächen zwischen zwei (sich schneidenden) Kurven ... 240

Stichwortverzeichnis ... 245

1 Grundlagen

1.1 Mengentheoretische Grundbegriffe

1.1.1 Definition und Darstellung einer Menge

Als wesentliche Voraussetzung für den Umgang mit mathematischen Begriffen gilt die von GEORG CANTOR (1845-1918) begründete Mengenlehre. Sie ermöglichte eine Neuordnung logischer Strukturen, die dazu beitrug, das Gebäude der Mathematik völlig anders als bisher zu errichten. Darüber hinaus wird aufs neue deutlich, daß unter der Mathematik nicht nur der Umgang mit Zahlen zu verstehen ist, sondern daß sie als Wissenschaft weit in die Gedankenwelt der Philosophie hineinreicht.

An dieser Stelle mögen die für das weitere Vorgehen wichtigen Begriffe dargestellt werden; auf einen axiomatischen Aufbau der Mengenlehre wird in diesem Zusammenhang verzichtet.

> **Definition 1.1:**
> Eine **Menge** ist eine Zusammenfassung von bestimmten wohlunterscheidbaren Objekten unserer Anschauung oder unseres Denkens zu einem Ganzen. Diese Objekte werden Elemente der Menge genannt.

Beispiele:
Mittels dieser Festlegung lassen sich
a) die Vokale des deutschen Alphabetes,
b) die Menge aller Absolventen der Fachhochschulen innerhalb der Bundesrepublik Deutschland im Jahre 1993,
c) die Punkte einer Ebene, die von einem vorgegebenen Punkt eine bestimmte Entfernung haben,
d) alle Teiler der Zahl 36
jeweils als eine Menge deuten.

Die Elemente einer Menge, meist mit Kleinbuchstaben $a, b, c, d, ...$ bezeichnet, werden mit geschweiften Klammern $\{\ ,\ \}$ zu einer Menge, mit Großbuchstaben $A, B, C, ...$ abgekürzt, zusammengefaßt: $A = \{a, b, c, ...\}$

Um Mengen darzustellen gibt es verschiedene Möglichkeiten, darunter die *aufzählende Form* und die *beschreibende Form*. Je nach Beispiel ist die eine oder andere Darstellung zu empfehlen.

zu a)
$A = \{a, e, i, o, u\}$ *(aufzählende Form)*

zu b)
$B = \{x | x \text{ ist Absolvent einer Fachhochschule}$
$\quad\quad \text{der Bundesrepublik Deutschland im Jahre 1993}\}$ *(beschreibende Form)*

zu c)
$C = \{x | x \text{ ist Punkt einer Ebene und hat von } M \text{ die Entfernung } r\}$ *(beschreibende Form)*

zu d)
$D = \{x | x \text{ teilt } 36\}$ *(beschreibende Form)* oder $D = \{1, 2, 3, 4, 6, 9, 12, 18, 36\}$ *(aufzählende Form)*

Hinweis:
Möge die Eigenschaft, wodurch die genannten Mengen gekennzeichnet sind, mit $E(x)$ abgekürzt werden, so ist für den Ausdruck $M = \{x | E(x)\}$ die folgende Sprechweise üblich: M ist die Menge aller x, für welche die Eigenschaft $E(x)$ zutrifft.

Bei geeigneten Beispielen gelingt mit Hilfe von *Mengendiagrammen* eine bildliche Darstellung von Mengen:

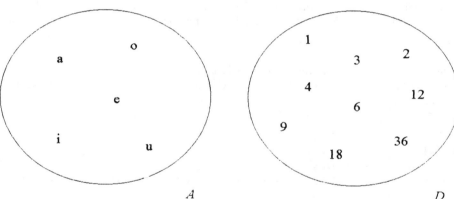

Bild 1.1: Mengendiagramm zu Beispiel a)   **Bild 1.2:** Mengendiagramm zu Beispiel d)

Anmerkungen:
1) Im Beispiel a) ist der Vokal u Element der Menge A, der Konsonant b dagegen ist *kein* Element der Menge A. Man schreibt dafür: $u \in A$ beziehungsweise $b \notin A$
2) In den Beispielen a), b) und d) haben die entsprechenden Mengen endlich viele Elemente, im Beispiel c) besitzt die Menge C unendlich viele Elemente. Man spricht in diesem Zusammenhang von *endlichen* beziehungsweise *unendlichen* Mengen.
3) Die Menge, die kein Element besitzt, wird die *leere Menge* genannt, abgekürzt mit $\{\ \}$.
4) Zwei Mengen M_1 und M_2 heißen *gleich*, wenn jedes Element der Menge M_1 auch Element der Menge M_2 ist und umgekehrt. Insbesondere kommt es auf die Reihenfolge bei Aufzählung der Elemente nicht an.
Beispielsweise gilt: $\{1, 2, 3, 4\} = \{2, 4, 1, 3\} = \{1, 1, 2, 3, 4\}$
5) Betrachtet man nochmals die Menge D aus Beispiel d), so ist jedes Element der Menge $D^* = \{1, 2, 3, 6, 9, 12\}$ auch Element der Menge D. Allgemein wird eine Menge M_1 *Teilmenge* einer Menge M_2 genannt, wenn jedes Element von M_1 auch zu M_2 gehört, da-

1.1 Mengentheoretische Grundbegriffe

für schreibt man $M_1 \subseteq M_2$, insbesondere auch $M_1 \subset M_2$, wenn gesichert ist, daß $M_1 \neq M_2$ ist. So ist im Beispiel d) die Menge D^* eine *(echte) Teilmenge* der Menge D, es gilt also: $D^* \subset D$

1.1.2 Mengenoperationen

Mit Hilfe von Mengendiagrammen lassen sich die gängigen Mengenoperationen, wie *Schnittmenge*, *Vereinigungsmenge* und *Differenzmenge* veranschaulichen.

Merke 1.1:
Die Menge aller Elemente, die sowohl zur Menge M_1 als auch zur Menge M_2 gehören, bilden die **Schnittmenge** S von M_1 und M_2, abgekürzt mit $S = M_1 \cap M_2$,
die Menge aller Elemente, die zu mindestens einer der Mengen M_1 oder M_2 gehören, bilden die **Vereinigungsmenge** V von M_1 und M_2, abgekürzt mit $V = M_1 \cup M_2$,
die Menge aller Elemente der Menge M_1, die nicht zu M_2 gehören, bilden die **Differenzmenge** $D = M_1 \setminus M_2$.

Hinweis:
Die eben genannten Ausdrücke werden wie folgt ausgesprochen:
M_1 geschnitten mit M_2 (für $M_1 \cap M_2$), M_1 vereinigt mit M_2 (für $M_1 \cup M_2$) und M_1 ohne M_2 (für $M_1 \setminus M_2$).

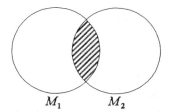
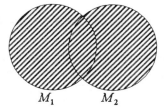
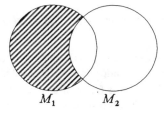

Bild 1.3: Schnittmenge $S = M_1 \cap M_2$ **Bild 1.4:** Vereinigungsmenge $V = M_1 \cup M_2$ **Bild 1.5:** Differenzmenge $D = M_1 \setminus M_2$

Beispiele:
a) Die Menge A sei die Menge aller Buchstaben, die Menge B sei die Menge aller Konsonanten, die Menge C die Menge aller Vokale des deutschen Alphabetes. Die Menge D sei die Menge aller Buchstaben des Wortes *Mengenlehre*.
Es gelten dabei beispielsweise die folgenden Beziehungen: $B \subset A$; $C \subset A$; $A \setminus B = C$; $B \cup C = A$; $B \cap C = \{\ \}$; $B \cap D = \{m,n,g,l,h,r\}$; $C \cap D = \{e\}$; $C \setminus D = \{a,i,o,u\}$; $D \setminus C = \{m,n,g,l,h,r\}$
b) Die Menge E sei die Menge der Primzahlen, also die Menge der von 0 und 1 verschiedenen (natürlichen) Zahlen, die nur durch 1 und durch sich selbst teilbar sind. Die Menge F sei die Menge der (natürlichen) Zahlen, die gleich oder kleiner als die Zahl 13 sind, die Menge G ist die Menge der geraden Zahlen. Es gilt: $E \cap F = \{2,3,5,7,11,13\}$; $E \cap G = \{2\}$; $F \setminus G = \{1,3,5,7,9,11,13\}$; $F \setminus E = \{1,4,6,8,10,12\}$

1.1.3 Zahlmengen

Der Zahlbegriff unterlag im Laufe der Geschichte einer ständigen Erweiterung. Heute unterscheidet man die folgenden Zahlmengen, die jeweils eine eigene Symbolik erhalten:
Unter der Menge der **natürlichen Zahlen**, abgekürzt mit $/N$, versteht man die Menge $/N = \{1, 2, 3, 4, 5, 6, 7, 8, ...\}$. Für die Menge $/N \cup \{0\}$ ist die Abkürzung $/N_0$ gebräuchlich.
Mit dem Symbol $/Z$ bezeichnet man die Menge der **ganzen Zahlen**:
$/Z = \{0, \pm 1, \pm 2, \pm 3, \pm 4, ...\}$.
Die Menge der **rationalen Zahlen**, abgekürzt mit $/Q$, beschreibt alle Zahlen, die sich als Quotient zweier ganzen Zahlen darstellen lassen. Es gilt: $/Q = \left\{ q \middle| q = \dfrac{m}{n} \text{ mit } m, n \in /Z \text{ und } n \neq 0 \right\}$

Speziell heißen die Brüche $\dfrac{m}{n}$, bei denen sowohl m als auch n natürliche Zahlen sind, *Bruchzahlen*. Die Menge der rationalen Zahlen besteht also aus den Bruchzahlen, den negativen Bruchzahlen und der Null. Bruchzahlen, für deren Zähler gilt $m = 1$, werden *Stammbrüche* genannt, ist $m < n$ handelt es sich um *echte*, ist dagegen $m > n$ handelt es sich um *unechte Brüche*. Ein unechter Bruch läßt sich als *gemischte Zahl*, also als Summe einer natürlichen Zahl und einer Bruchzahl schreiben.

Beispiele: Von den rationalen Zahlen $\dfrac{1}{6}, \dfrac{7}{31}, \dfrac{37}{5}, -\dfrac{5}{9}, -\dfrac{1}{73}$ sind die ersten drei Brüche Bruchzahlen, davon sind $\dfrac{1}{6}$ und $\dfrac{7}{31}$ jeweils echte Brüche, ferner ist $\dfrac{1}{6}$ ein Stammbruch. Der unechte Bruch $\dfrac{37}{5}$ läßt sich als gemischte Zahl schreiben: Es gilt $\dfrac{37}{5} = 7 + \dfrac{2}{5} = 7\dfrac{2}{5}$

Neben den rationalen Zahlen, die sich als Quotient zweier ganzer Zahlen schreiben lassen, gibt es noch unendlich viele Zahlen, die sich nicht in dieser Form angeben lassen. Es handelt sich dabei zum Beispiel um die Zahlen $\pi = 3,14159265359....$, $\sqrt{2}$ oder $\sqrt{5}$. Sie werden **irrationale Zahlen** genannt. Zusammen mit den rationalen Zahlen bilden sie die Menge der **reellen Zahlen**, für die sich das Symbol $/R$ durchgesetzt hat. Während sich jede rationale Zahl entweder als abbrechenden oder als nicht abbrechenden periodischen Dezimalbruch schreiben läßt, ist die Darstellung einer irrationalen Zahl als Dezimalbruch weder periodisch noch abbrechend.

Beispiele:
Dezimalbruchentwicklung rationaler Zahlen:
$\dfrac{1}{6} = 0,166666666... = 0,1\overline{6}$ *(periodischer Dezimalbruch)*

$\dfrac{37}{5} = 7,4$ *(abbrechender Dezimalbruch)*

Dezimalbruchentwicklung der irrationalen Zahl $\sqrt{2}$:
$\sqrt{2} = 1,41421356237......$ *(nicht abbrechender, nicht periodischer Dezimalbruch)*
Speziell gilt $/R^+ = \{x \in /R | x > 0\}$, mit $/R^+$ werden also die positiven reellen Zahlen zusammengefaßt, mit $/R^-$ dagegen die negativen reellen Zahlen. Es ist also $/R^- = \{x \in /R | x < 0\}$.

1.2 Rechenpraktische Hinweise

Wird jeweils noch die Zahl 0 zugelassen, schreibt man $/R_0^+$ bzw. $/R_0^-$. Es gilt also
$/R_0^+ = \{x \in /R | x \geq 0\}$ bzw. $/R_0^- = \{x \in /R | x \leq 0\}$.

Bemerkung:

Die Zahlmengen stehen untereinander in der folgenden Beziehung:

$$/N \subset /Z \subset /Q \subset /R$$

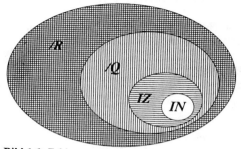

Bild 1.6: Zahlmengen

1.2 Rechenpraktische Hinweise

1.2.1 Rechenoperationen und ihre Gesetzmäßigkeiten

Als bekannt werden die vier Grundrechenarten *(Rechenoperationen)*, die *Addition*, die *Subtraktion*, die *Multiplikation* und die *Division*, vorausgesetzt. Mit Ausnahme der Division durch die Zahl 0 sind diese Rechenoperationen in der Menge der rationalen und der reellen Zahlen uneingeschränkt möglich.

Die Subtraktion kann als Umkehrung der Addition angesehen werden, umgekehrt gilt die Addition als Umkehrung der Subtraktion. Dieselben Beziehungen bestehen zwischen den Rechenoperationen Multiplikation und Division:

Zum einen ist $5 + \frac{1}{3} = 5\frac{1}{3}$, $5\frac{1}{3} - \frac{1}{3} = 5$, zum andern $5 \cdot \frac{1}{3} = \frac{5}{3}$, $\frac{5}{3} : \frac{1}{3} = 5$.

Für die Addition und die Multiplikation gelten besondere Eigenschaften:

Merke 1.2:
Sowohl die Addition als auch die Multiplikation sind *kommutative* und *assoziative* Rechenoperationen:
Für jede Zahl $a, b, c \in /R$ gilt einerseits $\boxed{a + b = b + a}$ bzw. $\boxed{a \cdot b = b \cdot a}$
Kommutativ(=Vertauschungs-)gesetz,
andererseits ist $\boxed{(a + b) + c = a + (b + c)}$ bzw. $\boxed{(a \cdot b) \cdot c = a \cdot (b \cdot c)}$
Assoziativ(=Verbindungs-)gesetz.

Merke 1.3:
Beide Rechenoperationen hängen über das
Distributiv(=Verteilungs-)gesetz zusammen:
Für jede Zahl $a, b, c \in /R$ gilt: $\boxed{a \cdot (b + c) = a \cdot b + a \cdot c}$

Hinweis:
In Produkten, deren Faktoren *Variable* (=Unbekannte) sind, also in Produkten der Form $a \cdot b$, wird der Multiplikationspunkt meist weggelassen. Man schreibt dafür einfach ab.

Mit Hilfe dieser Gesetze lassen sich durch Ausklammern die folgenden Ausdrücke, auch Terme genannt, in Faktoren zerlegen:

Beispiele:
a) $4ax + 2bx$
b) $3xy - 9yz$
c) $3v^2 - 6v$
d) $25a^2x - 35abx$
e) $20p^2q^3 - 10p^3q^2$
f) $48ab^3 + 36a^3b$
g) $6az^3 - 3az^2 + 9az$
h) $5b^3 + 10b^2 - 25b$
i) $5x^4 + 25x^3y^2 + 30x^2y^3$
j) $4ab^2c^2 - 6a^2bc^2 - 8a^2b^2c$

Anmerkungen:
zu a) $4ax + 2bx = 2x(2a + b)$
zu c) $3v^2 - 6v = 3v(v - 2)$
zu e) $20p^2q^3 - 10p^3q^2 = 10p^2q^2(2q - p)$
zu h) $5b^3 + 10b^2 - 25b = 5b(b^2 + 2b - 5)$

Für das Rechnen mit reellen Zahlen läßt sich nun die folgende *'hierarchische' Struktur* aufzeigen: Sie dokumentiert die herkömmlichen Regeln, wie *Punktrechnung* geht vor *Strichrechnung*, *Klammerrechnung* geht vor *Punktrechnung*. Ferner wird hier auch der Stellenwert des Potenzierens und des Radizierens, des Exponierens und Logarithmierens angedeutet, was erst später im Zusammenhang mit den entsprechenden Funktionen vertieft werden möge.

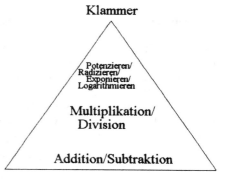

Bild 1.7: Die Hierarchie der Rechenoperationen

Beispiele:
a) $\left(\dfrac{1}{3} \cdot \dfrac{1}{2} + 1\right)^2 - \sqrt{4^{0,5} : 2} + 3 \cdot 2 : \dfrac{1}{4} - 1 : 0,3 = 21\dfrac{1}{36}$

b) Für $a, b, c \in /R^+$ gilt: $\sqrt{(a \cdot b + c)^2 - \sqrt{\dfrac{d}{4} : \dfrac{1}{d}} + \dfrac{d - 2c^2}{2} - 2abc} = a \cdot b$

1.2.2 Das Rechnen mit Brüchen

An dieser Stelle möge im besonderen auf die Bruchrechnung eingegangen werden. Sie bietet die Grundlage für den Umgang mit schwierigeren Rechenausdrücken.

Voraussetzung für die Bruchrechnung ist das *Erweitern* und *Kürzen* von Brüchen:

1.2 Rechenpraktische Hinweise

> **Merke 1.4:**
> Ein Bruch wird **erweitert**, indem der Zähler z und der Nenner n (mit $n \neq 0$) mit derselben Zahl $k \neq 0$ *multipliziert* werden: $\boxed{\dfrac{z}{n} = \dfrac{z \cdot k}{n \cdot k}}$
> Ein Bruch wird **gekürzt**, indem der Zähler z und der Nenner n (mit $n \neq 0$) durch einen gemeinsamen Teiler t von Zähler und Nenner *dividiert* werden.
> Es sei $z = t \cdot z^*$ und $n = t \cdot n^*$, dann gilt $\boxed{\dfrac{z}{n} = \dfrac{t \cdot z^*}{t \cdot n^*} = \dfrac{z^*}{n^*}}$.
> Sowohl der erweiterte als auch der gekürzte Bruch stellen dieselbe Bruchzahl dar.

Beispiele: a) $\dfrac{3}{8} = \dfrac{3 \cdot 5}{8 \cdot 5} = \dfrac{15}{40}$ b) $\dfrac{36}{54} = \dfrac{36:18}{54:18} = \dfrac{2}{3}$

Hinweis:
Sind Zähler und Nenner eines Bruches **teilerfremd** (vgl. Beispiel b), so nennt man den Bruch *voll gekürzt*.

Das Erweitern und Kürzen von Brüchen findet vor allem bei der *Addition* und *Subtraktion* von Brüchen ihre Anwendung:

> **Merke 1.5:**
> **Nennergleiche Brüche** werden $\boxed{\text{addiert} \atop \text{subtrahiert}}$, indem die *Zähler* $\boxed{\text{addiert} \atop \text{subtrahiert}}$ werden, der gemeinsame *Nenner* wird beibehalten. Für $n \neq 0$ gilt also $\boxed{\dfrac{z_1}{n} \pm \dfrac{z_2}{n} = \dfrac{z_1 \pm z_2}{n}}$
> Sind die Brüche **nicht nennergleich**, so werden sie vor der Addition bzw. Subtraktion durch Erweitern oder auch Kürzen **nennergleich** gemacht. Für $n_1, n_2 \neq 0$, wobei n_1 und n_2 teilerfremd sind, gilt also: $\boxed{\dfrac{z_1}{n_1} \pm \dfrac{z_2}{n_2} = \dfrac{z_1 \cdot n_2}{n_1 \cdot n_2} \pm \dfrac{z_2 \cdot n_1}{n_2 \cdot n_1} = \dfrac{z_1 \cdot n_2 \pm z_2 \cdot n_1}{n_1 \cdot n_2}}$

Beispiele:

a) $\dfrac{4}{7} + \dfrac{2}{7} = \dfrac{4+2}{7} = \dfrac{6}{7}$ b) $\dfrac{7}{11} - \dfrac{10}{11} = \dfrac{7-10}{11} = \dfrac{-3}{11} = -\dfrac{3}{11}$

c) $\dfrac{8}{15} - \dfrac{2}{15} = \dfrac{8-2}{15} = \dfrac{6}{15} = \dfrac{6:3}{15:3} = \dfrac{2}{5}$ d) $2\dfrac{1}{6} - \dfrac{5}{6} = \dfrac{13}{6} - \dfrac{5}{6} = \dfrac{8}{6} = \dfrac{4}{3} = 1\dfrac{1}{3}$

e) $\dfrac{7}{12} + \dfrac{11}{18} = \dfrac{7 \cdot 3}{12 \cdot 3} + \dfrac{11 \cdot 2}{18 \cdot 2} = \dfrac{21}{36} + \dfrac{22}{36} = \dfrac{43}{36} = 1\dfrac{7}{36}$

f) $\dfrac{8}{21} - 2\dfrac{3}{7} = \dfrac{8}{21} - \dfrac{17}{7} = \dfrac{8}{21} - \dfrac{17 \cdot 3}{7 \cdot 3} = \dfrac{8}{21} - \dfrac{51}{21} = \dfrac{-43}{21} = -\dfrac{43}{21} = -2\dfrac{1}{21}$

Für die *Multiplikation* und *Division* von Brüchen gelten die folgenden Regeln:

> **Merke 1.6:**
> Zwei Brüche werden **multipliziert**, indem man *Zähler mit Zähler* und *Nenner mit Nenner multipliziert*: Für $n_1, n_2 \neq 0$ ist demnach $\boxed{\dfrac{z_1}{n_1} \cdot \dfrac{z_2}{n_2} = \dfrac{z_1 \cdot z_2}{n_1 \cdot n_2}}$.
> Ein Bruch wird durch einen zweiten von 0 verschiedenen Bruch **dividiert**, indem der erste Bruch mit der *Kehrzahl* des zweiten Bruches *multipliziert* wird.
> Für $n_1, n_2, z_2 \neq 0$ gilt also $\boxed{\dfrac{z_1}{n_1} : \dfrac{z_2}{n_2} = \dfrac{z_1}{n_1} \cdot \dfrac{n_2}{z_2} = \dfrac{z_1 \cdot n_2}{n_1 \cdot z_2}}$.

Beispiele:

a) $\dfrac{3}{4} \cdot \dfrac{5}{8} = \dfrac{3 \cdot 5}{4 \cdot 8} = \dfrac{15}{32}$
b) $\dfrac{3}{5} \cdot \dfrac{25}{81} = \dfrac{3 \cdot 25}{5 \cdot 81} = \dfrac{\cancel{3} \cdot 5 \cdot \cancel{5}}{\cancel{5} \cdot \cancel{3} \cdot 27} = \dfrac{5}{27}$

c) $2\dfrac{1}{2} \cdot 3\dfrac{1}{4} = \dfrac{5}{2} \cdot \dfrac{13}{4} = \dfrac{5 \cdot 13}{2 \cdot 4} = \dfrac{65}{8} = 8\dfrac{1}{8}$
d) $\dfrac{2}{3} : \dfrac{4}{5} = \dfrac{2}{3} \cdot \dfrac{5}{4} = \dfrac{\cancel{2} \cdot 5}{3 \cdot 2 \cdot \cancel{2}} = \dfrac{5}{6}$

e) $\dfrac{1}{2} : \dfrac{1}{3} = \dfrac{1}{2} \cdot \dfrac{3}{1} = \dfrac{3}{2} = 1\dfrac{1}{2}$
f) $2\dfrac{1}{2} : 3\dfrac{1}{3} = \dfrac{5}{2} : \dfrac{10}{3} = \dfrac{5}{2} \cdot \dfrac{3}{10} = \dfrac{\cancel{5} \cdot 3}{2 \cdot \cancel{5} \cdot 2} = \dfrac{3}{4}$

Übungsaufgaben:
Berechnen und vereinfachen Sie die folgenden Ausdrücke. Kürzen Sie vollständig und geben Sie die Brüche gegebenenfalls in gemischter Schreibweise an.

1. a) $\dfrac{4}{5} - \dfrac{5}{8}$ b) $\dfrac{9}{28} + \dfrac{3}{8}$ c) $\dfrac{9}{10} - \dfrac{1}{6}$ d) $\dfrac{3}{4} - \dfrac{1}{9} - \dfrac{7}{12}$

2. a) $2 \cdot \dfrac{7}{8}$ b) $21 \cdot \dfrac{7}{9}$ c) $\dfrac{4}{5} \cdot \dfrac{7}{8}$ d) $\dfrac{6}{11} \cdot \dfrac{8}{9}$
   e) $5 \cdot 4\dfrac{3}{4}$ f) $\dfrac{4}{7} \cdot 1\dfrac{3}{4}$ g) $2\dfrac{3}{4} \cdot \dfrac{1}{2}$ h) $5\dfrac{2}{3} \cdot 1\dfrac{1}{2}$

3. a) $2\dfrac{3}{4} \cdot \left(\dfrac{1}{3} + \dfrac{1}{6}\right)$ b) $\left(1\dfrac{1}{2} - 2\dfrac{1}{8}\right) \cdot \dfrac{3}{4}$ c) $\dfrac{4}{5} \cdot \left(1\dfrac{1}{4} + 1\dfrac{1}{3}\right)$
   d) $1\dfrac{3}{5} \cdot \left(2\dfrac{1}{3} - 2\dfrac{4}{9}\right)$ e) $\left(\dfrac{3}{4} + \dfrac{4}{3}\right) \cdot 1\dfrac{2}{5}$ f) $3\dfrac{1}{13} \cdot \left(2\dfrac{3}{5} + 1\dfrac{5}{8}\right)$

4. a) $\dfrac{4}{5} \cdot \left(5\dfrac{2}{3} + 1\dfrac{1}{2} - 2\dfrac{3}{4}\right)$ b) $\left(1\dfrac{1}{2} - 3\dfrac{3}{4} + \dfrac{4}{5}\right) \cdot 1\dfrac{1}{29}$ c) $\dfrac{4}{5} \cdot 2\dfrac{1}{2} \cdot \left(\dfrac{1}{2} - \dfrac{3}{4}\right)$
   d) $\left(\dfrac{2}{3} + \dfrac{4}{9}\right) \cdot \left(\dfrac{3}{5} + \dfrac{9}{20}\right)$ e) $\left(1\dfrac{2}{2} - \dfrac{3}{4}\right) \cdot \left(\dfrac{5}{12} + \dfrac{5}{6}\right)$ f) $\left(5 - \dfrac{5}{7}\right) \cdot \left(1\dfrac{1}{6} - \dfrac{2}{3}\right)$

5. a) $\dfrac{21}{25} : \dfrac{3}{5}$ b) $\dfrac{50}{51} : \dfrac{3}{10}$ c) $\dfrac{39}{64} : \dfrac{13}{16}$ d) $\dfrac{31}{64} : \dfrac{217}{512}$
   e) $3\dfrac{1}{2} : 4\dfrac{2}{3}$ f) $9\dfrac{3}{7} : 8\dfrac{1}{4}$ g) $7\dfrac{1}{7} : 4\dfrac{1}{11}$ h) $100\dfrac{5}{6} : 6\dfrac{1}{9}$

6. a) $2\dfrac{1}{3} \cdot \left(2\dfrac{3}{4} - 1\dfrac{2}{3}\right)$ b) $3\dfrac{1}{5} : \left(2\dfrac{1}{5} + 3\dfrac{1}{2}\right)$ c) $\left(2\dfrac{2}{3} - 1\dfrac{1}{6}\right) \cdot \left(1\dfrac{3}{4} + 2\dfrac{1}{2}\right)$

1.2 Rechenpraktische Hinweise

7. Verfahren Sie wie bisher. Beachten Sie dabei, daß für jede Zahl $a \in \mathbb{R}$ gilt: $a^2 = a \cdot a$

a) $\left(1\frac{1}{2}\right)^2 + \left(1\frac{1}{4}\right)^2$
b) $\left(1\frac{1}{2} + 1\frac{1}{4}\right)^2$
c) $2\frac{1}{2} + \left(1\frac{3}{4}\right)^2$
d) $\left(1\frac{4}{5}\right)^2 - 3\frac{6}{25}$
e) $\left(6\frac{3}{5} - 6\frac{1}{4}\right)^2 : \left(5\frac{1}{4}\right)^2$
f) $\left(3\frac{1}{9}\right)^2 - \left(3\frac{3}{5} - \frac{9}{10}\right)^2$

8.

a) $2\frac{5}{8} : \left(1\frac{3}{4} + \frac{9}{16} - \frac{2}{5}\right)$
b) $6 \cdot \left(\frac{3}{5} - \frac{3}{10} + \frac{11}{20}\right)$
c) $\left(\frac{12}{25} - \frac{1}{3} - \frac{1}{15}\right) : 3\frac{1}{8}$
d) $12 : \left(\frac{4}{7} + \frac{8}{11}\right)$
e) $1\frac{3}{4} : \left(\frac{5}{8} + 2\frac{1}{6}\right)$
f) $\left(2\frac{1}{7} + 2\frac{2}{5}\right) \cdot \frac{8}{9}$

9. Welche der folgenden Quotienten stellen eine natürliche Zahl dar?

a) $\frac{1}{2} : 4$
b) $5 : \frac{1}{3}$
c) $36 : 1\frac{1}{7}$
d) $25 : 3\frac{7}{10}$

10. Wie lautet der Kehrwert der folgenden Bruchzahlen?

a) $\frac{99}{110}$
b) $\frac{1}{12000}$
c) 17
d) $2\frac{13}{17}$

11. Kürzen Sie vollständig und geben Sie wie gewohnt das Ergebnis in gemischter Schreibweise an:

a) $\frac{100}{9}$
b) $\frac{43}{3}$
c) $\frac{360}{25}$
d) $\frac{1716}{308}$

12.

a) $\frac{13}{14} \cdot \frac{5}{26} \cdot 1\frac{4}{7} \cdot \frac{98}{99}$
b) $\frac{13}{16} \cdot 12 \cdot \frac{56}{65} \cdot \frac{5}{7}$
c) $\frac{5}{18} \cdot 7\frac{7}{8} \cdot \frac{11}{14} \cdot \frac{32}{33}$

13.

a) $1 : \left(\frac{2}{9} + \frac{1}{7}\right)$
b) $\frac{5}{8} \cdot \left(\frac{13}{15} + \frac{1}{6}\right)$
c) $\left(\frac{3}{5} - \frac{1}{4}\right) : \frac{3}{4}$
d) $\left(\frac{9}{11} - \frac{5}{8}\right) \cdot \frac{4}{17}$

14. Schreiben Sie die Doppelbrüche als Quotienten und berechnen Sie.

a) $\dfrac{\frac{5}{8}}{\frac{1}{4}}$
b) $\dfrac{2\frac{1}{2}}{1\frac{1}{6}}$
c) $\dfrac{2\frac{2}{7}}{1\frac{1}{3}}$
d) $\dfrac{\frac{99}{100}}{\frac{9}{10}}$

15.

a) $\frac{3}{4} \cdot 1\frac{7}{9} + \frac{5}{6} \cdot \frac{2}{3} - \frac{2}{9}$
b) $1\frac{9}{16} : 3\frac{3}{4} + 5\frac{1}{2} - \frac{3}{7} \cdot \frac{8}{21}$
c) $\frac{11}{12} + 1\frac{3}{5} \cdot \frac{4}{15} - 5\frac{2}{3} + \frac{1}{2}$
d) $1\frac{1}{3} \cdot \frac{4}{9} - 2\frac{1}{6} \cdot \frac{1}{2} + 3\frac{5}{12} - 2\frac{5}{6}$

16.

a) $\left(\frac{9}{11} - \frac{3}{7}\right) \cdot \left(\frac{2}{3} - \frac{1}{6}\right)$
b) $\left(\frac{1}{8} + \frac{7}{12}\right) \cdot \left(5 - \frac{3}{4}\right)$
c) $\left(3\frac{2}{3}\right)^2 : \left(6\frac{3}{5}\right)^2$
d) $\frac{4}{7} \cdot \left(\left(1\frac{1}{2} - \frac{5}{7}\right) : 4\frac{1}{4}\right)$

17.

a) $1\frac{1}{4} \cdot 1\frac{3}{5} + 2\frac{1}{2}$
b) $1\frac{1}{2} \cdot 1\frac{1}{3} - 1\frac{1}{3} \cdot 1\frac{1}{4}$
c) $5\frac{1}{2} \cdot 3 - 3\frac{1}{3} \cdot 4$
d) $4 : \frac{3}{8} - \frac{5}{3} : 10$
e) $\frac{4}{5} \cdot \left(\left(\frac{5}{8} - \frac{1}{3}\right) \cdot 12\right)$
f) $\frac{3}{4} \cdot \left(2\frac{1}{2} : 1\frac{1}{4}\right)$

18. Berechnen und vergleichen Sie die folgenden Bruchzahlen:

a) $\left(\dfrac{4}{5}\cdot\dfrac{2}{3}\right)\cdot\left(\dfrac{8}{9}\cdot\dfrac{5}{12}\right)$

b) $\left(\dfrac{4}{5}\cdot\left(\dfrac{2}{3}\cdot\dfrac{8}{9}\right)\right)\cdot\dfrac{5}{12}$

c) $\left(\left(\dfrac{4}{5}\cdot\dfrac{2}{3}\right)\cdot\dfrac{8}{9}\right)\cdot\dfrac{5}{12}$

d) $\left(\dfrac{1}{8}\cdot\dfrac{3}{4}\right)\cdot\left(\dfrac{2}{5}\cdot\dfrac{8}{15}\right)$

e) $\left(\dfrac{1}{8}\cdot\left(\dfrac{3}{4}\cdot\dfrac{2}{5}\right)\right)\cdot\dfrac{8}{15}$

f) $\dfrac{1}{8}\cdot\left(\left(\dfrac{3}{4}\cdot\dfrac{2}{5}\right)\cdot\dfrac{8}{15}\right)$

19.

a) $\dfrac{\dfrac{1}{8}:\left(\dfrac{1}{32}+\dfrac{3}{4}\right)}{\left(\dfrac{1}{5}-\dfrac{2}{25}\right)\cdot\dfrac{1}{3}}$

b) $\dfrac{4+\left(\dfrac{1}{3}\cdot\left(2\dfrac{3}{4}-1\dfrac{1}{8}\right)\right)}{\left(2\dfrac{1}{3}:\dfrac{7}{9}\right)\cdot\left(\left(\dfrac{1}{4}+2\dfrac{5}{8}\right)-2\right)}$

c) $\left(\left(\dfrac{\dfrac{2}{3}}{\dfrac{20}{21}}\right)-\dfrac{3}{5}\right)\cdot 10\cdot\left(\dfrac{4}{5}+\dfrac{3}{7}\right)$

d) $\dfrac{\dfrac{4}{9}+\left(\dfrac{1}{2}-\dfrac{3}{16}\right)\cdot 4}{\dfrac{5}{6}-\dfrac{5}{12}}$

1.2.3 Die binomischen Formeln

Die *binomischen Formeln* bieten bei manchen Aufgaben gewisse rechnerische Vorteile.

Merke 1.7:
1) $\boxed{(a+b)^2 = a^2 + 2ab + b^2}$ 2) $\boxed{(a-b)^2 = a^2 - 2ab + b^2}$ 3) $\boxed{(a+b)\cdot(a-b) = a^2 - b^2}$
   (1. binomische Formel)   (2. binomische Formel)   (3. binomische Formel)

Unter Berücksichtigung des Distributivgesetzes und des Kommutativgesetzes der Multiplikation lassen sich diese Formeln sehr leicht bestätigen:

zu 1)
$(a+b)^2 = (a+b)\cdot(a+b) = a^2 + a\cdot b + b\cdot a + b^2$
$= a^2 + a\cdot b + a\cdot b + b^2 = a^2 + 2\cdot a\cdot b + b^2 = a^2 + 2ab + b^2$

zu 2)
$(a-b)^2 = (a-b)\cdot(a-b) = a^2 - a\cdot b - b\cdot a + b^2$
$= a^2 - a\cdot b - a\cdot b + b^2 = a^2 - 2\cdot a\cdot b + b^2 = a^2 - 2ab + b^2$

zu 3)
$(a+b)\cdot(a-b) = a^2 - a\cdot b + b\cdot a - b^2 = a^2 - a\cdot b + a\cdot b - b^2 = a^2 - b^2$

Beispiele:

a) $\left(\dfrac{7}{8}-\dfrac{4}{5}\right)\cdot\left(\dfrac{7}{8}+\dfrac{4}{5}\right)$

b) $\left(\dfrac{1}{5}+3\dfrac{1}{2}\right)\cdot\left(\dfrac{1}{5}+3\dfrac{1}{2}\right)$

c) $\left(\dfrac{11}{5}-\dfrac{1}{2}\right)\cdot\left(\dfrac{11}{5}-\dfrac{1}{2}\right)$

zu a) $\left(\dfrac{7}{8}-\dfrac{4}{5}\right)\cdot\left(\dfrac{7}{8}+\dfrac{4}{5}\right)=\left(\dfrac{7}{8}\right)^2-\left(\dfrac{4}{5}\right)^2=\dfrac{49}{64}-\dfrac{16}{25}=\dfrac{201}{1600}$

zu b) $\left(\dfrac{1}{5}+3\dfrac{1}{2}\right)\cdot\left(\dfrac{1}{5}+3\dfrac{1}{2}\right)=\left(\dfrac{1}{5}\right)^2+2\cdot\dfrac{1}{5}\cdot\dfrac{7}{2}+\left(\dfrac{7}{2}\right)^2=\dfrac{1}{25}+\dfrac{7}{5}+\dfrac{49}{4}=\dfrac{1369}{100}$

zu c) $\left(\dfrac{11}{5}-\dfrac{1}{2}\right)\cdot\left(\dfrac{11}{5}-\dfrac{1}{2}\right)=\left(\dfrac{11}{5}\right)^2-2\cdot\dfrac{11}{5}\cdot\dfrac{1}{2}+\left(\dfrac{1}{2}\right)^2=\dfrac{289}{100}$

1.2 Rechenpraktische Hinweise

Übungsaufgaben:

1. Berechnen Sie mit Hilfe der ersten und zweiten binomischen Formel:

   a) $(1-a)^2$ b) $(b+7c)^2$ c) $(5c-11)^2$ d) $(25d+9e)^2$

   e) $(e^3-1)^2$ f) $\left(f+6\frac{1}{2}\right)^2$ g) $\left(\frac{1}{10}f-\frac{1}{5}g\right)^2$ h) $\left(\frac{1}{2}h+\frac{1}{3}i\right)^2$

2. Berechnen Sie mit Hilfe der dritten binomischen Formel:

   a) $(a+9)\cdot(a-9)$ b) $(7b+1)\cdot(7b-1)$

   c) $(vw+1)\cdot(vw-1)$ d) $(8d-3f)\cdot(8d+3f)$

   e) $(9e^3-8f)\cdot(9e^3+8f)$ f) $(1,5f-1,6g)\cdot(1,5f+1,6g)$

   g) $\left(\frac{1}{2}e^3-\frac{5}{9}f\right)\cdot\left(\frac{1}{2}e^3+\frac{5}{9}f\right)$ h) $\left(\frac{4}{5}h+\frac{7}{10}i\right)\cdot\left(\frac{4}{5}h-\frac{7}{10}i\right)$

3. Rechnen Sie auf möglichst kurze Art:

   a) $(2a^2+5h)\cdot(2a^2+5h)$ b) $(3b^2-4c)\cdot(4c-3b^2)$

   c) $(4w-5)\cdot(5w-4)$ d) $(5d+7e)\cdot(7e-5d)$

   e) $(6l-2kw)\cdot(6kw-2l)$ f) $(0,5v+1,1ga)\cdot(1,5v+3,3ga)$

   g) $\left(2\frac{1}{2}p-\frac{1}{3}c\right)\cdot\left(c-7\frac{1}{2}p\right)$ h) $\left(\frac{4}{3}h^2+\frac{1}{9}i\right)\cdot\left(\frac{1}{3}i-4h^2\right)$

4. a) $(5a-8t)^2-(5a+8t)^2$ b) $(3b+1,5)^2+(1,5-3b)^2$

   c) $(4c^2-1)^2-(2c+1)\cdot(1-2c)$ d) $(7d^2-e^2)\cdot(7d^2+e^2)-(7d^2-e^2)^2$

   e) $\left(\frac{2}{3}d-\frac{3}{4}e\right)^2+\left(10\frac{2}{3}d-12e\right)^2$ f) $\left(\frac{1}{5}f+\frac{5}{6}g\right)^2-\left(\frac{125}{6}g^3+5fg^2\right)^2$

5. Zerlegen Sie die folgenden Summen mittels Ausklammern in Faktoren:

   a) a^2-4a b) $by-b$

   c) $3c-2c^2$ d) $5d^6+10d^4$

   e) $4x-8y+16z$ f) $f^4-f^3-f^2$

   g) $24g^3-16g^2-8g$ h) $9h^3i^2-3h^2i^3-6hi^2$

6. Zerlegen Sie die folgenden Ausdrücke unter Berücksichtigung der binomischen Formeln in Faktoren:

   a) p^2-c^2 b) b^2-196 c) $0,49-y^2$

   d) $81c^2-1$ e) $49e^2-4f^2$ f) f^4-9f^2

   g) $g^8-\frac{9}{16}g^2$ h) $\frac{4}{81}h^6-\frac{25}{36}h^2$ i) $\frac{5}{9}i^5-5i$

   j) $a^2+2at+t^2$ k) $p^2-8pkw+16k^2w^2$ l) $81l^2k^2+64w^2-144lkw$

   m) $1,21m^2-1,1m+0,25$ n) $n^2+0,64-1,6n$ o) $3o^2j^2+0,12e^2+1,2oje$

7. Zerlegen Sie die folgenden Terme:

   a) $(x+y)z-(x+y)$ b) $rs-rt+ps-pt$

   c) $vw-2w-w+2$ d) $16d^2-20db+25b^2-20db$

   e) $20e^2f-60ef^2+45f^3$ f) $8fz^2-8f^2z+2f^3$

1.2.4 Das PASCALsche Dreieck

GRUNDAUFGABE 1:
Berechnen Sie unter Berücksichtigung der binomischen Formeln:
a) $(a+b)^3$ b) $(a+b)^4$ c) $(a+b)^5$

Hinweis:
Binomische Formeln dieser Art werden auch als binomische Formeln 3., 4. bzw. 5. Ordnung bezeichnet.

Anmerkungen:
zu a)
$(a+b)^3 = (a+b)^2(a+b) = (a^2 + 2ab + b^2)(a+b) = a^3 + 2a^2b + ab^2 + a^2b + 2ab^2 + b^3$
$= a^3 + 3a^2b + 3ab^2 + b^3$
zu b)
$(a+b)^4 = (a+b)^2(a+b)^2 = (a^2 + 2ab + b^2)(a^2 + 2ab + b^2)$
$= a^4 + 2a^3b + a^2b^2 + 2a^3b + 4a^2b^2 + 2ab^3 + a^2b^2 + 2ab^3 + b^4 = a^4 + 4a^3b + 6a^2b^2 + 4ab^3 + b^4$
zu c)
$(a+b)^5 = a^5 + 5a^4b + 10a^3b^2 + 10a^2b^3 + 5ab^4 + b^5$
Eine ausführliche Rechnung bleibt an dieser Stelle dem Leser überlassen.

Betrachtet man lediglich die Koeffizienten von a und von b, also die Zahlen, die als Faktoren vor den Variablen a und b stehen, so erkennt man die folgende Gesetzmäßigkeit:

Binomische Formeln 2., 3., 4. und 5. Ordnung: Koeffizienten:

$(a+b)^2 = \underline{1}a^2 + \underline{2}ab + \underline{1}b^2$ $\underline{1}\ \underline{2}\ \underline{1}$

$(a+b)^3 = \underline{1}a^3 + \underline{3}a^2b + \underline{3}ab^2 + \underline{1}b^3$ $\underline{1}\ \underline{3}\ \underline{3}\ \underline{1}$

$(a+b)^4 = \underline{1}a^4 + \underline{4}a^3b + \underline{6}a^2b^2 + \underline{4}ab^3 + \underline{1}b^4$ $\underline{1}\ \underline{4}\ \underline{6}\ \underline{4}\ \underline{1}$

$(a+b)^5 = \underline{1}a^5 + \underline{5}a^4b + \underline{10}a^3b^2 + \underline{10}a^2b^3 + \underline{5}ab^4 + \underline{1}b^5$ $\underline{1}\ \underline{5}\ \underline{10}\ \underline{10}\ \underline{5}\ \underline{1}$

So ergeben sich zum Beispiel die Koeffizienten der binomischen Formel 3. Ordnung aus der jeweiligen Summe der beiden darüber liegenden Koeffizienten der binomischen Formel 2. Ordnung, so z.B. der Koeffizient **4** aus der Summe der Koeffizienten **1** und **3**.

Die Koeffizienten bilden das PASCALsche Dreieck, benannt nach BLAISE PASCAL (1623-1662). Dieses Dreieck läßt sich schrittweise ergänzen.

```
        ...
      1   2   1
    1   3   3   1
  1   4   6   4   1
1   5  10  10   5   1
1  6  15  20  15   6   1
1  7  21  35  35  21  7   1
        ...           ...
```

Bild 1.8: PASCALsches Dreieck

Auch die Hochzahlen der Variablen a und b in den binomischen Formeln höherer Ordnung weisen Regelmäßigkeiten auf: Die Hochzahlen von a verringern sich von links nach rechts gelesen von Summand zu Summand um eins, die Hochzahlen von b erhöhen sich entsprechend.

1.2 Rechenpraktische Hinweise

Die Summe der beiden Hochzahlen stimmt jeweils mit der Ordnung der binomischen Formel überein.
Für die binomische Formel 7. Ordnung ergibt sich sogleich:
$$(a+b)^7 = \underline{1}a^7 + \underline{7}a^6b + \underline{21}a^5b^2 + \underline{35}a^4b^3 + \underline{35}a^3b^4 + \underline{21}a^2b^5 + \underline{7}ab^6 + \underline{1}b^7$$

Übungsaufgaben:
1. Zeigen Sie:
   a) $(a-b)^3 = a^3 - 3a^2b + 3ab^2 - b^3$
   b) $(a-b)^4 = a^4 - 4a^3b + 6a^2b^2 - 4ab^3 + b^4$
   c) $(a-b)^5 = a^5 - 5a^4b + 10a^3b^2 - 10a^2b^3 + 5ab^4 - b^5$

   Welche Formel ergibt sich demnach für $(a-b)^9$? Ergänzen Sie dazu das PASCALsche Dreieck.

2. Berechnen Sie mit Hilfe der binomischen Formeln höherer Ordnung:
   a) $(5a-1)^3$
   b) $(3+2b)^4$
   c) $\left(2c - \frac{1}{3}f\right)^5$
   d) $\left(1\frac{1}{4}d + \frac{5}{6}e\right)^6$

1.2.5 Termumformungen

Das nachfolgende Kapitel sei weiteren Termumformungen gewidmet. In diesem Zusammenhang kommen fast alle bisher erläuterten rechnerischen Aspekte noch einmal zum Tragen. Sie mögen das Thema, rechenpraktische Hinweise, ergänzen und abrunden.

GRUNDAUFGABE 2:
Vereinfachen Sie die folgenden Terme:

a) $\dfrac{u+v}{u-v} + \dfrac{u}{v} + 1$

b) $\dfrac{\dfrac{1}{a} + \dfrac{1}{b} + \dfrac{1}{c}}{\dfrac{a}{bc} + \dfrac{b}{ac}}$

c) $\dfrac{x+y}{x^2 - xy} - \dfrac{x-y}{xy + y^2} + \dfrac{x(x-3y)}{x^2y - y^3}$

d) $\dfrac{5d - 5e}{3d - 2e} : \dfrac{d^2 - e^2}{4d^2 - 9e^2}$

Anmerkungen:
Terme dieser Art werden als Bruchterme bezeichnet. Das Vorgehen, das im folgenden beschrieben werde, wird sehr stark an die Regeln zur Vereinfachung von Brüchen erinnern. Ein wichtiger Unterschied besteht nun darin, daß mit Variablen und nicht mit konkreten Zahlen gerechnet wird. So muß man, da ja eine Division durch die Zahl 0 nicht erlaubt ist, zunächst dafür sorgen, daß alle die im Ausdruck vorkommenden Nenner niemals den Wert Null annehmen können. Folglich müssen von vorne herein Einschränkungen für die im Term vorkommenden Variablen getroffen werden.

zu a)
Der erste Bruch ist erklärt für $u, v \in /\!R$ mit $u \neq v$, der zweite Bruch für alle $u, v \in /\!R$, vorausgesetzt: $v \neq 0$ $\qquad \left| \dfrac{u+v}{u-v} + \dfrac{u}{v} + 1 \right.$

Der gemeinsame Nenner lautet: $v(u-v)$ Entsprechend werden die einzelnen Brüche erweitert:	$= \dfrac{v(u+v)}{v(u-v)} + \dfrac{u(u-v)}{v(u-v)} + \dfrac{v(u-v)}{v(u-v)}$
Den Regeln der Addition von Brüchen zufolge, werden die Zähler zusammengefaßt und miteinander verrechnet:	$= \dfrac{v(u+v) + u(u-v) + v(u-v)}{v(u-v)}$
	$= \dfrac{uv + v^2 + u^2 - uv + uv - v^2}{v(u-v)} = \dfrac{u^2 + uv}{v(u-v)}$
Das Ergebnis lautet:	$= \dfrac{u^2 + uv}{uv - v^2}$

zu c)

Bei solchen Termen ist es zunächst sinnvoll, die auftretenden Nenner in Faktoren zu zerlegen. Das erleichtert zum einen das Aufsuchen der Werte für x und y, für die der Bruchterm erklärt ist, zum andern vereinfacht sich dadurch die Bestimmung des gemeinsamen Nenners.	$\dfrac{x+y}{x^2-xy} - \dfrac{x-y}{xy+y^2} + \dfrac{x(x-3y)}{x^2y-y^3}$
	$= \dfrac{x+y}{x(x-y)} - \dfrac{x-y}{y(x+y)} + \dfrac{x(x-3y)}{y(x+y)(x-y)}$
Der Bruchterm ist gültig für alle $x, y \in \mathbb{R}\setminus\{0\}$, unter der Voraussetzung, daß $x \neq y$ und $x \neq -y$ ist. Unter Berücksichtigung des gemeinsamen Nenners $xy(x+y)(x-y)$ und den Regeln der Bruchrechnung ergibt sich:	$= \dfrac{y(x+y)^2 - x(x-y)^2 + x^2(x-3y)}{xy(x-y)(x+y)}$
	$= \dfrac{x^2y + 2xy^2 + y^3 - (x^3 - 2x^2y + xy^2) + x^3 - 3x^2y}{xy(x-y)(x+y)}$
	$= \dfrac{x^2y + 2xy^2 + y^3 - x^3 + 2x^2y - xy^2 + x^3 - 3x^2y}{xy(x-y)(x+y)}$
Der Zähler des entstehenden Bruches läßt sich vereinfachen:	$= \dfrac{y^3 + xy^2}{xy(x-y)(x+y)} = \dfrac{y^2(y+x)}{xy(x-y)(x+y)}$
Das Ergebnis lautet:	$= \dfrac{y}{x(x-y)}$

Kontrollergebnisse:

zu b) $\quad \dfrac{\dfrac{1}{a}+\dfrac{1}{b}+\dfrac{1}{c}}{\dfrac{a}{bc}+\dfrac{b}{ac}} = \dfrac{bc+ac+ab}{a^2+b^2}$

zu d) $\quad \dfrac{5d-5e}{3d-2e} : \dfrac{e^2-d^2}{4e^2-9d^2} = -\dfrac{5(2e-3d)}{e+d}$

Übungsaufgaben:

1. Bestimmen Sie den Gültigkeitsbereich der im Bruchterm auftretenden Variablen. Vereinfachen Sie.

   a) $\dfrac{1}{a} + 1$

   b) $1 - \dfrac{a}{b}$

   c) $c - \dfrac{1}{c}$

   d) $\dfrac{d^2+e^2}{2d} - d$

   e) $\dfrac{1}{x+y} + \dfrac{1}{x-y}$

   f) $\dfrac{2a}{a-f} - \dfrac{a-f}{a+f}$

1.3 Der Funktionsbegriff: Die Funktion und ihr Schaubild

g) $\dfrac{\dfrac{1}{c-g}}{\dfrac{1}{g^2-c^2}}$
h) $\dfrac{\dfrac{h}{a}-\dfrac{g}{a}}{\dfrac{1}{a^2}}$
i) $\dfrac{\dfrac{1}{s}+\dfrac{1}{t}}{\dfrac{1}{s}-\dfrac{1}{t}}$

j) $\dfrac{\dfrac{j}{b}+1}{\dfrac{j}{b}-1}$
k) $\dfrac{\dfrac{k+m}{k-m}}{\dfrac{k^2+m^2}{k^2-m^2}}$
l) $\dfrac{\dfrac{l^2}{m^2-n^2}}{\dfrac{lk}{m-n}}$

2. Verfahren Sie wie oben.

a) $\dfrac{a^2-4}{a+5}\cdot(2-a)$
b) $\dfrac{b^3-b^2}{b^2+b}\cdot(b^2-1)$

c) $3(p+c)\cdot\dfrac{p+c}{5q}$
d) $(x^2-6xy+9y^2)\cdot\dfrac{x^2-3xy}{x^2+3xy}$

e) $\dfrac{8uv}{u-v}:\dfrac{12uw}{u-v}$
f) $\dfrac{(f-g)^2}{(f+g)^2}\cdot\dfrac{f-g}{f+g}$

g) $\dfrac{e^2-4}{t^2-9}:\dfrac{2-e}{3+t}$
h) $\dfrac{3h^2-27}{6h+12}\cdot\dfrac{h^2-6h+9}{h^2+4h+4}$

j) $\dfrac{2j^2-2j-4}{15j^2+15j-30}:\dfrac{9j^2+18j+9}{10j^2-20j+10}$
k) $\dfrac{k-1}{2k+4}-\dfrac{k+1}{3k-6}+\dfrac{6k^2+k-10}{30k^2-120}$

l) $\dfrac{3p-l}{4p+2l}-\dfrac{2p+3l}{6p-3l}+\dfrac{5p+2l}{8p-4l}-1$
m) $\dfrac{4m-13}{2m^2-2m}-\dfrac{m-1}{m^2+m}-\dfrac{m-3}{m^2-1}$

1.3 Der Funktionsbegriff: Die Funktion und ihr Schaubild

1.3.1 Zuordnungen und Funktionen

Zuordnungen und Funktionen klären das Zusammenspiel zweier Mengen und setzen diese zueinander in Beziehung. Beispielsweise ist der Flächeninhalt $A = \pi\cdot r^2$ eines Kreises von seinem Radius r abhängig, der Flächeninhalt A somit als Funktion des Radius r zu deuten. Auch die Anzahl der Stundenschläge einer Kirchturmuhr hängt von der Uhrzeit ab und läßt sich deshalb als Funktion der Zeit auffassen.
Funktionen sind besondere Zuordnungen. Die nachfolgenden Beispiele mögen den Begriff Funktion von dem der Zuordnung abheben.

Beispiele:
a) Ausgehend von sechs Wissenschaftlern, nämlich ISAAK BARROW, GEORG CANTOR, LEONHARD EULER, ISAAK NEWTON, RENÉ DESCARTES und BLAISE PASCAL, die sich alle innerhalb der Mathematik einen Namen gemacht hatten, definieren wir die Menge M_1 als die Menge ihrer Zunamen, die Menge M_2 als Menge ihrer Vornamen.
Nun ordne man jedem Element der Menge M_1, also jedem Zunamen, das entsprechende Element der Menge M_2, also den zugehörigen Vornamen, zu. Mit Hilfe von Mengendiagrammen gelingt wiederum eine bildliche Darstellung.

Es gilt:
> Jedem Element der Menge M_1 wird **genau ein** Element der Menge M_2 zugeordnet.

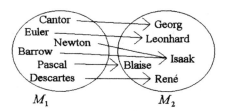

Bild 1.9: Mengendiagramme zu Beispiel a)

Die Pfeile zwischen den Mengendiagrammen mögen die Zuordnung kenntlich machen und zugleich verdeutlichen, von welcher Menge ausgegangen wird, deren Elemente einer weiteren Menge zugeordnet werden. Die Richtung dieser Zuordnung wird durch die Pfeilspitzen dokumentiert.

b) Sei M_1 die Menge aller meldepflichtigen Personen im Gebiet der Bundesrepublik Deutschland, die älter als 16 Jahre sind, die Menge M_2 bezeichne die Menge der gültigen Personalausweise.

Unter der Voraussetzung, daß eine so beschriebene Person höchstens einen gültigen Personalausweis besitzt, sollte zwischen den beiden Mengen M_1 und M_2 zu einem bestimmten Zeitpunkt der folgende Zusammenhang bestehen:

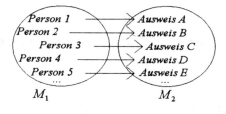

Es gilt:
> Jedem Element der Menge M_1 wird **genau ein** Element der Menge M_2 zugeordnet.

Bild 1.10: Mengendiagramme zu Beispiel b)

c) Die Menge M_1 fasse die Familien zusammen, die im Besitz mindestens eines PKW sind, die Menge ihrer PKW sei mit M_2 bezeichnet.

Eine solche Zuordnung kann durch die folgende Eigenschaft gekennzeichnet sein:

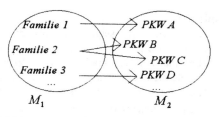

Es gilt:
> Jedem Element der Menge M_1 werden **ein oder mehrere** Elemente der Menge M_2 zugeordnet.

Bild 1.11: Mengendiagramme zu Beispiel c)

1.3 Der Funktionsbegriff: Die Funktion und ihr Schaubild

Anmerkung:
Bei allen drei Beispielen handelt es sich um Zuordnungen. Die Beispiele a) und b) zeichnen sich, verglichen mit Beispiel c), noch dadurch aus, daß die Zuordnungen eindeutig sind. Solche Zuordnungen heißen Funktionen.

> **Merke 1.8:**
> Eine *Zuordnung*, die jedem Element der Menge M_1 **genau ein** Element aus der Menge M_2 zuordnet, wird als **Funktion** bezeichnet.

Die Richtung der Zuordnung ist wesentlich. Ein jeweiliges Vertauschen der Mengen M_1 mit den Mengen M_2 in den oben genannten Beispielen führt auf völlig neue Ergebnisse:

zu a) Sei nun die Menge M_1 die Menge der Vornamen der sechs Wissenschaftler, M_2 die Menge ihrer Zunamen, so läßt sich nicht mehr eindeutig jedem Element der Menge M_1 ein Element der Menge M_2 zuordnen. Zum Vornamen ISAAK gehören zwei verschiedene Zunamen. Diese Zuordnung ist keine Funktion.

zu b) Vertauscht man die beiden Mengen M_1 und M_2, entsteht eine neue Zuordnung, die hier jedem Personalausweis ihren Besitzer zuweist. Diese Zuordnung ist wieder eine Funktion.

zu c) Ändert man auch hier die Richtung der Zuordnung, entsteht eine Funktion. Schließlich gehört jeder PKW nur einer der genannten Familien.

Übungsaufgaben:
1. Untersuchen Sie, ob die folgenden Zuordnungen Funktionen sind. Klären Sie eventuell notwendige Voraussetzungen:

	Menge M_1	Menge M_2
a)	Menge der Verkehrsteilnehmer, die am 1. Januar 1994 um 0.00 Uhr in einem PKW fahren bzw. mitfahren	Menge der genannten PKW
b)	Menge der Ortsnetzkennzahlen innerhalb der Bundesrepublik Deutschland	Menge der deutschen Städte
c)	Menge der berufstätigen Personen	Menge der Berufe
d)	Menge der widerrechtlich parkenden Fahrzeuge	Menge der Strafzettel
e)	Menge der Schulwochen	Menge der Mathematikunterrichtsstunden

1.3.2 Definitions- und Wertemenge von Funktionen

Im folgenden sollen Beispiele für Funktionen angeführt werden, bei denen die Mengen M_1 bzw. M_2 nichtleere Teilmengen der Menge der reellen Zahlen sind. Solche Funktionen werden **reelle Funktionen** genannt. Die entsprechenden Mengendiagramme mögen auch diese Funktionen veranschaulichen.

Beispiele:
a) M_1 sei die Menge der natürlichen Zahlen $/N$. Jeder natürlichen Zahl werde sein Nachfolger zugeordnet. Die Zuordnung ist eine Funktion. Die meisten Funktionen lassen sich mit Hilfe von *Funktionsvorschriften* auch formal beschreiben:

$$f:x \to x+1 \text{ mit } x \in /N$$

b) M_1 sei die Menge der reellen Zahlen $/R$. Ordnet man jeder reellen Zahl ihren positiven Wert zu, läßt man also ihr Vorzeichen weg, handelt es sich wiederum um eine Funktion. Ihre *Funktionsvorschrift* lautet:

$$f:x \to \begin{cases} x \text{ für } x \in /R_0^+ \\ -x \text{ für } x \in /R^- \end{cases}$$

Mengendiagramme zu den Beispielen a) und b):

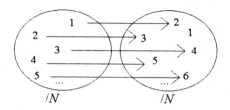 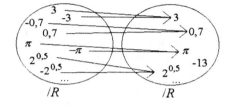

Bild 1.12: Mengendiagramme zu Beispiel a)   **Bild 1.13:** Mengendiagramme zu Beispiel b)

c) M_1 sei die Menge der ganzen Zahlen $/Z$. Jedem Element x dieser Menge werde nun die Zahl zugewiesen, die man erhält, wenn die Zahl x um eins erhöht und anschließend durch zwei geteilt wird. Die so beschriebene Zuordnung ist eine Funktion. Für ihre *Funktionsvorschrift* gilt:

$$f:x \to \frac{x+1}{2} \text{ mit } x \in /Z$$

d) M_1 sei wiederum die Menge der natürlichen Zahlen $/N$. Ordnet man nun jeder natürlichen Zahl x die nächstgrößere Primzahl, genannt $p(x)$ zu, wird dadurch abermals eine Funktion beschrieben. Ihre *Funktionsvorschrift* läßt sich nur in der folgenden Form angeben.

$$f:x \to p(x) \text{ mit } x \in /N$$

Mengendiagramme zu den Beispielen c) und d):

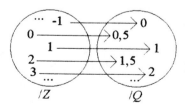

Bild 1.14: Mengendiagramme zu Beispiel c)   **Bild 1.15:** Mengendiagramme zu Beispiel d)

Durch die Vorschrift f wird also jedem Element x der Menge M_1 genau ein Element $y = f(x)$ der Menge M_2 zugeordnet. Dabei wird das Element x als *Urbild* oder *Original* von

1.3 Der Funktionsbegriff: Die Funktion und ihr Schaubild

y bezeichnet, das Element y wird *Bild* der Funktion f genannt. Nicht zu jedem Element von M_2 muß übrigens ein Original oder Urbild existieren. Die Vorschrift f wird dann Funktion von M_1 in M_2 genannt.

Es gelten die folgenden Bezeichnungen:

> **Merke 1.9:**
> Die Menge M_1, also die *Menge aller Urbilder* der Funktion f, heißt **Definitionsmenge** von f, abgekürzt mit dem Symbol D.
> Die Menge M_2, also die Menge, in welche die Menge M_1 abgebildet wird, in der also unter anderem die Bilder $y = f(x)$ der Urbilder der Funktion f liegen, wird **Zielmenge** von f genannt, abgekürzt mit dem Symbol Z.
> Schließlich bezeichnet man die *Menge aller Bilder* $y = f(x)$ der Funktion f mit **Wertemenge der Funktion** f, abgekürzt mit dem Symbol W.

Hinweis:
Zwischen der Ziel- und der Wertemenge einer Funktion f besteht der folgende Zusammenhang: $W \subseteq Z$

Definitionsmenge, *Wertemenge* und *Zielmenge* der Funktionen f in den vorangehenden Beispielen a) bis d) lassen sich nun folgendermaßen angeben:

	Definitionsmenge D der Funktion f:	Wertemenge W der Funktion f:	Mögliche Zielmenge Z der Funktion f:
a)	$D = I\!N$	$W = I\!N \setminus \{1\}$	$Z = I\!N$
b)	$D = I\!R$	$W = I\!R_0^+$	$Z = I\!R_0^+$ oder $Z = I\!R$
c)	$D = I\!Z$	$W = \left\{0; \pm\frac{1}{2}; \pm 1; \pm 1\frac{1}{2}; \pm 2; ...\right\}$	$Z = I\!Q$
d)	$D = I\!N$	$W = \{y \mid y \text{ ist Primzahl}\}$	$Z = I\!N$

Hinweis:
Selbstverständlich ist bei allen Beispielen auch die Zielmenge $Z = I\!R$ möglich, denn es gilt jedesmal: $W \subseteq I\!R$

GRUNDAUFGABE 3:
Bestimmen Sie die maximale Definitionsmenge der folgenden Funktionen f:

a) $f: x \to 2x - 1$
b) $f: x \to \dfrac{x-1}{2}$
c) $f: x \to \dfrac{1}{x+1}$

d) $f: x \to \sqrt{x+3}$
e) $f: x \to \dfrac{1}{x^2 - 1}$
f) $f: x \to \dfrac{1}{x(x-0,5)}$

g) $f: x \to \dfrac{x}{\sqrt{2-x}}$ \qquad h) $f: x \to \dfrac{1}{x^2+4}$ \qquad i) $f: x \to \dfrac{1}{\sqrt{x^2-3}}$

Anmerkungen:
Um die maximale Definitionsmenge einer Funktion f zu bestimmen, geht man zunächst von der Menge der reellen Zahlen aus. Daran anschließend sind zwei **grundsätzliche Regeln** zu beachten:

---
1) Die Division durch die Zahl Null ist unerlaubt.
2) Der Radikant, also die Zahl unter der Wurzel, darf nicht negativ sein.

Das bedeutet, daß manche Zahlen oder sogar komplette Zahlbereiche ausgeschlossen werden müssen.

zu a) $D = /\!R$ \qquad\qquad **zu b)** $D = /\!R$

zu c) $D = /\!R \setminus \{-1\}$, denn für $x = -1$ würde der Nenner des Funktionsterms Null ergeben.

zu d) $D = \{x \mid x \geq -3\}$. Bei Wurzelausdrücken ist es sinnvoll, zunächst die x-Werte zu bestimmen, die den Radikanten zu Null machen. In diesem Beispiel ist das für $x = -3$ der Fall. Die x-Werte, für die der Radikant negativ werden würde, also die reellen Zahlen, die kleiner sind als die Zahl -3, lassen sich nun durch Überlegung ausschließen.

zu e) $D = /\!R \setminus \{\pm 1\}$. Zerlegt man den Nenner des Funktionsterms in Faktoren, so ergibt sich mit Hilfe der 3. binomischen Formel $x^2 - 1 = (x+1)(x-1)$. In dieser Form lassen sich die Werte x, für die der Nenner zu Null werden würde, mittels des folgenden Satzes direkt ablesen:

Satz 1.1:
Ein Produkt ist genau dann Null, wenn mindestens ein Faktor Null ist (**Satz des Nullproduktes**).
---

zu f) Mit Hilfe des Satzes des Nullproduktes ergibt sich $D = /\!R \setminus \{0; 0,5\}$

zu g) Hier finden beide oben erwähnten Regeln ihre Anwendung. Auszuschließen sind zum einen die Werte, für die der Radikant negative Werte annehmen würde, darüber hinaus darf der Nenner nicht Null werden. Es gilt: $D = \{x \mid x < 2\}$

zu h) Ausdrücke der Form $a^2 + b^2$ lassen sich - innerhalb der Menge der reellen Zahlen - bekanntlich nicht in Faktoren zerlegen. So wird hier der Nenner, gleich welche reelle Zahl man einsetzt, nie den Wert Null erreichen. Für den Definitionsbereich gilt demnach: $D = /\!R$

zu i) Der Radikant wird für die Werte $x_{1,2} = \pm\sqrt{3}$ Null. Für Werte zwischen den Zahlen $x_1 = -\sqrt{3}$ und $x_2 = \sqrt{3}$ nimmt der Radikant negative, andernfalls positive Werte an. Die Definitionsmenge lautet also: $D = \{x \mid x < -\sqrt{3} \text{ oder } x > \sqrt{3}\}$

1.3 Der Funktionsbegriff: Die Funktion und ihr Schaubild

Hinweis:
Mit der Schreibweise $D = \{x | x \geq a\}$ sind alle die reellen Zahlen gemeint, die größer oder gleich der Zahl a sind, mit $D = \{x | x \leq a\}$ entsprechend die reellen Zahlen kleiner oder gleich der Zahl a. Für $D = \{x | x > a\}$ und $D = \{x | x < a\}$ ist sogar jeweils die Zahl a selbst ausgeschlossen.

GRUNDAUFGABE 4:
Vervollständigen Sie die folgende Tabelle:

	Funktionsvorschrift	Definitionsmenge	Wertemenge
a)	$f: x \to \dfrac{x}{3}$		$W = \left\{\dfrac{1}{3}; \dfrac{2}{3}; 1; 1\dfrac{1}{3}; 1\dfrac{2}{3}; 2; 2\dfrac{1}{3}; \ldots\right\}$
b)		$D = \{x | -2 \leq x \leq 7\}$	$W = \{y | 0 \leq y \leq 9\}$
c)	$f: x \to x^2 - 1$	$D = \{1; 2; 3; 4; 5\}$	

Hinweis:
zu b) Mit $D = \{x | -2 \leq x \leq 7\}$ sind alle diejenigen reellen Zahlen gemeint, die zwischen -2 und 7 liegen. Dabei sind die Zahlen -2 und 7 mit eingeschlossen.
Bei diesem Beispiel gibt es übrigens mehrere Lösungsmöglichkeiten.

Kontrollergebnisse:
zu a) $D = I\!N$ 　　zu b) $f_1: x \to x + 2$ 　　zu c) $W = \{0; 3; 8; 15; 24\}$
　　　　　　　　　　 oder $f_2: x \to -x + 7$
　　　　　　　　　　 oder ...

Übungsaufgaben:
1. Bestimmen Sie die maximale Definitionsmenge der folgenden Funktionen:

　a) 　$f: x \to x - 7$ 　　　　　　　　　　b) 　$f: x \to x^2 - 3x + 5$

　c) 　$f: x \to \dfrac{1}{x^2 + 1}$ 　　　　　　　　d) 　$f: x \to \sqrt{x + 4}$

　e) 　$f: x \to \sqrt{\dfrac{9}{4} - x}$ 　　　　　　　f) 　$f: x \to (x + 2)^2$

　g) 　$f: x \to \dfrac{1}{16x^2 - 8x + 1}$ 　　　　h) 　$f: x \to \dfrac{1}{3x^2 + x}$

　i) 　$f: x \to \dfrac{x}{(x+1)(x-1{,}5)}$ 　　　　j) 　$f: x \to \dfrac{1}{\sqrt{4x}}$

　k) 　$f: x \to \dfrac{1}{2}\sqrt{5 - x^2}$ 　　　　　l) 　$f: x \to \dfrac{1}{0{,}1x^2 + 0{,}\overline{3}x + 0{,}25}$

　m) 　$f: x \to \dfrac{1}{\sqrt{5 - x^2}}$ 　　　　　n) 　$f: x \to \dfrac{1}{x^2 - 4t^2}$ für $t \neq 0$

2. Ergänzen Sie die folgende Tabelle:

	Funktionsvorschrift	Definitionsmenge	Wertemenge
a)	$f: x \to x - 4$	$D = \{x \mid 0 \leq x \leq 4\}$	
b)	$f: x \to \dfrac{x}{2}$	$D = \{2; 4; 6; 8; 10; ...\}$	
c)	$f: x \to 3x$		$W = \left\{y \mid 0 < y \leq \dfrac{1}{3}\right\}$
d)	$f: x \to 5 - x$		$W = \{y \mid -5 \leq y < 1\}$
e)	$f: x \to \dfrac{1}{x^2}$	$D = \{\pm 1; \pm 2; \pm 3; \pm 4\}$	
f)	$f: x \to \sqrt{x^2 + 1}$	$D = \{0; 1; \sqrt{2}; \sqrt{3}; 2; \sqrt{5}; \sqrt{6}; ...\}$	
g)		$D = I\!N$	$W = \{1; 4; 9; 16; 25; 36; ...\}$
h)		$D = \{7; 13; 19; 25; ...\}$	$W = I\!N$
i)	$f: x \to \dfrac{1}{x} + 1$		$W = \left\{1\dfrac{1}{3}; 1\dfrac{1}{4}; 1\dfrac{1}{5}; 1\dfrac{1}{6}\right\}$
j)	$f: x \to \dfrac{1}{x^2 - 2}$		$W = \left\{-\dfrac{1}{2}; -1; \dfrac{1}{2}; \dfrac{1}{7}; \dfrac{1}{14}; \dfrac{1}{23}; ...\right\}$
k)		$D = \left\{\dfrac{1}{7}; \dfrac{4}{7}; 1\dfrac{2}{7}; 2\dfrac{2}{7}; 3\dfrac{4}{7}; ...\right\}$	$W = I\!N$
l)	$f: x \to \dfrac{1}{(\sqrt{x} + 1)^2}$		$W = \left\{\dfrac{1}{4}; \dfrac{1}{9}; \dfrac{1}{16}; \dfrac{1}{25}\right\}$
m)	$f: x \to -x^2 + 4$		$W = \{y \mid y < 4\}$

1.3 Der Funktionsbegriff: Die Funktion und ihr Schaubild

1.3.3 Schaubild und Wertetabelle einer Funktion

GRUNDAUFGABE 5:
Erstellen Sie für die folgenden Funktionen eine Wertetabelle. Zeichnen Sie Schaubilder.

a) $f : x \to \frac{1}{2} x - 1$
mit $D = \{x | x \geq 2\}$

b) $f : x \to -\frac{1}{x+1}$
mit $D = \{-2; -3; -4; -5\}$

c) $f : x \to -x^2 + 5$
mit $D = I\!Z$

d) $f : x \to \sqrt{x^2 - 2}$
mit $D = \left\{ x \middle| 1\frac{1}{2} < x \leq 4\frac{1}{8} \right\}$

Hinweis:
Bei dieser Aufgabe wird der maximale Definitionsbereich von vorne herein eingeschränkt. Daß diese Einschränkung sehr starke Auswirkungen auf die Funktion hat, wird vor allem an ihrem Schaubild deutlich.

Anmerkungen:
1) Das Erstellen einer **Wertetabelle** ist dann von Bedeutung, wenn über den Verlauf des Schaubildes der Funktion noch keine Aussagen getroffen werden können.
Eine Wertetabelle erfaßt in der ersten Zeile repräsentative Elemente der Definitionsmenge; in der zweiten Zeile werden die entsprechenden Elemente der Wertemenge, die rechnerisch zu ermitteln sind, aufgeführt. Da in den meisten Fällen die Definitionsmenge unendlich viele Elemente besitzt, muß auf einen Großteil der x- bzw. y-Werte verzichtet werden.
Wertetabelle:

x								
$y = f(x)$								

2) Schaubilder von Funktionen zeichnet man wie gewohnt in ein (ebenes) **Koordinatensystem**, das die folgenden Eigenschaften aufzuweisen hat:

Merke 1.10:
Ein Koordinatensystem besteht aus zwei sich schneidenden, zueinander rechtwinkligen Geraden als **Koordinatenachsen**. Die erste Achse, *x-Achse* genannt, zeigt nach *rechts*, die zweite Achse, die *y-Achse*, zeigt nach *oben*. Die Pfeile an den Achsen verdeutlichen diese Richtungen.

Der Schnittpunkt der beiden Koordinatenachsen wird **Koordinatenursprung** genannt. Meistens wird er mit dem Buchstaben O abgekürzt; er braucht aber im Koordinatensystem nicht extra notiert zu werden.

Unbedingt zu vermerken sind die entsprechenden **Einheiten** auf den Achsen. Dafür genügt jeweils die Angabe der **Zahl 1**. Für die Einheit, als Längeneinheit abgekürzt mit *LE*, gilt im Normalfall $1LE = 1cm$. In seltenen Fällen wird davon abgewichen.

3) Jetzt wird das **Schaubild** der Funktion gezeichnet. Die Lage einzelner Punkte des Schaubildes läßt sich aus der Wertetabelle ablesen. Der *x*- und sein entsprechender *y*-Wert werden in diesem Zusammenhang auch Koordinaten des Punktes genannt. Geht man vom Koordinatenursprung O aus x-Einheiten in Richtung der x-Achse und y-Einheiten in Richtung der y-Achse, so wird der Punkt P mit den Koordinaten $P(x|y)$ erreicht.

zu a)
Wertetabelle:

x	2	2,5	3	3,5	4	4,5	5
$y = \frac{1}{2}x - 1$	0	0,25	0,5	0,75	1	1,25	1,5

Da die Definitionsmenge nur die reellen Zahlen zuläßt, die größer oder gleich 2 sind, stellt das *Schaubild* eine Halbgerade dar, die im Punkt $P(2|0)$ beginnt (vgl. **Bild 1.16**).

zu b)
Wertetabelle:

x	-2	-3	-4	-5
$y = -\dfrac{1}{x+1}$	1	$\dfrac{1}{2}$	$\dfrac{1}{3}$	$\dfrac{1}{4}$

Die Definitionsmenge und die Wertemenge bestehen jeweils nur aus 4 Elementen, das Schaubild damit aus vier Punkten mit den Koordinaten: $P_1(-2|1)$, $P_2\left(-3\left|\dfrac{1}{2}\right.\right)$, $P_3\left(-4\left|\dfrac{1}{3}\right.\right)$ und $P_4\left(-5\left|\dfrac{1}{4}\right.\right)$ (vgl. **Bild 1.17**).

Schaubilder zu den Beispielen a) und b):

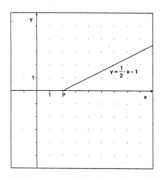

Bild 1.16: Schaubild zu Beispiel a)

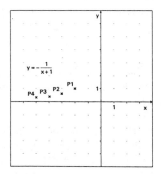

Bild 1.17: Schaubild zu Beispiel b)

1.3 Der Funktionsbegriff: Die Funktion und ihr Schaubild

zu c)
Wertetabelle:

x	-3	-2	-1	0	1	2	3
$y = -x^2 + 5$	-4	1	4	5	4	1	-4

Da die Definitionsmenge nur aus den ganzen Zahlen besteht, weist das *Schaubild* unendlich viele Einzelpunkte auf, die auf einer Parabel liegen (vgl. **Bild 1.18**).

zu d)
Wertetabelle:

x	$1\frac{1}{2}$	2	$2\frac{1}{4}$	3	4	$4\frac{1}{8}$
$y = \sqrt{x^2 - 2}$	$\frac{1}{2}$	$\sqrt{2}$	$\frac{7}{4}$	$\sqrt{7}$	$\sqrt{14}$	$3\frac{7}{8}$

Das Schaubild dieser Funktion besteht aus einem Kurvenstück, das im Punkt $P\left(1\frac{1}{2}\bigg|\frac{1}{2}\right)$ beginnt und mit dem Punkt $Q\left(4\frac{1}{8}\bigg|3\frac{7}{8}\right)$ endet (vgl. **Bild 1.19**).

Schaubilder zu den Beispielen c) und d):

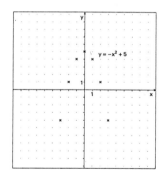

Bild 1.18: Schaubild zu Beispiel c)

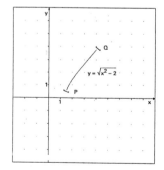

Bild 1.19: Schaubild zu Beispiel d)

Hinweis:
Daß der Punkt P schon zum Schaubild der Funktion gehört wird im Koordinatensystem mit einer rechts geschlossenen Klammer deutlich gemacht; daß der Punkt Q nicht mehr Punkt des Schaubildes ist, wird durch eine entsprechend rechts offene Klammer gekennzeichnet.

Übungsaufgaben:
1. Erstellen Sie für die folgenden Funktionen eine Wertetabelle. Zeichnen Sie jeweils ihr Schaubild:

   a) $f: x \to 3x - 4\frac{1}{2}$
   mit $D = \mathbb{N}_0$

   b) $f: x \to (x-2)^2$
   mit $D = \{x | 0 \leq x < 3\}$

   c) $f: x \to \frac{1}{2}$
   mit $D = \mathbb{Z}^-$

   d) $f: x \to -\frac{1}{2x^2}$
   mit $D = \{x | -1,5 \leq x < 0\}$

   e) $f: x \to -x^2 + 7,5$
   mit $D = \mathbb{R} \setminus \mathbb{Z}$

   f) $f: x \to \sqrt{x^2 - 1}$
   mit $D = \{\pm 1; \pm\sqrt{5}; \pm\sqrt{10}\}$

2 Die Grundfunktionen und ihre Schaubilder

2.1 Lineare Funktionen und Gleichungen

2.1.1 Lineare Funktionen und ihre Schaubilder

Lineare Funktionen spielen in vielen Bereichen eine wichtige Rolle. In der Physik lassen sich beispielsweise Bewegungsabläufe durch lineare Funktionen beschreiben: Der Weg ist bei gleichförmiger Bewegung eine lineare Funktion der Zeit (vgl. **Übungsaufgabe 10**, Seite 34). Dem HOOKE'schen Gesetz, das den Zusammenhang zwischen der Zugkraft einer elastischen Feder und ihrer Verlängerung klärt, liegt ebenfalls eine lineare Funktion zugrunde (vgl. **Übungsaufgabe 11**, Seite 35).
Einem genauen Überblick über solche Funktionen und ihre Schaubilder mögen die folgenden Darstellungen gewidmet sein.

GRUNDAUFGABE 1:
Zeichnen Sie (mittels Wertetabellen) die Schaubilder der folgenden Funktionen:

a) $f : x \to 2x$

b) $f : x \to -\frac{1}{2}x$

c) $f : x \to \frac{1}{4}x$

d) $f : x \to -3x$

e) $f : x \to \frac{3}{2}x - 3$

f) $f : x \to -x + \frac{5}{2}$

g) $f : x \to -\frac{1}{3}x - \frac{1}{2}$

h) $f : x \to 5x + 2$

Der Definitionsbereich dieser Funktionen sei jeweils $D = I\!R$.

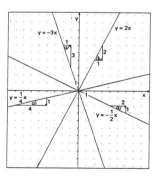

Bild 2.1: Schaubilder zu Aufgaben a) bis d)

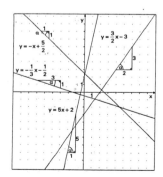

Bild 2.2: Schaubilder zu Aufgaben e) bis h)

2 Die Grundfunktionen und ihre Schaubilder

Merke 2.1:
Eine Funktion der Form
$\boxed{f: x \to mx + b}$ ($D = /R$; $m, b \in /R$) nennt man eine **lineare Funktion**.
Ihr Schaubild stellt eine Gerade dar. Durch den Faktor m wird ihre **Steigung** ausgedrückt, b bezeichnet den **y-Achsenabschnitt** (oder Ordinatenabschnitt) der Geraden.
Ist $b = 0$, geht die Gerade durch den Koordinatenursprung. Sie wird dann **Ursprungsgerade** genannt.

Anmerkungen:
1) Die Steigung m ('y-Zunahme pro x-Einheit') läßt sich durch sog. Steigungsdreiecke (vgl. **Bild 2.1** bzw. **Bild 2.2**) geometrisch veranschaulichen. Es gilt $\boxed{m = \tan \alpha}$, wobei α der Schnittwinkel zwischen der Geraden und der x-Achse ist. Dieser Winkel wird als **Steigungswinkel der Geraden** bezeichnet.
2) Die Gleichung $y = mx + b$ wird auch als **Normalform** (Hauptform) der Geradengleichung bezeichnet.
3) Die Gleichung $\boxed{y = b}$ kennzeichnet eine Parallele zur x-Achse durch den Punkt $B(0|b)$ (Steigung $m = 0$), $\boxed{y = 0}$ also die x-Achse selbst. Funktionen, deren Schaubilder parallel zur x-Achse verlaufen, werden auch **konstante Funktionen** genannt.
4) Die Gleichung $\boxed{x = a}$ kennzeichnet eine Parallele zur y-Achse durch den Punkt $A(a|0)$ (Steigung m ist nicht definiert, sie 'wächst über alle Grenzen'), mit der Gleichung $\boxed{x = 0}$ wird daher die y-Achse selbst bezeichnet. Es wird darauf hingewiesen, daß eine solche Gerade nicht das Schaubild einer linearen Funktion darstellen kann.

GRUNDAUFGABE 2:
Die Schaubilder der folgenden Funktionen sind Geraden. Lesen Sie ihre jeweilige Steigung und ihren y-Achsenabschnitt direkt ab.

a) $f: x \to 4x$ b) $f: x \to x$ c) $f: x \to \frac{1}{3}x$

d) $f: x \to -\frac{9}{2}x$ e) $f: x \to \frac{3}{4}x$ f) $f: x \to -2x$

g) $f: x \to -x - 2$ h) $f: x \to 4$ i) $f: x \to x + 1$

j) $f: x \to 2x - 1$ k) $f: x \to \frac{1}{2}x - 3$ l) $f: x \to \frac{1}{2}x + 3$

m) $f: x \to -4x - 2$ n) $f: x \to \frac{5}{8}x + \frac{5}{4}$ o) $f: x \to -\frac{3}{7}x + \frac{7}{9}$

Zeichnen Sie die Schaubilder dieser Funktionen ohne Zuhilfenahme einer Wertetabelle in ein Koordinatensystem.

Hinweise:
1) Beim Zeichnen des Schaubildes einer linearen Funktion gehen wir wie folgt vor: Zunächst bestimmen wir den Schnittpunkt der Geraden mit der y-Achse (mittels des y-Achsenabschnittes), von dort ausgehend ermitteln wir - mit Hilfe eines durch die Stei-

2.1 Lineare Funktionen und Gleichungen

gung der Geraden festgelegten Steigungsdreiecks - einen zweiten Punkt der Geraden. Damit ist die Gerade eindeutig festgelegt. (Weitere Einzelpunkte sind nur dann einzuzeichnen, wenn dadurch die Zeichengenauigkeit verbessert werden kann.)

2) Das Ermitteln des zugehörigen Steigungsdreiecks einer Geraden läßt sich wie folgt verallgemeinern ($a \in /R_0^+$, $b \in /R^+$):

$m = \dfrac{a}{b}$ bedeutet: b Einheiten nach **rechts**, a Einheiten nach **oben**

(gleichbedeutend mit b Einheiten nach links, a Einheiten nach unten),

$m = -\dfrac{a}{b}$ bedeutet: b Einheiten nach **rechts**, a Einheiten nach **unten**

(gleichbedeutend mit b Einheiten nach links, a Einheiten nach oben).

zu c)
Schnittpunkt mit der y-Achse: $M(0|0)$. Einen weiteren Punkt erhalten wir, wenn wir von M ausgehend 3 Einheiten nach rechts und eine Einheit nach oben gehen.

zu m)
Schnittpunkt mit der y-Achse: $M(0|-2)$. Von dort aus gehen wir eine Einheit nach rechts und 4 Einheiten nach unten und erhalten einen weiteren Punkt der Geraden.

GRUNDAUFGABE 3:
Zeichnen Sie die Geraden mit folgenden Gleichungen in ein Koordinatensystem:
a) $2x - y = 4$ b) $0{,}6x - 0{,}4y = 1{,}2$ c) $4x + 5y = 12$

d) $-x + 2y = -4$ e) $y = 2$ f) $x = 1$

g) $2x = 3$ h) $3y = 9$ i) $\dfrac{2}{7}x + \dfrac{1}{7}y = 1$

Hinweis: Bringen Sie - wenn möglich - die Geradengleichung auf Hauptform, beachten Sie die Anmerkungen 3) und 4), Seite 28.

GRUNDAUFGABE 4:
Bestimmen Sie rechnerisch und zeichnerisch die Schnittpunkte folgender Geraden mit der x-Achse.
a) $y = 3x - 5$ b) $2y + x = 3$ c) $x - \dfrac{4}{3}y = 3$

d) $y = -4x + 6$ e) $-3y + 4x = 7$ f) $-\dfrac{1}{5}x + y = \dfrac{3}{5}$

Anmerkungen:
1) Die y-Koordinate (=**Ordinate**) des Schnittpunktes der Geraden mit der x-Achse hat den Wert Null. Man ermittelt also rechnerisch die x-Koordinate (=**Abszisse**) dieses Schnittpunktes, indem $y = 0$ gesetzt wird.

   zu a) $0 = 3x - 5 \Leftrightarrow x = \dfrac{5}{3} \Longrightarrow N\left(\dfrac{5}{3} \Big| 0\right)$

2) Die x-Werte, bei denen die Funktionsgleichung Null wird, werden auch **Nullstellen** der Funktion f genannt.

zu a) $x = \dfrac{5}{3}$ ist Nullstelle der Funktion f mit $f(x) = 3x - 5$, denn $f\left(\dfrac{5}{3}\right) = 3 \cdot \dfrac{5}{3} - 5 = 0$.

Im folgenden werden wir uns mit dem Aufstellen von Geradengleichungen bei vorgegebenen Eigenschaften beschäftigen:

2.1.2 Aufstellen von Geradengleichungen

GRUNDAUFGABE 5:
Bestimmen Sie die Gleichung der folgenden Geraden, die durch einen Punkt $P \in g$ und durch ihre Steigung m gegeben ist.

	a)	b)	c)	d)	e)	f)	g)	h)	i)
m	3	-1	2	0,5	0	3	-1,25	1	$\dfrac{1}{\sqrt{3}}$
P	$(0,5\|-2)$	$(2\|3)$	$(1\|6)$	$(-1\|2)$	$(0\|-3)$	$(2\|0)$	$(4\|-2,5)$	$(p\|2p)$ $(p \in /R)$	$(q\|\sqrt{3})$ $(q \in /R)$

Anmerkungen:
zu a)
Ansatz: $y = mx + b$
Setze $m = 3 \Longrightarrow y = 3x + b$
Punktprobe mit Punkt P liefert: $-2 = 3 \cdot 0,5 + b \Longrightarrow b = -3,5$.
Ergebnis: $y = 3x - 3,5$

zu h) und i)
Ergebnisse: h) $y = x + p$ mit $p \in /R$ i) $y = \dfrac{1}{\sqrt{3}}x - \dfrac{1}{\sqrt{3}}q + \sqrt{3}$ mit $q \in /R$.
In beiden Fällen ist zwar die Steigung der jeweiligen Gerade, nicht aber der auf ihr liegende Punkt zahlenmäßig genau festgelegt. Es handelt sich jeweils um eine Schar von parallelen Geraden. Eine Schar paralleler Geraden wird auch **Parallelenschar** genannt. Die Unbekannten p bzw. q heißen **Parameter** der Geradengleichung.

Eine Schar von Geraden, bei der ein auf ihr liegender Punkt festgelegt ist, nicht aber ihre Steigung, wird mit **Geradenbüschel** bezeichnet, z.B.: $y = px + 1$ mit $p \in /R$. Alle Geraden dieser Schar verlaufen durch den Punkt $P(0|1)$.

Allgemeiner Fall:
Gegeben: m (Steigung der Geraden g); $P(x_0|y_0) \in g$
Ansatz: $y = mx + b$
Punktprobe mit Punkt $P(x_0|y_0)$ liefert: $y_0 = m \cdot x_0 + b \Longrightarrow b = y_0 - m \cdot x_0$.
Ergebnis: $y = mx + y_0 - m \cdot x_0$.

2.1 Lineare Funktionen und Gleichungen

Weitere Umformungen:

$y = mx + y_0 - m \cdot x_0 \Leftrightarrow y - y_0 = mx - mx_0 \Leftrightarrow y - y_0 = m(x - x_0) \Leftrightarrow$

$$\boxed{\frac{y - y_0}{x - x_0} = m} \quad \text{(falls } x \neq x_0\text{)} \qquad \textbf{Punkt-Steigungsform der Geradengleichung}$$

GRUNDAUFGABE 6:
Bestimmen Sie die Steigung der Geraden g, die durch jeweils zwei Punkte gegeben ist:

a)	b)	c)	d)	e)	f)
$P_1(-1\|1)$	$P_1(-1\|0)$	$P_1(-3\|-3)$	$P_1(5\|4)$	$P_1(0\|-7)$	$P_1(5\|-2)$
$P_2(5\|4)$	$P_2(-2\|-\sqrt{3})$	$P_2(-2\|-3)$	$P_2(-1\|6)$	$P_2(-2\|0)$	$P_2(5\|-5)$

Anmerkungen:

zu a)
Um vom Punkt P_1 zu Punkt P_2 zu gelangen, müssen wir 6 Einheiten nach rechts und um 3 Einheiten nach oben gehen.
Somit erhalten wir die Steigung: $m = \dfrac{3}{6} = \dfrac{1}{2}$.

zu c)
$m = \dfrac{0}{1} = 0$. Die zugehörige Gerade ist eine Parallele zur x-Achse. (Gleichung: $y = -3$)

zu f)
$m = \dfrac{-3}{"0"}$; die Steigung ist hier nicht definiert. Die zugehörige Gerade ist eine Parallele zur y-Achse. (Gleichung: $x = 5$)

Allgemeiner Fall:

Gegeben:
$P_1(x_1|y_1)$ und $P_2(x_2|y_2)$ mit $x_1 \neq x_2$.

Gesucht:
Steigung der Geraden g durch die beiden Punkte P_1 und P_2.

Steigung: $\boxed{m = \dfrac{y_2 - y_1}{x_2 - x_1}} \; (= \dfrac{y_1 - y_2}{x_1 - x_2})$

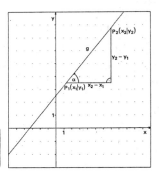

Bild 2.3: Steigung der Geraden g

GRUNDAUFGABE 7:
Bestimmen Sie Gleichung der Geraden g, die durch zwei ihrer Punkte P_1 und P_2 gegeben ist.

	a)	b)	c)	d)	e)	f)	g)	h)	i)
P_1	$(2|-1)$	$(-1|5)$	$\left(3\frac{1}{2}\Big|1\right)$	$(0|-2)$	$(2|-\sqrt{2})$	$(3|\sqrt{3})$	$\left(\frac{\sqrt{2}}{3}\Big|p\right)$	$(r|3r)$	$(q|0)$
P_2	$(5|6)$	$(1|8)$	$\left(1\frac{1}{2}\Big|5\right)$	$(2|-4)$	$(-1|-2)$	$(3|0)$	$\left(\frac{\sqrt{2}}{3}\Big|2p\right)$ $(p \neq 0)$	$\left(\frac{r}{2}\Big|0\right)$ $(r \neq 0)$	$(q|5q)$ $(q \neq 0)$

Anmerkungen:

zu a)
Ansatz: $y = mx + b$

Berechne die Steigung der Geraden: $m = \dfrac{6-(-1)}{5-2} = \dfrac{7}{3}$. Setze: $y = \dfrac{7}{3}x + b$

Punktprobe mit P_1 (oder mit P_2): $-1 = \dfrac{7}{3} \cdot 2 + b \Longrightarrow b = -1 - \dfrac{14}{3} = -\dfrac{17}{3}$

Ergebnis: $y = \dfrac{7}{3}x - \dfrac{17}{3}$

Probe mit Punkt P_2 (oder entsprechend mit Punkt P_1) möglich:

$6 = \dfrac{7}{3} \cdot 5 - \dfrac{17}{3} \Leftrightarrow 6 = \dfrac{35-17}{3} \Leftrightarrow 6 = 6$ (wahre Aussage!)

zu f)
Die Steigung der Geraden g ist nicht definiert, denn die Abszissen der beiden Punkte sind gleich. Es muß sich also um eine Parallele zur y-Achse handeln mit der Gleichung $x = 3$.

Weitere Ergebnisse:

zu g) $x = \dfrac{\sqrt{2}}{3}$ \qquad zu i) $x = q$

In den Angaben der beiden Aufgaben steckt wiederum ein Parameter. Im einen Fall handelt es sich um eine Schar aufeinander liegender Geraden, im anderen Fall um eine Schar voneinander unterscheidbarer Geraden. In beiden Fällen verlaufen diese Geraden parallel zur y-Achse.

Allgemeiner Fall:
Gegeben: $P_1(x_1|y_1)$ und $P_2(x_2|y_2)$.
Gesucht: Die Gleichung der Geraden, die durch die beiden Punkte verläuft.
Ansatz: $y = mx + b$

Steigung: $m = \dfrac{y_2 - y_1}{x_2 - x_1}$. Setze: $y = \dfrac{y_2 - y_1}{x_2 - x_1}x + b$

Punktprobe mit P_1: $y_1 = \dfrac{y_2 - y_1}{x_2 - x_1}x_1 + b \Longrightarrow b = y_1 - \dfrac{y_2 - y_1}{x_2 - x_1}x_1$

Ergebnis: $y = \dfrac{y_2 - y_1}{x_2 - x_1}x + y_1 - \dfrac{y_2 - y_1}{x_2 - x_1}x_1$

2.1 Lineare Funktionen und Gleichungen

Weitere Umformungen:

$$y = \frac{y_2 - y_1}{x_2 - x_1} x + y_1 - \frac{y_2 - y_1}{x_2 - x_1} x_1 \Leftrightarrow y - y_1 = \frac{y_2 - y_1}{x_2 - x_1} x - \frac{y_2 - y_1}{x_2 - x_1} x_1$$

$$\Leftrightarrow y - y_1 = \frac{y_2 - y_1}{x_2 - x_1}(x - x_1) \Leftrightarrow$$

$$\boxed{\frac{y - y_1}{x - x_1} = \frac{y_2 - y_1}{x_2 - x_1}} \quad \text{(falls } x_2 \neq x_1\text{)} \quad \text{Zwei-Punkteform der Geradengleichung}$$

Ist $x_2 = x_1$, so lautet die Geradengleichung $\boxed{x = x_1}$.

GRUNDAUFGABE 8:
Bestimmen Sie jeweils die Gleichung der Geraden g aus den folgenden Bedingungen:

a) $m = \frac{3}{2}$ $P(3|2) \in g$

b) $m = -\frac{2}{3}$ $P(-1|5) \in g$

c) $P(1|4) \in g$
g parallel zu einer Geraden h mit der Steigung $m_h = 0,4$

d) $P(-2|8) \in g$
g parallel zu einer Geraden h mit der Steigung $m_h = -3$

e) $g \| h$ mit $m_h = -\frac{3}{5}$ $P(-3|2) \in g$

f) $g \| h$ mit $m_h = -1$ $P(2|0) \in g$

g) $C(0|-4) \in g$ $D(1|-1) \in g$

h) $E(0|3,5) \in g$ $F(1|2) \in g$

i) $G(2|1) \in g$ $H(-1|-2) \in g$

j) $A(a|b) \in g$ $B(c|d) \in g$

Übungsaufgaben:

1. a) Geben Sie die Gleichung der Ursprungsgeraden mit der Steigung $m = -2$ ($m = 3,5$; $m = 0,5$; $m = \sqrt{2}$; $m = 1 - \sqrt{3}$) an.
   b) Welche Steigung hat die Ursprungsgerade mit dem Steigungswinkel $\alpha = 45°$ ($90°$; $135°$; $30°$; $120°$)? Geben Sie die Gleichung der Geraden an.

2. Geben Sie die Steigung und den y-Achsenabschnitt der Geraden an. (Wh. bedeutet *Winkelhalbierende*)

   a) $y = 4x - 3$ b) $y = 0,5x + 1,4$ c) $y = x + 1$

   d) $y = -2$ e) $y = x$ (1.Wh.) f) $y = -x$ (2.Wh.)

   g) $y = -1 + 3x$ h) $y = \frac{3}{4} - \frac{1}{2}x$ i) $y = 1 - \sqrt{3}x$

   j) $y = 5 - (\sqrt{3} + 1)x$ k) $4x - y = 3$ l) $2x + y = 5$

   m) $3x - 4y + 5 = 0$ n) $\frac{1}{3}x - \frac{2}{5}y + 2 = 0$ o) $y - 1 = x + \sqrt{2}$

3. Welche Gleichung hat die Ursprungsgerade durch P?

   a) $P(1|-2)$ b) $P(2|3)$ c) $P\left(-\frac{1}{4}|2\right)$

   d) $P\left(-3|\frac{1}{5}\right)$ e) $P(0|-3)$ f) $P(2|0)$

4. Zeichnen Sie die Ursprungsgerade mit der folgenden Gleichung.

   a) $y = 3x$ b) $y = -2x$ c) $y = \frac{1}{5}x$ d) $y = -\frac{3}{4}x$

e) $3y = -2x$ f) $4y = 3x$ g) $5y - 2x = 0$ h) $y + 3x = 0$

5. Zeichnen Sie die Gerade mit der folgenden Gleichung.

a) $y = 2x + 1$ b) $y = x - 3$ c) $y = 2 + \frac{1}{4}x$ d) $y = 5 - \frac{2}{5}x$

e) $4y - x = 2$ f) $5x - 2y - 4 = 0$ g) $\frac{1}{4}x - \frac{2}{3}y - \frac{1}{2} = 0$ h) $5x = 2$

i) $4 = -3y - \sqrt{2}$ j) $\sqrt{2} = 4x + 3$ k) $x - y = 1$ l) $\sqrt{2}\,x = \frac{1}{\sqrt{2}}y$

6. Geben Sie die Gleichung der Geraden an, die durch P geht und die Steigung m hat.

a) $P(2|4)$ $m = -3$
b) $P\left(2\left|-\frac{1}{4}\right.\right)$ $m = 2$
c) $P\left(\frac{3}{5}\left|1\right.\right)$ $m = \frac{1}{2}$
d) $P(0|3)$ $m = \sqrt{3}$
e) $P\left(-\frac{3}{2}\left|0\right.\right)$ $m = -1$
f) $P(-\sqrt{2}|1)$ $m = 0$

7. Geben Sie die Gleichung der Geraden an, die durch die Punkte A und B geht.

a) $A(2|1)$ $B(-4|5)$
b) $A(-5|4)$ $B(1|2)$
c) $A(2|3)$ $B(-3|-2)$
d) $A(3|3,5)$ $B(1,5|4)$
e) $A(-1|3)$ $B(1|4)$
f) $A(2,5|0)$ $B(1,1|1)$
g) $A\left(-\frac{7}{2}\left|\frac{9}{2}\right.\right)$ $B\left(-2\left|-\frac{1}{4}\right.\right)$
h) $A(r|s)$ $B(-1|2)$
i) $A(a|0)$ $B(0|b)$
j) $A(u|s)$ $B(u|t)$

8. Wie lautet die Gleichung einer Geraden, die
(a) zur x-Achse (y-Achse) parallel ist und durch $P(-3|2)$ geht;
(b) den Steigungswinkel $\alpha = 45°$ ($\alpha = 135°$) hat und durch $A(2|-1)$ geht;
(c) durch die Mitte der Strecke AB mit $A(2|-1)$, $B(4|-3)$ geht und die Steigung $m = 1,5$ hat;
(d) die Strecke PQ mit $P(-1|2)$, $Q(3|-1)$ halbiert und zur y-Achse (x-Achse) parallel ist?

9. Gegeben ist die Gerade durch die Punkte $P(-1|1,5)$ und $Q(2|2)$.
Bestimmen Sie die Koordinaten des Geradenpunktes, welcher
(a) auf der y-Achse (x-Achse) liegt;
(b) die Abszisse ($= x$-Koordinate) -2 (3; 5) hat;
(c) die Ordinate ($= y$-Koordinate) -2 (0,5; 2) hat;
(d) auf der 1. (2.) Winkelhalbierenden liegt?

10. (a) Ein Fußgänger, der in einer Stunde 4,8 km zurücklegt, bricht morgens um 7.00 Uhr nach einem 18 km entfernt liegenden Ort auf.
(b) Zwei Radfahrer, die 75 km voneinander entfernt wohnen, brechen gleichzeitig um 7.00 Uhr auf und fahren einander entgegen. Der erste Radfahrer würde für den ganzen Weg 7,5 Std., der zweite 5 Std. benötigen. Wann treffen sich die beiden Radfahrer? Wieviel km hat jeder zurückgelegt? Wie groß ist die Geschwindigkeit in km/h? Lösen Sie diese Aufgabe zunächst graphisch.

2.1 Lineare Funktionen und Gleichungen

11. An eine elastische Feder werden der Reihe nach folgende Gewichte aufgehängt: $100\,p$, $200\,p$, $400\,p$. Die Länge der Feder wird mit $8{,}8cm$, $13{,}6cm$ und $23{,}5cm$ gemessen. Stellen Sie eine lineare Funktion auf, die
  (a) die Länge der Feder in Abhängigkeit der Zugkraft,
  (b) die Verlängerung der Feder in Abhängigkeit der Zugkraft darstellt (HOOKE'sches Gesetz).

12. Eine zylinderförmige Tonne ist zu einem Viertel mit Regenwasser gefüllt. Ein plötzlich einsetzender Regen füllt diese Tonne nach zwei Minuten zu einem Drittel. Wie lange dauert es, bis die Tonne voll ist? (Ein gleichmäßiger Regenguß wird vorausgesetzt.)

2.1.3 Lösungsverfahren linearer Gleichungssysteme

Bewegungsabläufe lassen sich durch lineare Funktionen beschreiben und zeichnerisch als Geraden veranschaulichen (vgl. **Übungsaufgabe 10**, Seite 34):
Radfahrer 1: $y = 10x$, Radfahrer 2: $y = -15x + 75$ (wobei die x-Werte die benötigte Zeit, die y-Werte die zurückgelegten Kilometer bezeichnen). Der Treffpunkt zweier Radfahrer läßt sich dann als Schnitt der beiden Geraden ermitteln. Rechnerisch ergibt sich dieser Schnittpunkt als Lösung eines linearen Gleichungssystems: $\left|\begin{array}{rl} y &= 10x \\ y &= -15x + 75 \end{array}\right|$

Um das Lösen linearer Gleichungssysteme (speziell: Systeme mit zwei linearen Gleichungen und zwei Unbekannten) werden wir uns im folgenden kümmern.

2.1.3.1 Rechnerische Behandlung

> **Merke 2.2:**
> Das **Hauptziel** eines jeden Lösungsverfahrens linearer Gleichungssysteme besteht darin, das Gleichungssystem (hier: **zwei Gleichungen mit zwei Unbekannten**) in eine **Gleichung mit einer Unbekannten** zu überführen.

Dafür gibt es *drei wichtige Verfahren*:

Das Einsetzungsverfahren:

Beispiel a) $\left|\begin{array}{rl} 2x - 3y &= 13 \\ 3x - 2y &= 12 \end{array}\right| \begin{array}{l} [1] \\ [2] \end{array}$

Verfahren:
Eine der beiden Gleichungen [1] oder [2] wird *nach x (bzw. y) aufgelöst*:

aus [1] $\qquad 2x - 3y = 13 \qquad\qquad |+3y$

$\qquad\qquad\qquad 2x = 3y + 13 \qquad\qquad |:2$

$$x = \frac{3}{2}y + \frac{13}{2} \quad [3]$$

Dieser Wert [3] wird in die andere Gleichung *eingesetzt*.

[3] in [2]: $\qquad 3\left(\dfrac{3}{2}y + \dfrac{13}{2}\right) - 2y = 12$

Es entsteht eine Gleichung mit einer Variablen. Nun erfolgt das Auflösen nach dieser Variablen:

$$\frac{9}{2}y + \frac{39}{2} - 2y = 12 \qquad |\cdot 2$$

$$9y + 39 - 4y = 24 \qquad |-39$$

$$5y = -15 \qquad |:5$$

$$y = -3 \quad [4]$$

Dieser Wert [4] wird in Gleichung [3] eingesetzt.

[4] in [3]:
$$x = \frac{3}{2}(-3) + \frac{13}{2}$$
$$x = 2$$

Angabe der Lösungsmenge: $L = \{(2; -3)\}$

Das Gleichsetzungsverfahren:

Beispiel b) $\begin{vmatrix} 4x - 2y + 2 & = & 0 \\ -x - 2y + 17 & = & 0 \end{vmatrix} \begin{matrix} [1] \\ [2] \end{matrix}$

Verfahren:
Beide Gleichungen werden *nach derselben Variablen (z.B. nach y bzw. nach 2y) aufgelöst*:
aus [1]: $\qquad 2y = 4x + 2 \quad [3]$
aus [2]: $\qquad 2y = -x + 17 \quad [4]$
Die entsprechenden Terme [3] und [4] werden *gleichgesetzt*:
[3] = [4]: $\qquad 4x + 2 = -x + 17 \qquad |-2 + x$
Es entsteht wiederum eine Gleichung mit einer Variablen, nach der aufgelöst wird:
[3] = [4]: $\qquad 5x = 15 \qquad |:5$
$\qquad x = 3 \quad [5]$
Dieser Wert [5] wird in eine der Gleichungen [3] oder [4] eingesetzt:
z.B.: [5] in [3]: $\qquad 2y = 4 \cdot 3 + 2$
$\qquad 2y = 14 \qquad |:2$
$\qquad y = 7$
Angabe der Lösungsmenge: $L = \{(3; 7)\}$

Das Additionsverfahren:

Beispiel c) $\begin{vmatrix} 3x - 2y & = & 14 \\ 6x + y & = & 8 \end{vmatrix} \begin{matrix} [1] \\ [2] \end{matrix}$

Verfahren:
Beide Gleichungen werden so umgeformt, daß sich die *Koeffizienten von x (bzw. von y) nur durch das Vorzeichen unterscheiden*:

2.1 Lineare Funktionen und Gleichungen

[1]: $\qquad 3x - 2y = 14 \quad [1]$
[2]: $\qquad 6x + y = 8 \quad [2] \qquad |\cdot 2$
$\qquad\qquad 12x + 2y = 16 \quad [2']$

Durch *Addition* der entstandenen Gleichungen erhält man eine Gleichung mit einer Variablen. Nach dieser Variablen wird nun aufgelöst:

$[1] + [2']$: $\qquad 15x = 30 \qquad |:15$
$\qquad\qquad x = 2 \quad [3]$

Dieser Wert [3] wird in eine der Gleichungen [1], [2] oder [2'] eingesetzt:
z.B.:
[3] in [2]: $\qquad 6 \cdot 2 + y = 8 \qquad |-12$
$\qquad\qquad y = -4$

Angabe der **Lösungsmenge**: $L = \{(2; -4)\}$

In allen Fällen ist eine **Probe** des Ergebnisses zu empfehlen.
Die ermittelten x- bzw. y-Werte müssen jeweils *beiden* Gleichungen genügen:

zu a)
$2 \cdot 2 - 3 \cdot (-3) = 13$ (Gleichung [1])
wahre Aussage
$3 \cdot 2 - 2 \cdot (-3) = 12$ (Gleichung [2])
wahre Aussage

zu b)
$4 \cdot 3 - 2 \cdot 7 + 2 = 0$ (Gleichung [1])
wahre Aussage
$-3 - 2 \cdot 7 + 17 = 0$ (Gleichung [2])
wahre Aussage

zu c) analog

2.1.3.2 Zeichnerische Behandlung:

Gleichungssysteme (zwei Gleichungen mit zwei Unbekannten) lassen sich - von zeichnerischen Ungenauigkeiten abgesehen - auch graphisch veranschaulichen. Die beiden Gleichungen werden jeweils als Geradengleichungen aufgefaßt, die ggf. noch auf Hauptform gebracht werden müssen. An den Koordinaten des Schnittpunktes $P(x_0|y_0)$ der beiden Geraden läßt sich dann die Lösungsmenge ablesen: $L = \{(x_0; y_0)\}$

zu Beispiel a), Seite 35:

[1]: $2x - 3y = 13 \Leftrightarrow 3y = 2x - 13$
$\qquad \Leftrightarrow y = \dfrac{2}{3}x - \dfrac{13}{3}$ (Gerade g_1)

[2]: $3x - 2y = 12 \Leftrightarrow 2y = 3x - 12$
$\qquad \Leftrightarrow y = \dfrac{3}{2}x - 6$ (Gerade g_2)

Damit hat der Schnittpunkt von g_1 und g_2 die folgenden Koordinaten: $P(2|-3)$

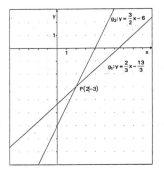

Bild 2.4: Schnitt zweier Geraden

Übungsaufgaben:

(I) Bestimmen Sie die Lösung folgender Gleichungssysteme ...

... nach dem **Einsetzungsverfahren**:

1. a) $\begin{vmatrix} 5x-2y &=& 10 \\ 6x-4y &=& 4 \end{vmatrix}$ b) $\begin{vmatrix} 3x+5y &=& 2 \\ 2x-3y &=& -24 \end{vmatrix}$ c) $\begin{vmatrix} 5y+2x+1 &=& 0 \\ 10y+3x+4 &=& 0 \end{vmatrix}$

   d) $\begin{vmatrix} 6y-12x-30 &=& 0 \\ 3x+18-5y &=& 0 \end{vmatrix}$ e) $\begin{vmatrix} 4y &=& 4-3x \\ 5x &=& 13+6y \end{vmatrix}$ f) $\begin{vmatrix} 3y-10x-2 &=& 0 \\ 15y+4 &=& x \end{vmatrix}$

   g) $\begin{vmatrix} 4x-2y &=& 6 \\ 9x+3y &=& 36 \end{vmatrix}$ h) $\begin{vmatrix} 19x+26y &=& 13 \\ 14x+2y &=& 1 \end{vmatrix}$ i) $\begin{vmatrix} 4x-2y-6 &=& 0 \\ 3x+y-12 &=& 0 \end{vmatrix}$

   j) $\begin{vmatrix} 3x-4y &=& 2 \\ x &=& 2y \end{vmatrix}$ k) $\begin{vmatrix} 4x-y &=& -0,5 \\ 3x-y &=& -1 \end{vmatrix}$ l) $\begin{vmatrix} 3x-4y &=& 27 \\ x-y &=& 8 \end{vmatrix}$

... nach dem **Gleichsetzungsverfahren**:

2. a) $\begin{vmatrix} 3y+4x &=& 29 \\ x-y-2 &=& 0 \end{vmatrix}$ b) $\begin{vmatrix} 2x+y+2 &=& 0 \\ x+3y &=& 4 \end{vmatrix}$ c) $\begin{vmatrix} 8x &=& 3y-5 \\ 4x-1 &=& y \end{vmatrix}$

   d) $\begin{vmatrix} y &=& 2x-5 \\ y &=& 0,5x+1 \end{vmatrix}$ e) $\begin{vmatrix} y &=& 4x-1 \\ y &=& 5x-3 \end{vmatrix}$ f) $\begin{vmatrix} x &=& 2y-1 \\ x &=& 3y \end{vmatrix}$

   g) $\begin{vmatrix} 3y-2 &=& x \\ 5y+1 &=& x \end{vmatrix}$ h) $\begin{vmatrix} y &=& 0,5x-1 \\ y &=& 1,5x+4 \end{vmatrix}$ i) $\begin{vmatrix} y &=& 4x-5 \\ 3x &=& y \end{vmatrix}$

   j) $\begin{vmatrix} 5x+8 &=& y \\ 8x-2y+13 &=& 0 \end{vmatrix}$ k) $\begin{vmatrix} 3y &=& 6-x \\ 2 &=& 2y+\frac{1}{3} \end{vmatrix}$ l) $\begin{vmatrix} 2x-y &=& 3 \\ x+y &=& 3 \end{vmatrix}$

... nach dem **Additionsverfahren**:

3. a) $\begin{vmatrix} 5y-3x &=& -16 \\ 2y-5x &=& 43 \end{vmatrix}$ b) $\begin{vmatrix} 5x-3y &=& -3 \\ 3x-2y &=& 21 \end{vmatrix}$ c) $\begin{vmatrix} 3x-2y &=& 3 \\ 9x+6y &=& 9 \end{vmatrix}$

   d) $\begin{vmatrix} 3x-8y &=& -1 \\ 4x-6y &=& 8 \end{vmatrix}$ e) $\begin{vmatrix} 2x-3y &=& 19 \\ -x+5y &=& 15 \end{vmatrix}$ f) $\begin{vmatrix} 4x-3y &=& 24 \\ 5x-2y &=& 7 \end{vmatrix}$

   g) $\begin{vmatrix} 2\sqrt{2}y &=& 2\sqrt{2}x-2 \\ y &=& 2x+4 \end{vmatrix}$ h) $\begin{vmatrix} \sqrt{3}y-\frac{1}{3}\sqrt{3}x &=& 0 \\ \frac{1}{3}x+y &=& 2\sqrt{3} \end{vmatrix}$

(II) Interpretieren Sie - an geeigneten Beispielen - die Lösung dieser Gleichungssysteme graphisch.

2.1.4 Klassifizierung linearer Gleichungssysteme:

GRUNDAUFGABE 9:
Bestimmen Sie rechnerisch die Lösungsmenge der folgenden linearen Gleichungssysteme. Interpretieren Sie das Ergebnis graphisch.

a) $\begin{vmatrix} 7,5x+3y &=& 3 \\ 5x+2y &=& 4 \end{vmatrix}$ b) $\begin{vmatrix} 6x-3y &=& 12 \\ 4x-2y &=& 8 \end{vmatrix}$ c) $\begin{vmatrix} x+y &=& 5 \\ 2x-y &=& 1 \end{vmatrix}$

2.1 Lineare Funktionen und Gleichungen

Anmerkungen:
zu a)
rechnerisch:

$[1]$: $\qquad 7{,}5x + 3y = 3 \qquad |\cdot(-2)$
$\qquad\qquad -15x - 6y = -6 \quad [1']$

$[2]$: $\qquad 5x + 2y = 4 \qquad |\cdot 3$
$\qquad\qquad 15x + 6y = 12 \quad [2']$

$[1'] + [2']$: $\qquad 0 = 6 \quad "falsche\ Aussage"$

Führt das korrekte Lösen eines Gleichungssystemes zu einem Widerspruch, so gibt es kein Lösungspaar $(x_0; y_0)$, das beiden Gleichungen genügt. Die Lösungsmenge ist leer: $L = \{\ \}$.

zeichnerisch (vgl. Bild 2.5):
Die beiden Geraden $g_1: y = -2{,}5x + 1$ und $g_2: y = -2{,}5x + 2$ (jeweils auf Hauptform gebracht) sind parallel und verschieden, denn sie haben gleiche Steigung, aber einen unterschiedlichen y-Achsenabschnitt.

zu b)
rechnerisch:

$[1]$: $\qquad 6x - 3y = 12 \qquad |:3$
$\qquad\qquad 2x - y = 4 \quad [1']$

$[2]$: $\qquad 4x - 2y = 8 \qquad |:(-2)$
$\qquad\qquad -2x + y = -4 \quad [2']$

$[1'] + [2']$: $\qquad 0 = 0 \quad "wahre\ Aussage"$

Führt das korrekte Lösen eines Gleichungssystemes zu einer allgemein gültigen Aussage, so gibt es unendlich viele Lösungspaare $(x_0; y_0)$, die beiden Gleichungen genügen. Die Lösungsmenge läßt sich dann wie folgt beschreiben: $L = \{(x; y) \mid y = 2x - 4\}$.

zeichnerisch (vgl. Bild 2.6)
Die beiden Geraden $g_1: y = 2x - 4$ und $g_2: y = 2x - 4$ (jeweils auf Hauptform gebracht) sind parallel und identisch, denn sie haben dieselbe Steigung und denselben y-Achsenabschnitt. Sie fallen zusammen.

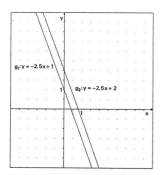
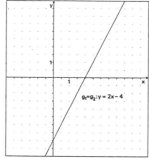

Bild 2.5: Beispiel a) parallele aber verschiedene Geraden
Bild 2.6: Beispiel b) zusammenfallende Geraden

zu c)
rechnerisch:
$L = \{(2;3)\}$ (Die Rechnung bleibt dem Leser überlassen)
zeichnerisch:
Die Steigungen und die y-Achsenabschnitte der beiden Geraden $g_1: y = -x + 5$ und $g_2: y = 2x - 1$ (jeweils auf Hauptform gebracht) sind verschieden. Sie schneiden sich im Punkt $P(2|3)$.

Merke 2.3:
Ein lineares Gleichungssystem mit zwei Gleichungen und zwei Unbekannten hat entweder
    a)   **keine Lösung:** $L = \{\ \}$ - oder -
    b)   **unendlich viele Lösungen:** $L = \{(x; y) | y = mx + b\}$ - oder -
    c)   **genau eine Lösung:** $L = \{(x_P | y_P)\}$.
Graphisch bedeutet das, daß die entsprechenden Geraden g_1 und g_2 entweder
    a)   **parallel und verschieden sind:** $g_1 \| g_2$ und $g_1 \neq g_2$ - oder -
    b)   **zusammenfallen:** $g_1 \| g_2$ und $g_1 = g_2$ - oder -
    c)   **sich in einem Punkt** $P(x_P | y_P)$ **schneiden.**

Übungsaufgaben:
1. Bestimmen Sie rechnerisch die Lösungsmenge der folgenden Gleichungssysteme. Interpretieren Sie das Ergebnis anschaulich.

   a) $\begin{vmatrix} x + 2y &= 4{,}5 \\ 4y + 2x &= 9 \end{vmatrix}$
   b) $\begin{vmatrix} 2x &= y + 1 \\ 5y &= -x + 11{,}5 \end{vmatrix}$
   c) $\begin{vmatrix} x &= \frac{4}{7} - \frac{1}{14}y \\ y &= -14x + 13 \end{vmatrix}$

   d) $\begin{vmatrix} 6 &= x + 2y \\ 6 &= \frac{1}{2}x + y + 2 \end{vmatrix}$
   e) $\begin{vmatrix} \sqrt{3}y &= 3x + \sqrt{3} \\ 2\sqrt{3}x &= 2y - 2 \end{vmatrix}$
   f) $\begin{vmatrix} 5x &= \sqrt{5}y - \sqrt{5} \\ y &= \sqrt{5}x - 3 \end{vmatrix}$

2.1.5 Parallelität und Orthogonalität:

GRUNDAUFGABE 10:
Berechnen Sie - falls möglich - den *Schnittwinkel* φ der Geraden g und h, also den (kleineren der beiden) Winkel, den die Geraden g und h einschließen:

   a) $g: y = x + 2$
           $h: y = 3x - 5$

   b) $g: y = 2x + 1$
           $h: y = x + 1$

   c) $g: y = \frac{1}{2}x + 6$
           $h: y = \frac{1}{2}x + 9$

   d) $g: y = -\frac{1}{2}x + 4$
           $h: y = 2x - 1$

   e) $g: y = 2$
           $h: y = -x + 1$

   f) $g: y = -6x + 1$
           $h: y = \frac{1}{6}x + 1$

2.1 Lineare Funktionen und Gleichungen

g) $g: y = 2$ h) $g: y = \sqrt{3}\, x$ i) $g: y = 7x - 4$

     $h: x = 7$ $h: y = \sqrt{3}\, x + 5$ $h: y = -\dfrac{1}{7} x + 1$

j) $g: y = \dfrac{3}{2} x + 5$ k) $g: y = -\dfrac{2}{5} x - \dfrac{5}{2}$ l) $g: y = x + 2$

     $h: y = -\dfrac{1}{3} x - 2$ $h: y = \dfrac{2}{5} x + \dfrac{3}{2}$ $h: y = -x - 5$

Anmerkungen:

1) Von einem **Schnittwinkel** zweier Geraden spricht man nur dann, wenn sich die Geraden schneiden. Da die Steigung der Geraden g und h in den Aufgaben c) und h) jedoch gleich ist, die Geraden also parallel verlaufen und wegen des unterschiedlichen y-Achsenabschnittes nicht aufeinander liegen, haben sie also auch keinen Schnittwinkel.

2) Zwei sich schneidende Geraden bilden hingegen zwei verschiedene Winkel, vorausgesetzt sie stehen nicht senkrecht aufeinander. In diesem Falle bezeichnet man den kleineren der beiden Winkel als Schnittwinkel φ der beiden Geraden, andernfalls ist $\varphi = 90°$.

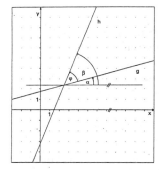

Dieser *Schnittwinkel* φ läßt sich nun als *Differenz der beiden Steigungswinkel* der Geraden g und h ermitteln:
Sei also α der Steigungswinkel von g, β der Steigungswinkel von h und sei $\beta > \alpha$, so gilt:

$$\varphi = \beta - \alpha \quad \text{für } \beta - \alpha \leq 90°$$
bzw.
$$\varphi = 180° - (\beta - \alpha) \quad \text{für } \beta - \alpha \geq 90°$$

Bild 2.7: Schnittwinkel zweier Geraden

3) Manche Aufgaben lassen sich durch Überlegung lösen:
   zu e)
   Die Gerade g verläuft parallel zur x-Achse, hat also einen Steigungswinkel von 0°, die Gerade h, eine Parallele zur 2. Winkelhalbierenden, hat einen Steigungswinkel von 135° bzw. von -45°.
   Die Geraden schneiden sich also unter einem Winkel von $\varphi = 45°$.
   zu g)
   Der Steigungswinkel von der Geraden g beträgt wiederum 0°, die Gerade h, als Parallele zur y-Achse, hat einen Steigungswinkel von 90°.
   Der Schnittwinkel φ beträgt demnach 90°.
   zu l)
   Der Steigungswinkel der Gerade g ist $\alpha = 45°$, der Steigungswinkel der Geraden h ist $\beta = -45°$. Die Geraden schneiden sich unter einem Winkel von 90°.

4) Die Schnittwinkel der übrigen Geraden müssen errechnet werden.

zu a)
$m_g = 1 \Rightarrow \tan \alpha = 1 \Rightarrow \alpha = 45°$ (α Steigungswinkel der Geraden g)
$m_h = 3 \Rightarrow \tan \beta = 3 \Rightarrow \beta \approx 71,57°$ (β Steigungswinkel der Geraden h)
Für den Schnittwinkel φ ergibt sich nun: $\varphi = \beta - \alpha \approx 71,57° - 45° \approx 26,57°$.

zu j)
$m_g = 1,5 \Rightarrow \tan \alpha = 1,5 \Rightarrow \alpha \approx 56,31°$ (α Steigungswinkel der Geraden g)
$m_h = -\frac{1}{3} \Rightarrow \tan \beta = -\frac{1}{3} \Rightarrow \beta \approx -18,43°$ (β Steigungswinkel der Geraden h)
Für den Schnittwinkel φ ergibt sich nun: $\varphi = \beta - \alpha \approx 56,31° - (-18,43°) \approx 74,74°$.

Hinweise:
1) Da die Steigungswinkel mit Hilfe des Taschenrechners ermittelt werden ($\boxed{\text{Inv}}\boxed{\text{tan}}$), sind die Werte gerundet und auch deshalb mit dem Ungefährzeichen "≈" zu versehen.
2) Steigungswinkel mit *negativem Vorzeichen*, sind Winkel, die in mathematisch negativem, also *im Uhrzeigersinn* gemessen werden.

Weitere Ergebnisse:

zu b)	zu d)	zu f)	zu i)	zu k)
$\varphi \approx 18,43°$	$\varphi \approx 90°$	$\varphi \approx 90°$	$\varphi \approx 90°$	$\varphi \approx 43,60°$

Die Geraden g und h in den Beispielen d), f) und i) schneiden sich unter einem Winkel von ca. 90°. Auffällig ist dabei, daß die Steigung der Geraden h dem negativen Kehrwert der Steigung der Geraden g entspricht. Diesen Sachverhalt wollen wir verallgemeinern:

Schneiden sich g und h unter einem Winkel von 90° und sind g' und h' ihre Parallelen durch O, so gilt:
Ist $P(u|v) \in g'$, so ist $Q(-v|u) \in h'$, denn das Dreieck $\Delta OF'Q$ entsteht aus dem Dreieck ΔOFP durch Drehung um den Koordinatenursprung O mit dem Winkel $\varphi = 90°$).

Die Steigung der Geraden g ist $m_g = \frac{v}{u}$, die der Geraden h ist $m_h = -\frac{u}{v}$, was oben erwähnten Verdacht bestätigt:

$$m_g \cdot m_h = \frac{v}{u} \cdot \left(-\frac{u}{v}\right) = -1 \quad \text{bzw.}$$

$$m_h = -\frac{u}{v} = -\frac{1}{\frac{v}{u}} = -\frac{1}{m_g}.$$

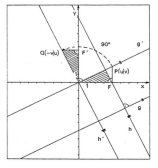

Bild 2.8: Orthogonale Geraden

Anmerkung:
Geraden, die sich unter einem Winkel von 90° schneiden, heißen **orthogonal**.

2.2 Quadratische Funktionen und Gleichungen

Wir fassen zusammen:

> **Merke 2.4:**
> Zwei Geraden g und h sind **parallel**, wenn sie entweder beide parallel zur y-Achse verlaufen, oder wenn für ihre Steigungen gilt: $\boxed{m_g = m_h}$.
> Zwei Geraden g und h sind **orthogonal**, wenn g und h zu je einer Koordinatenachse parallel sind oder wenn für ihre Steigungen gilt: $\boxed{m_g \cdot m_h = -1}$

Übungsaufgaben:
1. Welche der folgenden Geraden g, h, i und j sind parallel, welche orthogonal?
   $g: 2x - 3y + 4 = 0$ $h: 0,7x - y + 7 = 0$ $i: 2y + 3x = -2$ $j: 15y = 10x + 2$

2. Die Gerade g habe die Steigung m. Welche Steigung hat die zu g orthogonale Gerade h?
   a) $m = \dfrac{3}{2}$ b) $m = -\dfrac{5}{3}$ c) $m = 2,25$ d) $m = 2\dfrac{2}{3}$
   e) $m = -1\dfrac{2}{5}$ f) $m = \sqrt{5}$ g) $m = 1 - \sqrt{3}$ h) $m = -\dfrac{1}{2}\sqrt{2}$

3. Geben Sie die Gleichung der Parallelen und die der Orthogonalen an, die durch den Punkt P verlaufen.
   a) $g: 4x - y = -1$ $P(-1,5|-5)$ b) $g: 4x + 5y = 3$ $P(-1|1,4)$
   c) $g: 3x = 4y - 1$ $P(3|-2,25)$ d) $g: 0,2x - 2y + 1 = 0$ $P(2|-2)$
   e) $g: y = -1$ $P(2|-5)$ f) $g: x = 2$ $P(-3|\sqrt{2})$

4. Prüfen Sie rechnerisch nach, ob das Viereck $ABCD$ ein Trapez, Parallelogramm, ein Rechteck oder ein Quadrat ist.
   a) $A(0|0)$ $B(2|-5)$ $C(7|-3)$ $D(5|2)$ b) $A(1|0)$ $B(8|-2)$ $C(7|1)$ $D(-1|3)$
   c) $A(-2|2)$ $B(0|-4)$ $C(3|-3)$ $D(1|3)$ d) $A(\sqrt{2}|0)$ $B(8|-1)$ $C(10|\sqrt{2}-1)$ $D(3\sqrt{2}|2)$

2.2 Quadratische Funktionen und Gleichungen

2.2.1 Quadratische Funktionen und ihre Schaubilder

Für Zusammenhänge, die sich durch quadratische Funktionen beschreiben lassen, gibt es zahlreiche Beispiele:

1) Eine Kugel beschreibt bei waagerechtem Wurf mit einer Anfangsgeschwindigkeit von $1\dfrac{m}{s}$ eine Bahnkurve, die sich durch das Schaubild der Funktion f mit $f(t) = -\dfrac{1}{2} g \cdot t^2$ darstellen läßt. Dabei ist g die Schwerebeschleunigung (am Normort $g = 9,80665 \cdot \dfrac{m}{s^2}$) und t die Zeit in s. (vgl. **Übungsaufgabe 15, Seite 60**)

2) Die minimale Bremsstrecke s (in m) des ICE läßt sich durch folgende Funktion beschreiben: $s: v \rightarrow \frac{1}{2b} v^2$. Hier wird mit b die Bremsverzögerung des Zuges (in $\frac{m}{s^2}$) bezeichnet, mit v seine Geschwindigkeit (in $\frac{m}{s}$). (vgl. **Übungsaufgabe 16**, Seite 61)

Zunächst möge ein Überblick über solche Funktionen gewonnen werden.

GRUNDAUFGABE 11:
Zeichnen Sie jeweils drei Schaubilder der folgenden Funktionen in ein Koordinatensystem:

a) $f: x \rightarrow x^2$
b) $f: x \rightarrow \frac{1}{4} x^2$
c) $f: x \rightarrow -3x^2$

d) $f: x \rightarrow 2x^2 + 1$
e) $f: x \rightarrow -\frac{1}{3} x^2 - 3$
f) $f: x \rightarrow \frac{3}{2} x^2 + 2$

g) $f: x \rightarrow x^2 - 2x - 1$
h) $f: x \rightarrow -2x^2 - 8x - 7$
i) $f: x \rightarrow \frac{1}{3} x^2 - \frac{8}{3} x + 7 \frac{1}{3}$

Der Definitionsbereich dieser Funktionen sei jeweils $D = I\!R$.

Merke 2.5:
Eine Funktion der Form
$\boxed{f: x \rightarrow ax^2 + bx + c}$ ($D = I\!R$; $a, b, c \in I\!R$ mit $a \neq 0$) nennt man eine **quadratische Funktion**. Das Schaubild einer quadratischen Funktion heißt **Parabel (2. Ordnung)**. Das Schaubild der Funktion $\boxed{f: x \rightarrow x^2}$ wird mit **Normalparabel (2. Ordnung)** bezeichnet.

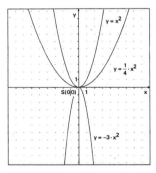
Bild 2.9: Schaubilder zu Aufgaben a) bis c)

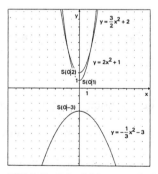
Bild 2.10: Schaubilder zu Aufgaben d) bis f)

Anmerkungen (zu **Bild 2.9** und **Bild 2.10**):
1) Der Punkt $S(0|0)$ der Normalparabel wird Scheitel der Parabel genannt. Die Normalparabel ist **nach oben geöffnet**.
2) Für die Schaubilder der Funktionen $f: x \rightarrow ax^2 + c$ gilt:
Der **Faktor a** wirkt sich auf die Öffnung der Parabel aus:
Für $a > 0$ ist die Parabel **nach oben geöffnet**, für $a < 0$ ist sie **nach unten geöffnet**. Ist $|a| > 1$, so ist die Parabel **enger** als die Normalparabel, ist $|a| < 1$, ist sie **weiter**.

2.2 Quadratische Funktionen und Gleichungen

Die **Zahl** c (auch *Absolutglied* genannt) bringt die Art der Verschiebung der Parabel in y-Richtung zum Ausdruck:
Für $c > 0$, ist die Parabel **nach oben verschoben**, für $c < 0$ ist sie **nach unten verschoben**. Der Scheitel hat also in diesem Falle die Koordinaten $S(0|c)$.

Anmerkung (zu Bild 2.11):

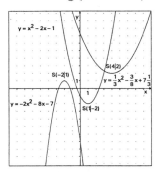

Zusätzlich zu einer Verschiebung nach oben bzw. unten und der Änderung der Öffnung sind die Parabeln noch nach rechts bzw. links verschoben.

Bild 2.11: Schaubilder zu Aufgaben g) bis i)

Die Verschiebung nach rechts bzw. links läßt sich ebenfalls am Funktionsterm ablesen, wenn er (mittels **quadratischem Ergänzen** s.u.) auf *Scheitelform* gebracht wird:

g) $f(x) = (x-1)^2 - 2$ h) $f(x) = -2(x+2)^2 + 1$ i) $f(x) = \frac{1}{3}(x-4)^2 + 2$

Diese Methode des **quadratischen Ergänzens** möge im folgenden erläutert werden:

zu g) $f(x) = x^2 - 2x - \mathbf{1} = x^2 - 2x + \mathbf{1} - \mathbf{2} = (x-1)^2 - 2$

(Der Koeffizient von x, also hier -2 werde **halbiert**, dann **quadriert** (ergibt also 1) und zum Ausdruck hinzuaddiert. Damit das Gleichheitszeichen nach wie vor seine Berechtigung behält, muß mit -2 **korrigiert** werden. Der nun entstehende binomische Ausdruck gibt nun Auskunft darüber, ob nach rechts oder links verschoben wird, durch die -2 wird die Verschiebung nach unten dokumentiert.)
Die Parabel entsteht aus der Normalparabel durch eine Verschiebung um *eine Einheit nach rechts* und um *zwei Einheiten nach oben*. Der Scheitel liegt bei $S(1|-2)$.

zu h)
$$f(x) = -2x^2 - 8x - 7 = -2(x^2 + 4x + \mathbf{3{,}5}) = -2(x^2 + 4x + \mathbf{4 - 0{,}5}) = -2(x^2 + 4x + 4) + 1$$
$$= -2(x+2)^2 + 1$$

(Bevor quadratisch ergänzt wird, muß der Koeffizient von x^2 ausgeklammert werden. Die quadratische Ergänzung geschieht nun innerhalb der Klammer. Was zum Binom nicht gebraucht wird, wird wieder ausgeklammert. Dabei muß der Faktor vor der Klammer berücksichtigt werden.)
Die Parabel entsteht aus der Normalparabel durch eine Verschiebung um *zwei Einheiten nach links* und um *eine Einheit nach oben*. Der Scheitel liegt bei $S(-2|1)$.

zu i):
$$f(x) = \frac{1}{3}x^2 - \frac{8}{3}x + 7\frac{1}{3} = \frac{1}{3}(x^2 - 8x + \mathbf{22}) = \frac{1}{3}(x^2 - 8x + \mathbf{16 + 6}) = \frac{1}{3}(x^2 - 8x + 16) + 2$$
$$= \frac{1}{3}(x-4)^2 + 2$$

Die Parabel entsteht aus der Normalparabel durch eine Verschiebung um *vier Einheiten nach rechts* und um *zwei Einheiten nach oben*. Der Scheitel liegt bei $S(4|2)$.

Allgemeiner Fall:
Die quadratische Funktion $f: x \rightarrow ax^2 + bx + c$ soll mittels **quadratischem Ergänzen** auf *Scheitelform* gebracht werden:

$$f(x) = ax^2 + bx + c = a\left(x^2 + \frac{b}{a}x + \frac{c}{a}\right) = a\left(x^2 + \frac{b}{a}x + \left(\frac{b}{2a}\right)^2 - \left(\frac{b}{2a}\right)^2 + \frac{c}{a}\right)$$

$$= a\left(x^2 + \frac{b}{a}x + \left(\frac{b}{2a}\right)^2\right) - a\left(\frac{b}{2a}\right)^2 + c = a\left(x + \frac{b}{2a}\right)^2 - \frac{b^2}{4a} + c$$

Der Scheitel liegt bei $S\left(-\frac{b}{2a} \middle| -\frac{b^2}{4a} + c\right)$.

Merke 2.6:
Hat eine quadratische Funktion die Form $\boxed{f: x \rightarrow a(x - x_S)^2 + y_S}$, so läßt sich der Scheitel ihres Schaubildes, der Parabel, direkt ablesen. Er hat die Koordinaten $S(x_S | y_S)$.
Die Funktionsgleichung $f(x) = a(x - x_S)^2 + y_S$ wird deshalb auch als **Scheitelgleichung** der quadratischen Funktion bezeichnet.
Für den **Öffnungsfaktor** a bleibt das bisher genannte gültig.

Hinweis:
Beim Zeichnen des Schaubildes einer quadratischen Funktion kann nun folgendermaßen vorgegangen werden:
Durch quadratisches Ergänzen wird die Funktion auf Scheitelform gebracht. Nun kann der Scheitel der zugehörigen Parabel abgelesen werden. Mit der Festlegung des Scheitels der Parabel im Koordinatensystem sind alle Verschiebungen, ob nach unten oder oben, rechts oder links festgehalten. Nun interessiert nur noch die Öffnung der Parabel. Man verschiebe dabei in Gedanken die Normalparabel mit der Gleichung $y = x^2$ so, daß ihr Scheitel mit dem errechneten Scheitel übereinstimmt. Diesen Scheitelpunkt kann man sich dabei als Ursprung eines neuen Koordinatensystemes, dessen Achsen parallel zu den ursprünglichen Koordinatenachsen verlaufen, vorstellen. Die Werte der Gleichung der Normalparabel werden nun mit dem Faktor $|a|$ verrechnet, die entsprechenden Punkte in das Koordinatensystem eingezeichnet. Ist der Öffnungsfaktor negativ, so spiegelt man die Normalparabel an der x-Achse des neuen Koordinatensystems und verfahre dann wie oben. Nützlich beim Zeichnen einer Parabel ist ihre Symmetrie zur Geraden $x = x_S$ (nämlich der Geraden, parallel zur y-Achse durch den Scheitel der Parabel).

Beispiel (entnommen aus GRUNDAUFGABE 11, Seite 44):
zu i)
Der Scheitel der zur Funktion f mit $f(x) = \frac{1}{3}(x - 4)^2 + 2$ gehörenden Parabel hat die Koordinaten $S(4|2)$. Der Öffnungsfaktor a beträgt $a = \frac{1}{3}$. Vom Scheitel aus gehe man eine Einheit nach rechts (bzw. nach links) und - statt einer Einheit nach oben (wie bei der Normalparabel) -

2.2 Quadratische Funktionen und Gleichungen

gehe man $\frac{1}{3}$ Einheit nach oben, wieder vom Scheitel aus gehe man nun zwei Einheiten nach rechts (bzw. nach links) und - statt 4 Einheiten nach oben - gehe man $\frac{4}{3}$ Einheiten nach oben. Dieses Verfahren ermöglicht, ohne größere Rechnung beliebig viele weitere Parabelpunkte zeitsparend einzuzeichnen.

GRUNDAUFGABE 12:
Die Schaubilder der folgenden Funktionen sind Parabeln. Ermitteln Sie ihren Scheitel und zeichnen Sie die Parabeln ohne Zuhilfenahme einer Wertetabelle in ein Koordinatensystem:

(I)
a) $f: x \to x^2 + 2x + 1$
b) $f: x \to x^2 - 6x + 9$
c) $f: x \to x^2 + x + \frac{1}{4}$
d) $f: x \to x^2 - 8x + 16$
e) $f: x \to x^2 + 10x + 25$
f) $f: x \to x^2 + 3x + 2\frac{1}{4}$

(II)
a) $f: x \to x^2 - 2x - 1$
b) $f: x \to x^2 + 6x + 5$
c) $f: x \to x^2 - 8x - 7$
d) $f: x \to x^2 + x - 1$
e) $f: x \to x^2 - 10x + 1$
f) $f: x \to x^2 - x - 2$

(III)
a) $f: x \to -x^2 + x - 2$
b) $f: x \to -x^2 + 4x - 2$
c) $f: x \to -x^2 - 6x$
d) $f: x \to 2x^2 - 16x - 14$
e) $f: x \to -16x^2$
f) $f: x \to 3x^2 - 6x + 15$
g) $f: x \to -2x^2 + 16x - 24$
h) $f: x \to 2x^2 + 12x$
i) $f: x \to -\frac{15}{16}x^2 + \frac{15}{4}$

Neben der Öffnung einer Parabel, ihres Scheitels und ihrer Verschiebungen sind auch die Schnittpunkte der Parabel mit den Koordinatenachsen von Interesse.
Der Schnittpunkt mit der y-Achse läßt sich am Absolutglied des entsprechenden Funktionsterms der quadratischen Funktion ablesen:

Satz 2.1:
Sei $f: x \to ax^2 + bx + c$ der Funktionsterm der quadratischen Funktion, so schneidet die zugehörige Parabel die y-Achse im Punkt $M(0|c)$.

Beweis:
Um den Schnittpunkt einer Parabel mit der y-Achse zu bestimmen, setze man in der Funktionsgleichung für $x = 0$. Es entsteht $f(0) = a \cdot 0^2 + b \cdot 0 + c = c$. Damit hat der Schnittpunkt mit der y-Achse die Koordinaten $M(0|c)$.

Beispiele:
(entnommen aus GRUNDAUFGABE 12, Seite 47)

zu (I) a)	zu (I) f)	zu (II) a)	zu (III) a)	zu (III) g)	zu (III) h)
$M(0|1)$	$M\left(0\middle|2\frac{1}{4}\right)$	$M(0|-1)$	$M(0|-2)$	$M(0|-24)$	$M(0|0)$

Um **die gemeinsamen Punkte der Parabel mit der x-Achse** zu bestimmen, müssen Gleichungen der Form $ax^2 + bx + c = 0$ gelöst werden. Gleichungen dieser Form werden **quadratische Gleichungen** genannt. Sie geben Anlaß für das nächste Thema.

2.2.2 Quadratische Gleichungen

Das Lösen von quadratischen Gleichungen setzt das Lösen von Betragsgleichungen voraus. Vorweg sollen deshalb die Betragsgleichungen kurz beleuchtet werden.

2.2.2.1 Beträge

Definition 2.1:
Läßt man das Vorzeichen einer reellen Zahl weg, so erhält man ihren **Betrag**.
Der Betrag einer Zahl a wird mit $|a|$ bezeichnet.

$$\text{Allgemein gilt:} \quad |a| = \begin{cases} a, & \text{falls } a \geq 0 \\ -a, & \text{falls } a < 0 \end{cases}$$

Beispiele: $|-3| = 3$; $|1| = 1$

2.2.2.2 Betragsgleichungen:

GRUNDAUFGABE 13:
Lösen Sie nun die folgenden Betragsgleichungen:

a) $|x| = 4$ b) $|x + 2| = 3$ c) $|x - 5| = 2$ d) $|x - 1| = 0$
e) $|2x - 4| = 5$ f) $|3x - 1| = 1$ g) $|x + 2| = -6$ h) $|4x + 1| = 3$

Anmerkungen:
1) Die Teilaufgaben a) bis d) lassen sich durch Überlegung lösen:
   zu a) $L = \{-4; 4\}$ zu b) $L = \{-5; 1\}$ zu c) $L = \{3; 7\}$ zu d) $L = \{1\}$
2) zu g) Da der Betrag einer Zahl nur entweder positiv oder Null sein kann, sind Gleichungen der Form $|x + 2| = -6$ in der Menge der reellen Zahlen nicht lösbar. Es gilt: $L = \{\ \}$
3) Unter der Voraussetzung, daß die Betragsgleichung mindestens eine Lösung besitzt, erweist sich das folgende Verfahren als sinnvoll:
   zu e)
   Die Gleichung $\quad|2x - 4| = 5$
   läßt sich in zwei lineare Gleichungen aufspalten:
   $\quad 2x - 4 = 5$ [1]   oder $2x - 4 = -5$ [2]
   Gleichung [1] liefert $\quad x = 4{,}5$
   Gleichung [2] liefert $\quad x = -0{,}5$

Angabe der Lösungsmenge: $L = \{-0,5; 4,5\}$

zu f) $L = \left\{0; \dfrac{2}{3}\right\}$ **zu h)** $L = \{-1; 0,5\}$

(Eine ausführliche Rechnung bleibt dem Leser überlassen.)

Bemerkung:
Eine Betragsgleichung der Form $|ax + b| = c$ mit $a, b, c \in \mathbb{R}$ und $a \neq 0$ besitzt **genau zwei Lösungen**, nämlich $L = \left\{-\dfrac{b \pm c}{a}\right\}$ für $c > 0$, **genau eine Lösung**, $L = \left\{-\dfrac{b}{a}\right\}$, für $c = 0$, **keine Lösung**, $L = \{\ \}$, für $c < 0$.

2.2.2.3 (Rein-) Quadratische Gleichungen:

Zunächst mögen Gleichungen des Typs $ax^2 = c$ (reinquadratische Gleichungen) und Gleichungen des Typs $a(x - d)^2 = c$, also Gleichungen, die auf einer Seite bereits einen Faktor mit vollständigem Quadrat aufweisen, betrachtet werden.

GRUNDAUFGABE 14:
Lösen Sie die folgenden quadratischen Gleichungen:
a) $x^2 = 4$ b) $x^2 = 5$ c) $(x - 3)^2 = 4$ d) $(x + 1)^2 = 16$
e) $(x - 4)^2 = 7$ f) $(x + 0,5)^2 = 0$ g) $(x - 3)^2 = 8$ h) $(x + 4)^2 = -3$

Anmerkungen:
1) Die Lösungsmenge der Gleichungen von den Beispielen a) bis g) lassen sich durch Radizieren beider Gleichungsseiten ermitteln. Das Radizieren beider Seiten einer Gleichung ist dann eine zulässige Umformung, wenn beide Seiten positiv oder Null sind.
2) Man beachte folgende sinnvolle Festlegung: $\boxed{\sqrt{a^2} = |a|}$.
Jede quadratische Gleichung dieser Art läßt sich somit in eine Betragsgleichung umschreiben.

Beispiele:
zu b) $x^2 = 5 \Leftrightarrow \sqrt{x^2} = \sqrt{5} \Leftrightarrow |x| = \sqrt{5} \Leftrightarrow x = \sqrt{5}$ oder $x = -\sqrt{5}$
Lösungsmenge: $L = \{-\sqrt{5}; \sqrt{5}\}$

zu e) $(x - 4)^2 = 7 \Leftrightarrow \sqrt{(x - 4)^2} = \sqrt{7} \Leftrightarrow |x - 4| = \sqrt{7} \Leftrightarrow x = 4 + \sqrt{7}$ oder $x = 4 - \sqrt{7}$.
Lösungsmenge: $L = \{4 - \sqrt{7}; 4 + \sqrt{7}\}$

Weitere Ergebnisse:
zu a) $L = \{-2; 2\}$ **zu c)** $L = \{1; 5\}$ **zu d)** $L = \{-5; 3\}$
zu f) $L = \{-0,5\}$ **zu g)** $L = \{3 - \sqrt{8}; 3 + \sqrt{8}\}$ **zu h)** $L = \{\ \}$

2.2.2.4 Gemischtquadratische Gleichungen:

GRUNDAUFGABE 15:
Lösen Sie die folgenden quadratischen Gleichungen:
a) $x^2 + 2x = 3$ b) $x^2 - x - 12 = 0$ c) $3x^2 - 27x = -54$

d) $0,5x^2 - x - 1,5 = 0$ e) $-x^2 + 8x = 16$ f) $0,2x^2 - 1,14x = -1,6$

g) $\dfrac{3}{2}x^2 - 2x - \dfrac{19}{12} = 0$ h) $x^2 + px + q = 0$ i) $ax^2 + bx + c = 0$
$\quad\quad\quad\quad\quad\quad\quad\quad\quad\quad\quad$ ($p, q \in /R$) $\quad$ ($a, b, c \in /R$
$\quad\quad\quad\quad\quad\quad\quad\quad\quad\quad\quad\quad\quad\quad\quad\quad\quad\quad\quad\quad$ und $a \neq 0$)

Anmerkungen:
1) Um die Lösungsmenge dieser Gleichungen zu bestimmen muß - ähnlich wie beim Scheitelbestimmen von Parabeln - quadratisch ergänzt werden:
zu a) $x^2 + 2x = 3 \Leftrightarrow x^2 + 2x + 1 = 4 \Leftrightarrow (x+1)^2 = 4 \Leftrightarrow |x+1| = 2 \Leftrightarrow x = 1$ oder $x = -3$
Lösungsmenge: $L = \{-3; 1\}$
zu h)
$$x^2 + px + q = 0 \Leftrightarrow x^2 + px + \left(\frac{p}{2}\right)^2 - \left(\frac{p}{2}\right)^2 + q = 0 \Leftrightarrow x^2 + px + \left(\frac{p}{2}\right)^2 = \left(\frac{p}{2}\right)^2 - q$$

$$\Leftrightarrow \left(x + \frac{p}{2}\right)^2 = \left(\frac{p}{2}\right)^2 - q \Leftrightarrow \left|x + \frac{p}{2}\right| = \sqrt{\left(\frac{p}{2}\right)^2 - q} \Leftrightarrow \left|x + \frac{p}{2}\right| = \sqrt{\frac{p^2}{4} - q}$$

$$\Leftrightarrow x = -\frac{p}{2} + \sqrt{\frac{p^2}{4} - q} \quad \text{oder} \quad x = -\frac{p}{2} - \sqrt{\frac{p^2}{4} - q}$$

Lösungsmenge: $L = \left\{-\dfrac{p}{2} \pm \sqrt{\dfrac{p^2}{4} - q}\right\}$ (vorausgesetzt: $\dfrac{p^2}{4} - q \geq 0$)

Merke 2.7:
Die **Lösungsmenge** einer quadratische Gleichung der Form
$\boxed{x^2 + px + q = 0}$ (mit $p, q \in /R$ und $\dfrac{p^2}{4} - q \geq 0$) lautet: $\boxed{L = \left\{-\dfrac{p}{2} \pm \sqrt{\dfrac{p^2}{4} - q}\right\}}$

Anmerkungen zu GRUNDAUFGABE 15: (Fortsetzung)
2) Steht bei x^2 ein von eins (und selbstverständlich von Null) verschiedener Koeffizient, so lassen sich die beiden Seiten der Gleichung durch diesen Koeffizient dividieren. (Das geht nur deshalb, weil eine Gleichung vorliegt. Beim Scheitelbestimmen einer Parabel muß der Koeffizient vor x^2 während der gesamten Rechnung mitgeführt werden.)
zu d)
$0,5x^2 - x - 1,5 = 0 \Leftrightarrow x^2 - 2x - 3 = 0 \Leftrightarrow x^2 - 2x + 1 - 4 = 0 \Leftrightarrow (x-2)^2 - 4 = 0$
$\Leftrightarrow (x-2)^2 = 4 \Leftrightarrow |x-2| = 2 \Leftrightarrow x = 0$ oder $x = 4$
Lösungsmenge: $L = \{0; 4\}$
zu i)
$ax^2 + bx + c = 0 \Leftrightarrow x^2 + \dfrac{b}{a}x + \dfrac{c}{a} = 0 \Leftrightarrow x^2 + \dfrac{b}{a}x + \left(\dfrac{b}{2a}\right)^2 - \left(\dfrac{b}{2a}\right)^2 + \dfrac{c}{a} = 0$

$$\Leftrightarrow x^2 + \frac{b}{a}x + \left(\frac{b}{2a}\right)^2 = \left(\frac{b}{2a}\right)^2 - \frac{c}{a} \Leftrightarrow \left(x + \frac{b}{2a}\right)^2 = \left(\frac{b}{2a}\right)^2 - \frac{c}{a}$$

$$\Leftrightarrow \left|x + \frac{b}{2a}\right| = \sqrt{\left(\frac{b}{2a}\right)^2 - \frac{c}{a}} \Leftrightarrow \left|x + \frac{b}{2a}\right| = \sqrt{\frac{b^2}{4a^2} - \frac{c}{a}} \Leftrightarrow \left|x + \frac{b}{2a}\right| = \sqrt{\frac{b^2 - 4ac}{4a^2}}$$

$$\Leftrightarrow \left|x + \frac{b}{2a}\right| = \frac{\sqrt{b^2 - 4ac}}{2a} \Leftrightarrow x + \frac{b}{2a} = -\frac{\sqrt{b^2 - 4ac}}{2a} \quad \text{oder} \quad x + \frac{b}{2a} = +\frac{\sqrt{b^2 - 4ac}}{2a}$$

$$\Leftrightarrow x = -\frac{b}{2a} - \frac{\sqrt{b^2 - 4ac}}{2a} \quad \text{oder} \quad x = -\frac{b}{2a} + \frac{\sqrt{b^2 - 4ac}}{2a}$$

$$\Leftrightarrow x = \frac{-b - \sqrt{b^2 - 4ac}}{2a} \quad \text{oder} \quad x = \frac{-b + \sqrt{b^2 - 4ac}}{2a}$$

Lösungsmenge: $L = \left\{\dfrac{-b \pm \sqrt{b^2 - 4ac}}{2a}\right\}$ (vorausgesetzt: $b^2 - 4ac \geq 0$)

Merke 2.8:
Die **Lösungsmenge** einer quadratische Gleichung der Form

$\boxed{ax^2 + bx + c = 0}$ (mit $a, b, c \in /\!R$ und $b^2 - 4ac \geq 0$) lautet: $L = \left\{\dfrac{-b \pm \sqrt{b^2 - 4ac}}{2a}\right\}$

Hinweise:
1) Die beiden Lösungsformeln zur Bestimmung der Lösungsmenge quadratischer Gleichungen (**Merke 2.7** und **Merke 2.8**) mögen hier unter der saloppen Bezeichnung Mitternachtsformeln (MNF1 und MNF2) erwähnt werden.
2) Es ist empfehlenswert, sich die zweite der beiden Mitternachtsformeln einzuprägen, da man mit ihrer Hilfe alle quadratischen Gleichungen, ohne sie vorher auf die Form $x^2 + px + q = 0$ bringen und ohne mühsam mit Brüchen rechnen zu müssen, lösen kann.

2.2.3 Klassifizierung quadratischer Gleichungen

GRUNDAUFGABE 16:
Bestimmen Sie mit Hilfe der Mitternachtsformel die Lösungsmenge der folgenden quadratischen Gleichungen:
a) $-x^2 + 8x = 16$ \qquad b) $3x^2 - 6x - 2 = 0$ \qquad c) $-2x^2 + 3x - 5 = 0$

Anmerkungen:
zu a) Vereinfachung der Gleichung: $-x^2 + 8x = 16 \Leftrightarrow x^2 - 8x + 16 = 0$
Dabei ergibt sich nun die folgende Lösung:
$$x_{1,2} = \frac{8 \pm \sqrt{(-8)^2 - 4 \cdot 1 \cdot 16}}{2} = \frac{8 \pm 0}{2} = 4$$
Lösungsmenge: $L = \{4\}$

zu b) $x_{1,2} = \dfrac{6 \pm \sqrt{(-6)^2 - 4 \cdot 3 \cdot (-2)}}{6} = \dfrac{6 \pm \sqrt{60}}{6} = \dfrac{6 \pm 2\sqrt{15}}{6} = \dfrac{3 \pm \sqrt{15}}{3}$

Lösungsmenge: $L = \left\{\dfrac{3 \pm \sqrt{15}}{3}\right\}$

zu c) $x_{1,2} = \dfrac{-3 \pm \sqrt{3^2 - 4 \cdot (-2) \cdot (-5)}}{-4} = \dfrac{-3 \pm \sqrt{-31}}{-4}$

Die Lösungsmenge lautet, da nur von der Menge der *reellen Zahlen* ausgegangen wird:
$L = \{\ \}$

Verantwortlich für die Anzahl der Lösungen ist der Radikant der Lösungsformel, der aus diesem Grunde als **Diskriminante (D)** der quadratischen Gleichung bezeichnet wird (*discriminare* (lat.): entscheiden, unterscheiden).

Merke 2.9:
$D = b^2 - 4ac$ heißt **Diskriminante** der quadratischen Gleichung $ax^2 + bx + c = 0$.
Für die Lösungen dieser quadratischen Gleichung gilt:

Ist $\boxed{D > 0}$, so gibt es zwei verschiedene Lösungen: $x_{1,2} = \dfrac{-b \pm \sqrt{b^2 - 4ac}}{2a}$,

ist $\boxed{D = 0}$, so gibt es **genau eine Lösung**: $x_1 = \dfrac{-b}{2a}$,

ist $\boxed{D < 0}$, so hat die Gleichung **keine reelle Lösung**, die Lösungsmenge ist leer.

Beispiele:
(entnommen aus GRUNDAUFGABE 16, Seite 51)
zu a) $D = 0$ (Die quadratische Gleichung besitzt genau eine Lösung.)
zu b) $D = 60$ (Die quadratische Gleichung besitzt zwei verschiedene Lösungen.)
zu c) $D = -31$ (Die quadratische Gleichung besitzt keine reelle Lösung.)

Das Lösen quadratischer Gleichungen ermöglicht nun, die Schnittpunkte der Parabel mit der *x*-Achse zu bestimmen. Die Klassifizierung quadratischer Gleichungen läßt sich damit auch anschaulich deuten:

Merke 2.10:
Die zum Funktionsterm $f: x \to ax^2 + bx + c$ gehörende Parabel besitzt
a) **zwei Schnittpunkte** mit der *x*-Achse, wenn die entsprechende quadratische Gleichung $ax^2 + bx + c = 0$ *zwei verschiedene Lösungen* besitzt,
b) **genau einen gemeinsamen Punkt** mit der *x*-Achse (auch Berührpunkt genannt), wenn die entsprechende quadratische Gleichung $ax^2 + bx + c = 0$ *genau eine Lösung* besitzt,
c) **keinen gemeinsamen Punkt** mit der *x*-Ache, wenn die entsprechende quadratische Gleichung $ax^2 + bx + c = 0$ *keine reelle Lösung* besitzt.

GRUNDAUFGABE 17:
Bestimmen Sie die gemeinsamen Punkte der Parabeln (von GRUNDAUFGABE 12, Seite 47) mit der *x*-Achse.

2.2 Quadratische Funktionen und Gleichungen

Anmerkungen:
1) Um die gemeinsamen Punkte der Parabel mit der x-Achse zu bestimmen, setzt man bekanntlich den Funktionsterm Null.

zu (If)
$$x^2 + 3x + 2{,}25 = 0 \Leftrightarrow (x+1{,}5)^2 = 0 \Leftrightarrow |x+1{,}5| = 0 \Leftrightarrow x = -1{,}5 \Rightarrow N(-1{,}5|0)$$
(Da sich die linke Seite sofort zu einem Binom schreiben läßt, ist die Merkformel überflüssig. Die Diskriminante ist hier $D = 0$.)

zu (IIf)
$$x^2 - x - 2 = 0 \Leftrightarrow x_{1,2} = \frac{1 \pm \sqrt{(-1)^2 - 4 \cdot 1 \cdot (-2)}}{2} \Leftrightarrow x_{1,2} = \frac{1 \pm \sqrt{9}}{2} \Leftrightarrow x_{1,2} = \frac{1 \pm 3}{2}$$
$$\Rightarrow N_1(-1|0); \; N_2(2|0)$$

zu (IIIg)
$$-2x^2 + 16x - 24 = 0 \Leftrightarrow x^2 - 8x + 12 = 0 \Leftrightarrow x_{1,2} = \frac{8 \pm \sqrt{8^2 - 4 \cdot 1 \cdot 12}}{2} \Leftrightarrow x_{1,2} = \frac{8 \pm 4}{2}$$
$$\Rightarrow N_1(2|0); \; N_2(6|0)$$

zu (IIIf)
$$3x^2 - 6x + 15 = 0 \Leftrightarrow x^2 - 3x + 5 = 0 \Leftrightarrow x_{1,2} = \frac{3 \pm \sqrt{(-3)^2 - 4 \cdot 1 \cdot 5}}{2} \Leftrightarrow x_{1,2} = \frac{3 \pm \sqrt{-11}}{2}$$
Die Parabel hat keine gemeinsamen Punkte mit der x-Achse.

2) Bestimmt man die Abszissen der gemeinsamen Punkte der Parabel mit der x-Achse, so werden - anders ausgedrückt - die Nullstellen der entsprechenden quadratischen Funktion ermittelt. Mit Hilfe ihrer Nullstellen läßt sich der Funktionsterm einer solchen Funktion faktorisieren:

zu (If) $f(x) = x^2 + 3x + 2{,}25 = (x+1{,}5)^2$
zu (IIf) $f(x) = x^2 - x - 2 = (x-2)(x+1)$
zu (IIIg) $f(x) = -2x^2 + 16x - 24 = -2(x-2)(x-6)$

In diesem Zusammenhang möge der folgende Satz erwähnt werden:

Satz 2.2:
Hat eine quadratische Funktion mit der Gleichung $f(x) = ax^2 + bx + c$ die beiden Nullstellen x_1 und x_2, so läßt sie sich darstellen in der Form $\boxed{f(x) = a(x - x_1)(x - x_2)}$.

Hinweis:
Die Faktorisierung des Terms einer Funktion der Form $f : x \rightarrow a(x^2 + px + q)$ bzw. einer quadratischen Gleichung $x^2 + px + q = 0$ kann im Idealfall auch ohne Rechnung mit Hilfe folgender Überlegung gelingen:

Satz 2.3:
Besitzt die Gleichung $x^2 + px + q = 0$ die beiden Lösungen x_1 und x_2, so gilt für sie:
$\boxed{x_1 \cdot x_2 = q}$ und $\boxed{x_1 + x_2 = -p}$ (Satz von VIETA)

Dieser Satz läßt sich durch Nachrechnen beweisen:
Beweis: Nach der MNF1 gilt: $x_{1,2} = -\dfrac{p}{2} \pm \sqrt{\dfrac{p^2}{4} - q}$
Es gilt dann mit Hilfe der 3. Binomischen Formel:
$$x_1 \cdot x_2 = \left(-\frac{p}{2} + \sqrt{\frac{p^2}{4} - q}\right) \cdot \left(-\frac{p}{2} - \sqrt{\frac{p^2}{4} - q}\right) = \left(-\frac{p}{2}\right)^2 - \left(\sqrt{\frac{p^2}{4} - q}\right)^2 = \frac{p^2}{4} - \left(\frac{p^2}{4} - q\right) = q$$
Darüber hinaus gilt:
$$x_1 + x_2 = -\frac{p}{2} + \sqrt{\frac{p^2}{4} - q} + \left(-\frac{p}{2} - \sqrt{\frac{p^2}{4} - q}\right) = -\frac{p}{2} + \sqrt{\frac{p^2}{4} - q} - \frac{p}{2} - \sqrt{\frac{p^2}{4} - q} = -p$$

Hinweis:
So ist es in Zukunft empfehlenswert, die Lösungen der quadratischen Gleichung mit Hilfe des Satzes von VIETA - falls möglich - zu ermitteln. Die oftmals fehleranfälligen Mitternachtsformeln bleiben uns dann erspart.

Beispiele: (nochmals entnommen aus GRUNDAUFGABE 12, Seite 47)
zu (IIf)
   $x^2 - x - 2 = 0$
   Nach dem Satz von VIETA muß gelten $x_1 \cdot x_2 = -2$ und $x_1 + x_2 = 1$.
   Damit ist $x_1 = -1$ und $x_2 = 2$.
zu (IIIg)
   $-2x^2 + 16x - 24 = 0 \Leftrightarrow x^2 - 8x + 12 = 0$
   Nach dem Satz von VIETA muß gelten $x_1 \cdot x_2 = 12$ und $x_1 + x_2 = 8$.
   Damit ist $x_1 = 2$ und $x_2 = 6$.

GRUNDAUFGABE 18:
Bestimmen Sie die gemeinsamen Punkte der Parabel P und der Geraden g. Zeichnen Sie Schaubilder.
a) $P: y = x^2 + 2x \quad g: y = 4x - 1$
b) $P: y = \dfrac{3}{4} + \dfrac{1}{2}x - \dfrac{1}{4}x^2 \quad g: y = \dfrac{7}{4} - \dfrac{1}{4}x$
c) $P: y = \dfrac{1}{2}x^2 + x + \dfrac{1}{2} \quad g: y = 2x$
d) $P: y = -\dfrac{1}{3}x^2 + 2x - 3 \quad g: y = 2x - 3$
e) $P: y = 2x^2 + 1 \quad g: y = 2x + 1$
f) $P: y = -x^2 + 8x - 15 \quad g: y = \dfrac{1}{2}x - 1$

Anmerkungen:
zu c)
Um die gemeinsamen Punkte von Parabel und Gerade zu bestimmen, werden die entsprechenden Funktionsterme gleichgesetzt. Es entsteht eine quadratische Gleichung. Die x-Werte, die der Gleichung genügen, entsprechen den Abszissen der zu bestimmenden Punkte. Die Ordinaten der gemeinsamen Punkte gewinnt man durch Einsetzen der x-Werte in die Gleichung der Parabel oder in die der Geraden:

2.2 Quadratische Funktionen und Gleichungen

$\frac{1}{2}x^2 + x + \frac{1}{2} = 2x \Leftrightarrow \frac{1}{2}x^2 - x + \frac{1}{2} = 0 \Leftrightarrow x^2 - 2x + 1 = 0 \Leftrightarrow (x-1)^2 = 0$ (Binom!)
$\Rightarrow x_{1,2} = 1$.

Der gemeinsame Punkt ist $P(1|2)$. Parabel und Gerade haben nur einen gemeinsamen Punkt. Parabel und Gerade berühren sich in P.

zu f):
Die gemeinsamen Punkte heißen $P_1(3,5|0,75)$ und $P_2(4|1)$. (Die Rechnung bleibt dem Leser überlassen.) Die Parabel schneidet die Gerade in den Punkten P_1 und P_2.

2.2.4 Bestimmung quadratischer Funktionen:

Im vorhergehenden Kapitel haben wird versucht - ausgehend vom Term einer quadratischen Funktion - , die Verschiebung, die Öffnung, die gemeinsamen Punkte mit den Koordinatenachsen und den Scheitel ihres Schaubildes, der entsprechenden Parabel zu ermitteln. Wir beschreiben nun den umgekehrten Weg: Mit Hilfe vorgegebener Eigenschaften der Parabel werden wir den ihr entsprechenden Funktionsterm, ihre Gleichung bestimmen.

2.2.4.1 Der allgemeine Ansatz:

GRUNDAUFGABE 19:
Die Parabel mit der Gleichung $y = x^2 + px + q$ mit $p, q \in /R$ geht durch folgende Punkte. Bestimmen Sie p und q. Ermitteln Sie den Scheitel der Parabeln und zeichnen Sie diese:
a) $A(0|2)$ $B(1|7)$ b) $C(1|2)$ $D(6|7)$ c) $E(1|-3,5)$

Anmerkungen:
zu a)
Ansatz: $y = x^2 + px + q$
Punktprobe mit $A(0|2)$: $\quad 2 = 0^2 + p \cdot 0 + q \quad$ [1]
Punktprobe mit $B(1|7)$: $\quad 7 = 1^2 + p \cdot 1 + q \quad$ [2]
$\quad$ aus [1]: $\quad q = 2$
$\quad$ in [2]: $\quad 7 = 1 + p + 2 \Rightarrow p = 4$
Ergebnis: $y = x^2 + 4x + 2 \quad (\Leftrightarrow y = (x+2)^2 - 2$ mit dem Scheitel $S(-2|-2))$
Das Bestimmen quadratischer Funktionen läuft hier rechnerisch auf das Lösen eines linearen Gleichungssystems mit (zwei) Gleichungen und (zwei) Unbekannten hinaus.

zu c)
Ansatz: $y = x^2 + px + q$
Punktprobe mit $E(1|-3,5)$: $\quad -3,5 = 1^2 + p \cdot 1 + q \quad$ [1]
$\quad$ aus [1]: $\quad q = -4,5 - p$
Ergebnis: $y = x^2 + px - 4,5 - p$ mit $p \in /R$
Die Parabel ist nicht eindeutig bestimmbar. Dem Ergebnis liegt eine Schar nach oben geöffneter Normalparabeln, die alle durch den Punkt $E(1|-3,5)$ verlaufen, zugrunde.

GRUNDAUFGABE 20:
Die Parabel mit der Gleichung $y = ax^2 + bx + c$ mit $a, b, c \in /\!R$ und $a \neq 0$ geht durch folgende Punkte. Bestimmen Sie a, b, und c. Ermitteln Sie die Öffnung und den Scheitel der Parabel und zeichnen Sie diese:

a) $A(0|-3) \quad B(4|1) \quad C(-4|9)$ b) $\quad D(0|-2) \quad E(4|2) \quad F(-2|2)$

c) $G(2|3) \quad H(-2|-2) \quad I(-4|-3)$ d) $\quad J(2|5) \quad K(4|4) \quad L(-2|1)$

Anmerkungen:
zu d)
Ansatz: $y = ax^2 + bx + c$
Punktprobe mit $J(2|5)$: $5 = a \cdot 2^2 + b \cdot 2 + c$ [1] $|(-1)$ [1']
Punktprobe mit $K(4|4)$: $4 = a \cdot 4^2 + b \cdot 4 + c$ [2]
Punktprobe mit $L(-2|1)$: $1 = a \cdot (-2)^2 + b \cdot (-2) + c$ [3]

Das Lösen eines linearen Gleichungssystems mit drei Gleichungen und drei Unbekannten verläuft schrittweise. Zunächst versucht man z.B. durch Elimination der Unbekannten c aus diesem Gleichungssystem ein Gleichungssystem mit zwei Gleichungen und zwei Unbekannten zu schaffen, anschließend führt man dieses Gleichungssystem in eine Gleichung und eine Unbekannte über. Die Unbekannten ergeben sich dann der Reihe nach durch Einsetzen in vorhandene Gleichungen. (vgl. Lösungsverfahren linearer Gleichungssysteme, Seite 35ff.)

[1'] + [2]: $-1 = 12a + 2b$ [2']
[1'] + [3]: $-4 = -4b$ [3']
aus [3']: $b = 1$
in [2']: $-1 = 12a + 2 \Leftrightarrow 12a = -3 \Rightarrow a = -\frac{1}{4}$
in [1]: $5 = \left(-\frac{1}{4}\right) \cdot 4 + 1 \cdot 2 + c \Leftrightarrow 5 = 1 + c \Rightarrow c = 4$

Ergebnis: $y = -\frac{1}{4}x^2 + x + 4 \left(\Leftrightarrow y = -\frac{1}{4}(x-2)^2 + 5 \text{ mit dem Scheitel } S(2|5) \right)$

2.2.4.2 Der Ansatz über die Scheitelform der Parabelgleichung:

GRUNDAUFGABE 21:
Eine Parabel mit der Gleichung $y = ax^2 + bx + c$ mit $a, b, c \in /\!R$ und $a \neq 0$ geht durch die Punkte $A(1|9)$ und $B(2|3)$. Ihr Scheitel liegt auf der Geraden mit der Gleichung $x = 3$. Bestimmen Sie die Gleichung der Parabel.

Anmerkung:
Ansatz: $y = a(x - x_S)^2 + y_S$.
Da der Scheitel der Parabel auf der Geraden $x = 3$ liegt, ist $x_S = 3$.
Punktprobe mit $A(1|9)$: $9 = a(1-3)^2 + y_S$ [1]
Punktprobe mit $B(2|3)$: $3 = a(2-3)^2 + y_S$ [2] $|(-1)$ [2']
    [1] + [2']: $6 = 3a \Rightarrow a = 2$
    in [2]: $3 = 2 \cdot 1 + y_S \Rightarrow y_S = 1$

Ergebnis: $y = 2(x-3)^2 + 1 \ (\Leftrightarrow y = 2x^2 - 12x + 19 \text{ mit dem Scheitel } S(3|1))$

Hinweis:
Sobald Informationen über die Lage des Scheitels der zu ermittelnden Parabel aus der Aufgabe herauszulesen sind, ist der Ansatz über die Scheitelform der Parabel zu empfehlen. Das Gleichungssystem läßt sich damit sofort auf ein Gleichungssystem mit einer Unbekannten weniger reduzieren. Darüber hinaus erspart man sich die nachträgliche Scheitelbestimmung der Parabel.

2.2.4.3 Der Nullstellenansatz:

GRUNDAUFGABE 22:
Bestimmen Sie die Gleichung der Parabel 2. Ordnung, welche die x-Achse in den Punkten $A(-1|0)$ und $B(7|0)$ schneidet. Außerdem ist auch der Punkt $C(2|1,875)$ Punkt der Parabel.

Anmerkung:
Folgendes Vorgehen ist empfehlenswert:
Ansatz: $y = a(x - x_1)(x - x_2)$ (vgl. **Satz 2.2**, Seite 53)
Da mit den Punkten A und B die beiden Nullstellen der quadratischen Funktion bekannt sind, gilt: $x_1 = -1$ und $x_2 = 7$.
Punktprobe mit $C(2|1,875)$: $\quad 1,875 = a(2+1)(2-7) \quad [1]$

aus $[1]$: $\quad\quad\quad\quad\quad 1,875 = -15a \Rightarrow a = -0,125 = -\dfrac{1}{8}$

Ergebnis: $\quad y = -\dfrac{1}{8}(x+1)(x-7)$

$\quad\quad (\Leftrightarrow y = -\dfrac{1}{8}x^2 + \dfrac{3}{4}x + \dfrac{7}{8} \Leftrightarrow y = -\dfrac{1}{8}(x-3)^2 + 2$ mit dem Scheitel $S(3|2)$)

Hinweise:
1) Der Scheitel dieser Parabel muß aus Symmetriegründen auf der Geraden mit der Gleichung $x = 3$ liegen. Seine Abszisse ist also $x_S = 3$. Durch Einsetzen dieses x-Wertes in die Funktionsgleichung erhält man seine Ordinate.
2) Wiederum erweist sich der Nullstellenansatz dann zum Vorteil, wenn Informationen über die Nullstellen gegeben sind. Sind die Nullstellen der quadratischen Funktion und damit die Schnittpunkte der Parabel mit der x-Achse bekannt, läßt sich ihr Scheitel auch ohne quadratisches Ergänzen ermitteln (vgl. Hinweis 1)).

2.2.4.4 Die Diskriminantenmethode

Zum Abschluß dieses Kapitels möge das Zusammenspiel von Parabeln und Geraden beleuchtet werden. So sollen z.B. Parabeln bestimmt werden, die vorgegebene Geraden berühren, oder Tangenten an eine Parabel gelegt werden.

GRUNDAUFGABE 23:
Bestimmen Sie p und q so, daß die Parabel mit der Gleichung $y = x^2 + px + q$ die Gerade $g: y = x - 3$ berührt und durch den Punkt $P(1|2)$ verläuft.

Anmerkung:
Das folgende Vorgehen kommt dabei zur Anwendung:
Punktprobe mit $P(1|2)$: $\quad\quad 2 = 1^2 + 1 \cdot p + q \Rightarrow q = 1 - p \quad [1]$

Vorläufige Parabelgleichung: $y = x^2 + px + 1 - p$

Um die Parabel nun so zu bestimmen, daß die Gerade die Parabel berührt, werden zunächst die gemeinsamen Punkte von Parabel und Gerade ermittelt. Das führt auf eine quadratische Gleichung, in der noch ein Parameter, hier p, steckt. Damit nun Berührung vorliegt, darf nur ein gemeinsamer Punkt existieren, also muß die Diskriminante dieser quadratischen Gleichung Null sein. Mit Hilfe dieser Forderung läßt sich der Parameter p berechnen.

Gleichsetzen der beiden Funktionsterme liefert:

$x^2 + px + 1 - q = x - 3 \Leftrightarrow x^2 + px - x + 4 - q = 0 \Leftrightarrow x^2 + (p-1)x + 4 - p = 0$ [2]

Betrachte nun die Diskriminante der quadratischen Gleichung:

$D = b^2 - 4ac = (p-1)^2 - 4 \cdot 1 \cdot (4 - p) = p^2 - 2p + 1 - 16 + 4p = p^2 + 2p - 15$

Wir fordern nun: $\boxed{D = 0}$ also: $p^2 + 2p - 15 = 0$

Nach dem Satz von VIETA muß gelten $p_1 \cdot p_2 = -15$ und $p_1 + p_2 = -2$. Damit ist $p_1 = -5$ und $p_2 = 3$.

Es gibt daher zwei Parabeln, welche die gegebene Gerade berühren:

Für die erste Parabel P_1 gilt:

$\quad p_1 = -5$ in $[1]$: $q_1 = 6$ und damit: $P_1: y = x^2 - 5x + 6$,

für die zweite Parabel P_2 gilt:

$\quad p_2 = 3$ in $[1]$: $q_2 = -2$ und damit: $P_2: y = x^2 + 3x - 2$.

Um die entsprechenden Berührpunkte zu bestimmen, rechnen wir die Gleichung $[2]$ für die jeweiligen p-Werte zu Ende:

Für die erste Parabel P_1 gilt:

$\quad x^2 - 6x + 9 = 0 \Leftrightarrow (x-3)^2 = 0 \Rightarrow x = 3$

$\quad$ Die Koordinaten des Berührpunktes lauten: $B_1(3|0)$

Für die zweite Parabel P_2 gilt:

$\quad x^2 + 2x + 1 = 0 \Leftrightarrow (x+1)^2 = 0 \Rightarrow x = -1$

$\quad$ Die Koordinaten des Berührpunktes lauten: $B_2(-1|-4)$

(Die Ordinaten der Berührpunkte ergeben sich jeweils durch Einsetzen der x-Werte in die Parabel- oder günstiger in die Geradengleichung.)

Hinweis:

Da sich die Berechnungen dieser Aufgabe auf die Diskriminante der quadratischen Gleichung beziehen, heißt diese Methode auch **Diskriminantenmethode**.

Auch bei der nächsten Grundaufgabe führt diese Methode zum Ziel.

GRUNDAUFGABE 24:

Vom Punkt A aus sollen Tangenten an die Parabel P gelegt werden. Bestimmen Sie die Gleichung der Tangenten und die Koordinaten der Berührpunkte.

a) $\quad P: y = x^2 - x - 2 \quad A(0|-6)$ b) $\quad P: y = x^2 + 4x + 6 \quad A(-4|-3)$

Anmerkungen:

zu b)

Gleichung der Geraden $g: y = mx + c$

Punkt $A(-4|-3)$ ist Punkt der Geraden: $-3 = m \cdot (-4) + c \Rightarrow c = 4m - 3$ [1]

Vorläufige Geradengleichung: $g: y = mx + 4m - 3$

2.2 Quadratische Funktionen und Gleichungen

Bestimmung der gemeinsamen Punkte von Parabel und Geraden:
$x^2 + 4x + 6 = mx + 4m - 3 \Leftrightarrow x^2 + 4x - mx + 9 - 4m = 0$
$\Leftrightarrow x^2 + (4-m)x + 9 - 4m = 0$ [2]

Betrachte die Diskriminante dieser quadratischen Gleichung:
$D = (4-m)^2 - 4 \cdot 1 \cdot (9-4m) = 16 - 8m + m^2 - 36 + 16m = m^2 + 8m - 20$

Wiederum fordern wir $\boxed{D=0}$ also: $m^2 + 8m - 20 = 0$
Mit Hilfe des Satzes von VIETA ergibt sich: $m_1 = -10$ und $m_2 = 2$
Für die Tangente t_1 gilt: $m_1 = -10$ in [1]: $c_1 = -43$ und damit: $t_1: y = -10x - 43$,
für die Tangente t_2 gilt: $m_2 = 2$ in [1]: $c_2 = 5$ und damit: $t_2: y = 2x + 5$.
Der jeweilige Berührpunkt ergibt sich nach demselben Verfahren wie oben:
Die Tangente t_1 berührt die Parabel im Punkt $B_1(-7|27)$, die Tangente t_2 berührt die Parabel im Punkt $B_2(-1|3)$.

Übungsaufgaben:

1. Die Schaubilder der folgenden quadratischen Funktionen sind Parabeln (2. Ordnung). Lesen Sie die Koordinaten ihres Scheitels und die des Schnittpunktes mit der y-Achse direkt ab. Untersuchen Sie, ob die Parabeln gemeinsame Punkte mit der x-Achse besitzen und geben sie diese gegebenenfalls an. Zeichnen Sie ohne Zuhilfenahme einer Wertetabelle die Parabeln. Überprüfen Sie damit Ihre rechnerischen Ergebnisse.

    a) $f: x \to x^2 + 3$ b) $f: x \to x^2 - 2$ c) $f: x \to -x^2 + 4$
    d) $f: x \to -x^2 - 1$ e) $f: x \to (x-4)^2$ f) $f: x \to (x+3)^2$
    g) $f: x \to -(x-1)^2$ h) $f: x \to -(x+2)^2$ i) $f: x \to (x-4)^2 + 1$
    j) $f: x \to (x-4)^2 - 5$ k) $f: x \to (x+3)^2 - 2$ l) $f: x \to (x+5)^2 + 2$

2. Bestimmen Sie die Scheitelgleichung der folgenden quadratischen Funktionen. Verfahren Sie dann wie in der vorigen Übungsaufgabe.

    a) $f: x \to x^2 - 6x + 9$ b) $f: x \to x^2 - 6x + 10$ c) $f: x \to x^2 + 4x + 1$
    d) $f: x \to x^2 + 3x$ e) $f: x \to x^2 - 7x + 8$ f) $f: x \to x^2 + x + 5$
    g) $f: x \to -x^2 + 4x - 4$ h) $f: x \to 8x - x^2$ i) $f: x \to \frac{1}{2}x^2 - 5x + 6$
    j) $f: x \to \frac{1}{4}x^2 + x - 3$ k) $f: x \to -\frac{1}{3}x^2 + x + \frac{25}{4}$ l) $f: x \to -\frac{1}{4}x^2 - 3x + \frac{7}{2}$

3. Eine Parabel mit der Gleichung $y = ax^2 + bx + c$ mit $a,b,c \in /\!R$ und $a \neq 0$ geht durch die folgenden drei Punkte. Bestimmen Sie a, b und c und damit die Gleichung der Parabel.

    a) $A(1|-2,5)$ $B(2|-6,5)$ $C(-4|2,5)$ b) $A(0|-3)$ $B(3|0)$ $C(-3|-12)$
    c) $A(1|0)$ $B(2|5)$ $C(-3|0)$ d) $A(1|2)$ $B(2|4,5)$ $C(3|8)$
    e) $A(-2|-6,5)$ $B(-1|-2,5)$ $C(4|2,5)$ f) $A(-0,5|0)$ $B(3,5|-8)$ $C(1|6,75)$

4. Bestimmen Sie die Gleichung der Parabel (2. Ordnung), welche die x-Achse im Punkt $A(1,5|0)$ und die y-Achse im Punkt $B(0|9)$ schneidet. Der Scheitel der Parabel liegt auf der Geraden mit der Gleichung $x = 3$.

5. Bestimmen Sie die Gleichung der Parabel (2. Ordnung), welche die x-Achse in den Punkten $A(-3|0)$ und $B(5|0)$ schneidet. Ihr Scheitel liegt auf der Geraden mit der Gleichung $y = -2$.

6. Für jedes $t \in \mathbb{R}$ ist eine Parabel mit der Gleichung $y = 0,5x^2 + tx + 1$ gegeben. Bestimmen Sie diejenige Parabel der Schar, deren Scheitel auf der Geraden mit der Gleichung $x = -0,5$ liegt.

7. Bestimmen Sie die Gleichung aller Parabeln (2. Ordnung), die durch die Punkte $P(1,5|-1)$ und $Q(3,5|-1)$ verlaufen.

8. Bestimmen Sie die Gleichung aller Parabeln (2. Ordnung), die den Scheitel $S(-1|2,5)$ besitzen.

9. Bestimmen Sie die Gleichung der Parabelschar P_a (2. Ordnung) in Abhängigkeit des Öffnungsfaktors a, welche die x-Achse in den Punkten $N_1(-3|0)$ und $N_2(1|0)$ schneidet

10. Gegeben sind zwei Parabeln $P_1: y = -x^2 - 2x - 2$ und $P_2: y = 0,5x^2 + x - 1,5$.
  a) Bestimmen Sie jeweils den Scheitel der Parabel.
  b) Wie gehen diese Parabeln jeweils aus der Normalparabel $y = x^2$ hervor?
  c) Zeichnen Sie die Parabeln in ein gemeinsames Koordinatensystem.
  d) Berechnen Sie die gemeinsamen Punkte von P_1 und P_2.

11. Durch die drei Punkte $A\left(1\left|-\dfrac{4}{3}\right.\right)$, $B(-3|4)$ und $C(-6|1)$ ist eine Parabel (2. Ordnung) bestimmt.
  a) Bestimmen Sie die Gleichung dieser Parabel.
  b) Berechnen Sie die Schnittpunkte der Parabel mit den Koordinatenachsen.
  c) In welchen Punkten schneidet die Parabel die Gerade mit der Gleichung $g: y = -0,5x - 2$?
  d) Bestimmen Sie die Gleichung der Geraden h mit der Steigung $m_h = 2$, welche die Parabel berührt. Geben Sie die Koordinaten des Berührpunktes an.

12. Vom Punkt $A(1,5|-1)$ aus sollen die Tangenten an eine Parabel mit der Gleichung $y = 0,25x^2$ gelegt werden. Bestimmen Sie rechnerisch die Koordinaten der Berührpunkte sowie die zugehörigen Gleichungen der Tangenten. Weisen Sie nach, daß die beiden Tangenten aufeinander senkrecht stehen.

13. Für jedes $t \in \mathbb{R}$ sei eine Parabel P_t gegeben mit der Gleichung $P_t: y = -2x^2 + 4tx - 2t^2 + 0,5$.
  a) Auf welcher Geraden liegen die Scheitel aller dieser Parabeln?
  b) Bestimmen Sie nun die Gleichung der Parabel, welche die Gerade mit der Gleichung $y = 4x + 0,5$ berührt. Geben Sie die Koordinaten des Berührpunktes an.

14. Für jedes $r \in \mathbb{R}$ sei eine Parabel P_r gegeben mit der Gleichung $P_r: y = -2x^2 + 4rx - 2r^2 + r$.
  a) Zeigen Sie, daß die Scheitel aller Parabeln dieser Schar auf der 1. Wh. liegen.
  b) Bestimmen Sie nun die Gleichung der Ursprungsgeraden, welche die Parabel $P_{-0,5}$ (also für den Parameterwert $r = -0,5$) berühren. Berechnen Sie jeweils die Koordinaten der Berührpunkte.

15. Eine Kugel wird mit einer Anfangsgeschwindigkeit von $1\dfrac{m}{s}$ waagerecht von einem $180m$ Turm geworfen. (Der Luftwiderstand bleibt dabei unberücksichtigt.) Ihrer Bahnkurve liegt nun eine quadratische Funktion der Form $f(t) = -\dfrac{1}{2}g \cdot t^2 + 180$ zugrunde, wobei mit g die Schwerebeschleunigung (am Normort $g = 9,80665 \cdot \dfrac{m}{s^2}$) bezeichnet wird, mit t die Zeit in s. Nach welcher Zeit fällt die Kugel auf der Erde auf? Dieselbe Kugel wird unter denselben Voraussetzungen vom Dach eines $15m$ hohen Hauses geworfen. Ändern Sie den Funktionsterm entsprechend ab und beantworten Sie die Frage entsprechend.

16. Die minimale Bremsstrecke s (in m) des ICE läßt sich durch folgende Funktion beschreiben: $s: v \to \frac{1}{2b} v^2$. Hier wird mit b die Bremsverzögerung des Zuges (in $\frac{m}{s^2}$) bezeichnet, mit v seine Geschwindigkeit (in $\frac{m}{s}$). Bestimmen Sie den Bremsweg des Zuges bei einer Anfangsgeschwindigkeit von $160 \frac{km}{h}$ ($200 \frac{km}{h}$, $250 \frac{km}{h}$ und bei der Höchstgeschwindigkeit von $280 \frac{km}{h}$), wenn eine Normalbremsung ($b = \frac{1}{2} \frac{m}{s^2}$) durchgeführt wird. Wie ändert sich jeweils der Bremsweg bei einer Schnellbremsung ($b = 1{,}05 \frac{m}{s^2}$)?

17. Der Anfahrweg des ICE läßt sich entsprechend durch eine Funktion der Form $s: v \to \frac{1}{2a} v^2$ darstellen, wobei mit a nun die Beschleunigung (in $\frac{m}{s^2}$) zum Ausdruck kommt. Bestimmen Sie die Beschleunigung a, wenn der Zug $900 m$ benötigt, um die Geschwindigkeit von $100 \frac{km}{h}$ zu erreichen. Welcher Beschleunigungswert a ist vorhanden, wenn der Zug nach $18350 m$ eine Geschwindigkeit von $250 \frac{km}{h}$ erreicht? Welche Geschwindigkeit weist er in diesem Falle auf der Hälfte der Strecke auf?

2.3 Potenz- und Wurzelfunktionen

2.3.1 Potenzen und Potenzfunktionen mit Exponenten aus $/N$

Vor der Behandlung der Potenzfunktionen und ihrer Schaubilder soll an den Begriff Potenz und das Rechnen mit Potenzen erinnert werden.

2.3.1.1 Potenzen mit Exponenten aus $/N$

Definition 2.2:

Den Ausdruck $a^n = \underbrace{a \cdot a \cdot a \cdot \ldots \cdot a}_{n \text{ Faktoren}}$ (mit $a \in /R$; $n \in /N \setminus \{1\}$) nennt man **n-te Potenz von a**.
Dabei heißt **a Grundzahl** oder **Basis** und **n Hochzahl** oder **Exponent** der Potenz.
Für $n = 1$ setzt man: $a^1 = a$. Darüber hinaus definiert man: $\boxed{a^0 = 1}$.

Für das Rechnen mit Potenzen gibt es zwei Arten von Potenzgesetzen:

(I) Regeln für das Rechnen mit Potenzen mit gleicher Basis:

Merke 2.11:
Zwei Potenzen mit **gleicher Basis** werden *multipliziert*, indem man die **Exponenten** *addiert* und die **Basis beibehält**:
$$a^n \cdot a^m = a^{n+m} \quad \text{(für } a \in /R \text{ und } n,m \in /N)$$
$$\frac{1}{a^n \cdot a^m} = \frac{1}{a^{n+m}} \quad \text{(für } a \in /R \setminus \{0\} \text{ und } n,m \in /N).$$

Merke 2.12:
Zwei Potenzen mit **gleicher Basis** werden *dividiert*, indem man die **Exponenten** *subtrahiert* und die **Basis beibehält**:
$$\frac{a^n}{a^m} = \begin{cases} a^{n-m} & \text{für } n > m \\ 1 & \text{für } n = m \\ \dfrac{1}{a^{m-n}} & \text{für } n < m \end{cases} \quad \text{(für } a \in /R \setminus \{0\} \text{ und } n,m \in /N)$$

Beispiele:

a) $x^3 \cdot x^2 = x^{3+2} = x^5$ b) $\dfrac{y^3}{y^2} = y^{3-2} = y^1 = y$ c) $\dfrac{b}{b^5} = \dfrac{1}{b^{5-1}} = \dfrac{1}{b^4}$

(II) Regeln für das Rechnen mit Potenzen mit gleichem Exponenten:

Merke 2.13:
Zwei Potenzen mit **gleichem Exponenten** werden *multipliziert*, indem man die **Basen** *multipliziert* und die **Exponenten beibehält**:
$$a^n \cdot b^n = (a \cdot b)^n \quad \text{(für } a,b \in /R \text{ und } n \in /N)$$

Merke 2.14:
Zwei Potenzen mit **gleichem Exponenten** werden *dividiert*, indem man die **Basen** *dividiert* und die **Exponenten beibehält**:
$$\frac{a^n}{b^n} = \left(\frac{a}{b}\right)^n \quad \text{(für } a,b \in /R \text{ mit } b \neq 0 \text{ und } n \in /N)$$

2.3 Potenz- und Wurzelfunktionen

Beispiele:

a) $x^2 \cdot y^2 = (xy)^2$

b) $(-a)^3 \cdot (-b)^3 = ((-a) \cdot (-b))^3 = (ab)^3$

c) $\dfrac{x^3}{y^3} = \left(\dfrac{x}{y}\right)^3$

d) $\dfrac{(r^2-s^2)^l}{(s-r)^l} = \left(\dfrac{r^2-s^2}{s-r}\right)^l = \left(\dfrac{(r+s)(r-s)}{-(r-s)}\right)^l = (-r-s)^l$

Darüber hinaus gilt:

Merke 2.15:
Eine Potenz wird *potenziert*, indem man die **Exponenten** *multipliziert* und die **Basis** beibehält:

$$\boxed{(a^m)^n = a^{m \cdot n}} \quad (\text{mit } a \in I\!R,\ n, m \in I\!N)$$

Beispiele:

a) $(4^3)^4 = 4^{3 \cdot 4} = 4^{12} = 16777216$

b) $(x^2)^3 = x^{2 \cdot 3} = x^6$ aber: $x^{2^3} = x^8$

Übungsaufgaben:

1. Vereinfachen Sie die folgenden Terme:
   a) $x^2 \cdot x^5$; $y^7 \cdot y^1$; $z^3 \cdot z^3$
   b) $\dfrac{1}{a^3} \cdot \dfrac{1}{a^5}$; $\dfrac{1}{b^4} \cdot \dfrac{1}{b^1}$; $\dfrac{1}{c^3} \cdot \dfrac{1}{c^3}$
   c) $r^5 : r^3$; $s^4 : s^4$; $t^1 : t^7$
   d) $(u^2)^3$; $(v^7)^3$; $(w^1)^5$

2. a) Berechnen Sie: $3^5 \cdot 2^5$; $21^3 \cdot 2^3$; $64^2 : 4^2$; $45^5 : 9^5$
   b) Vereinfachen Sie: $2^p \cdot 7^p$; $2^r \cdot 1{,}5^r$; $3^t \cdot q^t : 3^t$; $7^v \cdot s^v : 14^v$

3. a) Berechnen Sie: $3^5 \cdot 3^0$; $4^0 : 4^2$; $5^3 \cdot 5^0$; $x^0 \cdot x^0$; $(y^m)^0$; $(z^0)^m$
   b) Vereinfachen Sie: $a^0 : a^5$; $b^4 \cdot b^0$; $c^3 \cdot c^2 : c^0$; $d^{m-1} \cdot d^3 : d^0$

4. Vereinfachen Sie:
   a) $2 \cdot 2^n$; $3^{p-1} \cdot 9$; $16 \cdot 4^{r-2}$; $5^{t-3} \cdot 625$; $z^{v+3} \cdot z^{v-2}$
   b) $a^9 : a^2$; $b^{k+3} : b^3$; $c^{l+3} : c^4$; $d^{m+1} : d^{m-1}$; $e^{n-1} : e^{n-4}$; $f^3 : f^{p+4}$

5. Verwandeln Sie in Potenzen mit möglichst kleiner Basis: Beispiel: $8^2 = (2^3)^2 = 2^{3 \cdot 2} = 2^6$
   a) 8^3; 1000^2; 125^2; 243^k; 16^l; 81^{m-1}; 100^{2n-1}; 50^{p+1}
   b) $(a \cdot b^2)^3$; $(c^2 \cdot d^3)^4$; $(p^n \cdot q^m)^2$; $(3r^2 \cdot s)^n$
   c) $(a^2 : b^3)^4$; $(1 : 3c^2)^4$; $(2a^2 b^5 : b^2)^3$; $(r^2 \cdot s^4 : t^3)^5$

6. Vereinfachen Sie und vergleichen Sie die jeweiligen Terme:
   a) $2^3 \cdot 7^3$ mit $2^3 + 7^3$
   b) $3^4 \cdot 3^5$ mit $3^4 + 3^5$

c) $5x^3$ mit $(5x)^3$

d) $z^3 + z^4$ mit $z^3 \cdot z^4$ und mit $\left(z^3\right)^4$

e) $\dfrac{1}{y^2} \cdot \dfrac{1}{y^3}$ mit $\dfrac{1}{y^2} + \dfrac{1}{y^3}$

f) $(u \cdot 3v)^4$ mit $(u \cdot (3+v))^4$

g) $\left(w^2 \cdot 2w\right) \cdot \left(w^3 \cdot 4w^2\right)$ mit $\left(w^2 + 2w\right) \cdot \left(w^3 + 4w^2\right)$

7. Vereinfachen Sie:

a) $(1-z)^{r-1} - z(1-z)^{r-1}$

b) $\left((-c)^{n+1}\right)^2$

c) $(1,5)^4 \cdot \dfrac{243}{32}$

d) $(-2)^{p-2} \cdot \left(\dfrac{1}{2}\right)^{1+p}$

8. Vereinfachen Sie:

a) $5 \cdot 4^{n+3} \cdot 4^n$

b) $8 \cdot 3^{n+1} - 12 \cdot 3^n$

c) $\left(r^7 + r^5\right) \cdot r^3$

d) $\left(s^6 - s^7\right) \cdot s^{n-4}$

e) $\left(x^2 + x^3\right) \cdot \left(x^4 + x^5\right)$

f) $x^2 \cdot x^3 + x^4 \cdot x^5$

g) $\dfrac{a^5 + 3a^4 - 4a^3}{a^2}$

h) $\dfrac{b^{n+2} + 2b^{n+1} - b^n}{b^n}$

i) $\dfrac{(x+y)^3}{x+y}$

j) $\dfrac{(x+y)^3}{x^2 - y^2}$

2.3.1.2 Potenzenfunktionen mit Exponenten aus $I\!N$ und ihre Schaubilder

GRUNDAUFGABE 25:
Zeichnen Sie (mittels Wertetabellen) die Schaubilder der folgenden Funktionen:

a) $f: x \to x^2$

b) $f: x \to x^3$

c) $f: x \to x^4$

d) $f: x \to x^5$

Der Definitionsbereich dieser Funktionen sei jeweils $D = I\!R$.

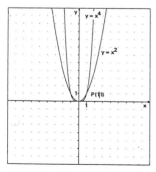

Bild 2.12: Schaubilder zu Aufgaben a) und c)

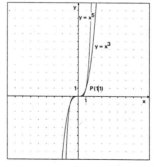

Bild 2.13: Schaubilder zu Aufgaben b) und d)

2.3 Potenz- und Wurzelfunktionen

Merke 2.16:
Eine Funktion der Form
$$f:x \to x^n \quad (D = {I\!R}; \; n \in {I\!N}\setminus\{1\})$$ nennt man **Potenzfunktion**.
Das Schaubild einer Potenzfunktion (mit $n \in {I\!N}\setminus\{1\}$) heißt **Normalparabel n-ter Ordnung**.

Anhand der Schaubilder lassen sich wichtige Eigenschaften erkennen:

Merke 2.17:
Alle Normalparabeln gehen durch die Punkte $O(0|0)$ und $P(1|1)$.
Für n gerade gilt:
Die Schaubilder sind **achsensymmetrisch** bezüglich der y-Achse.
Es gilt: $\boxed{f(x) = f(-x)}$
Für n ungerade gilt:
Die Schaubilder sind **punktsymmetrisch** bezüglich des Koordinatenursprunges O.
Es gilt: $\boxed{f(x) = -f(-x)}$
Je größer der Exponent der Potenzfunktion ist, desto *flacher* ist das Schaubild für x-Werte: $|x| < 1$, desto *steiler* für die x-Werte: $|x| > 1$.

Hinweis:
Die Schaubilder punktsymmetrischer Normalparabeln nennt man auch **Wendeparabeln**. Der Koordinatenursprung O wird mit **Wendepunkt** bezeichnet.

GRUNDAUFGABE 26:
Zeichnen Sie die Schaubilder der folgenden Funktionen und beschreiben Sie, wie diese aus der Normalparabel 4. Ordnung hervorgehen.

a) $f:x \to 2x^4$

b) $f:x \to \dfrac{x^4}{2}$

c) $f:x \to x^4 + 2$

d) $f:x \to (x+2)^4$

Anmerkungen:
zu a) Die Parabel geht aus der Normalparabel 4. Ordnung durch **Streckung** mit dem Faktor $k = 2$ senkrecht zur x-Achse hervor. Das Schaubild dieser Parabel läßt sich auch aus der entsprechenden Normalparabel mittels **Ordinatenmultiplikation** mit Faktor $k = 2$ gewinnen, d.h. der y-Wert (also die Ordinate) eines jeden Kurvenpunktes der Normalparabel 4. Ordnung wird mit dem Faktor $k = 2$ multipliziert und im Koordinatensystem abgetragen.
zu b) Die Parabel geht aus der Normalparabel 4. Ordnung durch **Stauchung** mit dem Faktor $k = 0,5$ senkrecht zur x-Achse hervor. Auch hier läßt sich das Schaubild dieser Parabel aus der entsprechenden Normalparabel mittels **Ordinatenmultiplikation** mit Faktor $k = 0,5$ gewinnen, d.h. der y-Wert (also die Ordinate) eines jeden Kurvenpunktes der Normalparabel 4. Ordnung wird halbiert.
zu c) Die Normalparabel 4. Ordnung wird um zwei Einheiten **nach oben** verschoben.
zu d) Die Normalparabel 4. Ordnung wird um zwei Einheiten **nach links** verschoben.

Zusammenfassend läßt sich sagen:

Merke 2.18:
Wird die Normalparabel $y = x^n$ senkrecht zur x-Achse mit dem Faktor k gestreckt (für $k > 1$) bzw. gestaucht (für $0 < k < 1$), dann um $|x_P|$ Einheiten nach rechts (für $x_P > 0$) bzw. nach links (für $x_P < 0$), um $|y_P|$ nach oben (für $y_P > 0$) bzw. nach unten (für $y_P < 0$), dann hat die Gleichung der Parabel (n-ter Ordnung) die Form $y = k(x - x_P)^n + y_P$.

Hinweis:
Hier lassen sich erneut die Methoden anwenden, wie sie beim Zeichnen der Parabeln 2. Ordnung schon einmal erläutert wurden: Zunächst wird der Scheitel der Normalparabel $S(x_P|y_P)$ (für n gerade) bzw. der Wendepunkt $W(x_P|y_P)$ der Normalparabel (für n ungerade) festgelegt. Dann interessiert nur noch die Öffnung der Parabel im Vergleich zur Öffnung der entsprechenden Normalparabel. Die Ordinaten der Punkte der Normalparabel werden ausgehend vom Punkt S bzw. W mit dem Faktor k verrechnet und direkt ins Koordinatensystem eingezeichnet.

2.3.2 Potenzen und Potenzfunktionen mit Exponenten aus /Z

2.3.2.1 Potenzen mit Exponenten aus /Z

Der Potenzbegriff muß an dieser Stelle so erweitert werden, daß er auch für negative Exponenten erklärt ist. Das folgende Beispiel legt diese Erweiterung nahe:

$3^3 = 27 \qquad 3^2 = 9 \qquad 3^1 = 3 \qquad 3^0 = 1 \qquad 3^{-1} = \dfrac{1}{3} \qquad 3^{-2} = \dfrac{1}{9} \qquad 3^{-3} = \dfrac{1}{27}$

Definition 2.3:
Es gilt: $a^{-n} = \dfrac{1}{a^n} = \left(\dfrac{1}{a}\right)^n$ (für $a \in /R \setminus \{0\}$ und $n \in /N$)

Hinweis:
Alle bisher erwähnten Potenzgesetze behalten ihre Gültigkeit. Außerdem ist auch der Ausdruck a^{n-m} für $n < m$ erklärt. Das zweite Potenzgesetz für Potenzen mit gleicher Basis läßt sich nun vereinfachen: $\dfrac{a^n}{a^m} = a^{n-m}$ (für $a \in /R \setminus \{0\}$ und $n, m \in /N$)

Übungsaufgaben:
1. Vereinfachen Sie:
    a) 4^{-1}; 2^{-2}; 2^{-3}; 3^{-2}; 3^{-3}; 10^{-2}; 1000^{-1}
    b) $\left(\dfrac{1}{3}\right)^{-2}$; $\left(\dfrac{1}{3}\right)^{0}$; $(-4)^{-3}$; $\left(\dfrac{1}{4}\right)^{-3}$; $\left(-\dfrac{1}{4}\right)^{-4}$; $\left(\dfrac{4}{3}\right)^{-2}$

2.3 Potenz- und Wurzelfunktionen

    c) $(a+b)^{-1}$; $(a+b)^0$; $(a+b)^{-2}$; $a^{-1}+b^{-1}$

    d) $\dfrac{1}{4^{-2}}$; $\dfrac{4}{3^{-3}}$; $\dfrac{1}{(-2)^{-2}}$; $\dfrac{1}{(-4)^{-3}}$; $\dfrac{-1}{(-3)^{-5}}$

2.   a) $5^3 \cdot 5^{-5}$; $4^{-3} \cdot 4^5$; $3^0 \cdot 3^{-3}$; $(-2)^3 \cdot (-2)^{-5}$

    b) $x^2 \cdot x^5$; $x^2 \cdot x^{-5}$; $(-x)^2 \cdot x^5$; $(-x)^{-2} \cdot (-x)^{-5}$

    c) $a^0 \cdot a^{-n}$; $a^{-n} \cdot a^n$; $a^{-n} a^{-n}$; $(-a)^{-n} \cdot (-a)^{-n}$

3.   a) $\dfrac{2^2}{2^5}$; $\dfrac{2^{-2}}{2^5}$; $\dfrac{2^2}{2^{-5}}$; $\dfrac{2^{-2}}{2^{-5}}$; $\dfrac{(-2)^{-2}}{2^5}$

    b) $\dfrac{x^2}{x^3}$; $\dfrac{x^{-2}}{x^3}$; $\dfrac{x^{-2}}{x^{-3}}$; $\dfrac{xy^{-1}}{xy}$; $\dfrac{xy^2 z}{x^2 y^{-1} z}$

4.   a) $a^2 b^3 c a^{-3} b^2 c$; $a^2 b^{-3} ab^5 c$

    b) $c^2 d^{-3} + d^{-3}$; $5c^{-4} \cdot 0{,}8 d^2 \cdot 2c^3$

    c) $\left(5^3\right)^{-2}$; $\left(-5^2\right)^{-3}$; $\left(1{:}5^{-3}\right)^2$

    d) $\left(x^3\right)^{-4}$; $\left(1{:}y^3\right)^{-2}$; $1{:}\left(z^2\right)^{-4}$

    e) $y^m \cdot y$; $y^m {:} y$; $y{:}y^m$; $y^m \cdot y^{-1}$; $y^m {:} y^{-1}$; $y^{-1} {:} y^m$

    f) $x^n \cdot x^{-n}$; $x^{-n} + x^{-n}$; $x^{-n} - x^{-n}$; $x^{-n} {:} x^n$; $x^{-n} {:} x^{-n}$

2.3.2.2 Potenzfunktionen mit Exponenten aus $/Z \setminus /N$ und ihre Schaubilder

GRUNDAUFGABE 27:
Zeichnen Sie (mittels Wertetabellen) die Schaubilder der folgenden Funktionen:

a) $f: x \rightarrow x^{-1}$ b) $f: x \rightarrow x^{-2}$

c) $f: x \rightarrow x^{-3}$ d) $f: x \rightarrow x^{-4}$

Der Definitionsbereich dieser Funktionen sei jeweils $D = /R \setminus \{0\}$.

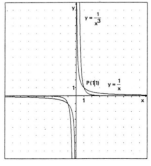 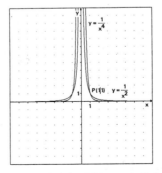

Bild 2.14: Schaubilder zu Aufgaben a) und c)   **Bild 2.15:** Schaubilder zu Aufgaben b) und d)

> **Merke 2.19:**
> Eine Potenzfunktion der Form
> $\boxed{f: x \to x^{-n}}$ ($n \in I\!N$) ist für $x = 0$ nicht definiert. Ihr maximaler Definitionsbereich ist somit $D = I\!R \setminus \{0\}$. Ihr Schaubild wird mit (Normal-) **Hyperbel *n-ter* Ordnung** bezeichnet. (*Eine* Hyperbel besteht daher aus *zwei* Ästen.)

Ihre Eigenschaften lassen sich folgendermaßen zusammenfassen:

> **Merke 2.20:**
> Alle (Normal-) Hyperbeln gehen durch den Punkt $P(1|1)$. Sie nähern sich sowohl der *x*-Achse (für $x \to \pm\infty$) als auch der *y*-Achse (für $x \to 0$).
> **Für *n* gerade gilt:**
> Die Schaubilder sind **achsensymmetrisch bezüglich der *y*-Achse**.
>   Es gilt: $\boxed{f(x) = f(-x)}$
> **Für *n* ungerade gilt:**
> Die Schaubilder sind **punktsymmetrisch bezüglich des Koordinatenursprunges** O.
>   Es gilt: $\boxed{f(x) = -f(-x)}$
> Je **größer** der **Exponent** der Potenzfunktion ist, desto *steiler* ist das Schaubild für *x*-Werte: $0 < |x| < 1$, desto *flacher* für die *x*-Werte: $|x| > 1$.

Hinweis:
Eine Gerade, welcher sich das Schaubild einer Funktion immer stärker nähert ('anschmiegt') ohne es zu berühren, heißt **Asymptote**. Für die (Normal-) Hyperbeln *n*-ter Ordnung sind also die *x*-Achse und die *y*-Achse Asymptoten.

GRUNDAUFGABE 28:
Zeichnen Sie die Schaubilder der folgenden Funktionen und beschreiben Sie, wie diese aus der (Normal-) Hyperbel 3. Ordnung hervorgehen.

a) $f: x \to \dfrac{1}{2x^3}$ mit $D = I\!R \setminus \{0\}$ b) $f: x \to \dfrac{3}{x^3}$ mit $D = I\!R \setminus \{0\}$

c) $f: x \to \dfrac{1}{x^3} - 1$ mit $D = I\!R \setminus \{0\}$ d) $f: x \to \dfrac{1}{(x-1)^3}$ mit $D = I\!R \setminus \{1\}$

Anmerkungen:
zu a) Das Schaubild der Funktion entsteht aus der (Normal-) Hyperbel 3. Ordnung durch Ordinatenmultiplikation mit dem Faktor $k = 0,5$ *(Stauchung)*. Da keine Verschiebung erfolgt, bleibt auch die Lage der Asymptoten erhalten.
zu b) Das Schaubild der Funktion entsteht aus der (Normal-) Hyperbel 3. Ordnung durch Ordinatenmultiplikation mit dem Faktor $k = 3$ *(Streckung)*. Die Lage der Asymptoten ändert sich nicht.
zu c) Die (Normal-) Hyperbel wird um eine Einheit **nach unten** verschoben. Die Gleichungen der Asymptoten lauten: $y = -1$ und $x = 0$.
zu d) Die (Normal-) Hyperbel wird um eine Einheit **nach rechts** verschoben. Die Gleichungen der Asymptoten lauten: $y = 0$ und $x = 1$.

2.3 Potenz- und Wurzelfunktionen

Das läßt sich erneut zusammenfassen:

> **Merke 2.21:**
> Wird die Hyperbel $y = x^{-n}$ (mit $n \in /N$) senkrecht zur x-Achse mit dem Faktor k gestreckt (für $k > 1$) bzw. gestaucht (für $0 < k < 1$), dann um $|x_P|$ Einheiten nach rechts (für $x_P > 0$) bzw. nach links (für $x_P < 0$), um $|y_P|$ nach oben (für $y_P > 0$) bzw. nach unten (für $y_P < 0$), dann hat die Gleichung der Hyperbel (n-ter Ordnung) die Form $\boxed{y = k(x - x_P)^{-n} + y_P}$.

2.3.3 Potenzen und Potenzfunktionen mit Exponenten aus /Q

2.3.3.1 Potenzen mit Exponenten aus /Q

Die Erweiterung des Potenzbegriffes für Potenzen mit gebrochenen Hochzahlen ermöglicht gleichzeitig die Verallgemeinerung des Wurzelbegriffes und klärt den Zusammenhang zwischen dem Wurzel- und dem Potenzrechnen.

Beispiel:
Es gilt $a = \sqrt{a} \cdot \sqrt{a}$ und $a = a^{\frac{1}{2} + \frac{1}{2}} = a^{\frac{1}{2}} \cdot a^{\frac{1}{2}}$ damit ist $\sqrt{a} = a^{\frac{1}{2}}$.

Das legt nun folgende Verallgemeinerung nahe:

> **Definition 2.4:**
> Es gilt: $\boxed{a^{\frac{1}{n}} = \sqrt[n]{a}}$ (für $a \in /R_0^+$ und $n \in /N$)
>
> Damit gilt auch: $\boxed{a^{\frac{m}{n}} = \sqrt[n]{a^m} = \left(\sqrt[n]{a}\right)^m}$ (für $a \in /R_0^+$ und $n \in /N$)
>
> und $\boxed{a^{-\frac{m}{n}} = \frac{1}{a^{\frac{m}{n}}} = \frac{1}{\sqrt[n]{a^m}} = \left(\frac{1}{\sqrt[n]{a}}\right)^m}$ (für $a \in /R^+$ und $n, m \in /N$)

Hinweis:
Alle bisherigen Potenzgesetze behalten weiterhin ihre Gültigkeit auch für Potenzen mit Exponenten aus /Q. So ist es ferner nützlich, Wurzeln mit Hilfe gebrochener Exponenten als Potenzen zu schreiben, um mit Hilfe der Potenzgesetze das Rechnen mit allgemeinen Wurzeln zu umgehen.

Beispiele:

a) $\sqrt[4]{5^3} : \sqrt[6]{5^5} = 5^{\frac{3}{4}} : 5^{\frac{5}{6}} = 5^{\frac{3}{4} - \frac{5}{6}} = 5^{-\frac{1}{12}} = \frac{1}{5^{\frac{1}{12}}} = \frac{1}{\sqrt[12]{5}}$

b) $\sqrt[n]{a} \cdot \sqrt[n]{b} = a^{\frac{1}{n}} \cdot b^{\frac{1}{n}} = (a \cdot b)^{\frac{1}{n}} = \sqrt[n]{ab}$ (Hier zeigt sich, daß der Übergang über die Potenzschreibweise bekannte Wurzelgesetze bestätigt.)

c) $\sqrt[m]{\sqrt[n]{a}} = (a^{\frac{1}{n}})^{\frac{1}{m}} = a^{\frac{1}{n} \cdot \frac{1}{m}} = a^{\frac{1}{nm}} = \sqrt[nm]{a}$

Übungsaufgaben:

1. Vereinfachen Sie die folgenden Terme:

   a) $a^{\frac{1}{2}} \cdot a^{\frac{1}{4}}$; $b^{\frac{1}{3}} \cdot b^{\frac{2}{9}}$; $c^{\frac{7}{6}} \cdot c^{\frac{5}{12}}$; $d^{-\frac{1}{4}} \cdot d^{-\frac{3}{2}}$

   b) $u^{\frac{1}{2}} : u^{\frac{1}{4}}$; $v^{\frac{3}{4}} : v^{\frac{1}{2}}$; $w^{\frac{3}{5}} : w^{\frac{7}{10}}$; $x^{\frac{1}{6}} : x^{\frac{1}{12}}$; $y : y^{\frac{2}{7}}$; $z^{-\frac{1}{5}} : z$

   c) $\left(x^{\frac{1}{2}}\right)^{\frac{1}{3}}$; $\left(y^{\frac{3}{5}}\right)^{\frac{5}{2}}$; $\left(z^{\frac{5}{9}}\right)^{\frac{9}{5}}$; $\left(a^{\frac{5}{7}}\right)^{0}$

2. Schreiben Sie die Wurzeln als Potenzen und vereinfachen Sie. Geben Sie das Ergebnis wieder in Wurzelschreibweise an.

   a) $\sqrt[3]{2} \cdot \sqrt[4]{2}$ b) $\sqrt{3} \cdot \sqrt[3]{3}$ c) $\sqrt{5} : \sqrt[3]{5}$ d) $\sqrt[3]{7} \cdot \sqrt[5]{7}$

   e) $\sqrt{a} \cdot \sqrt[n]{a}$ f) $\sqrt[5]{b^3} \cdot \sqrt[10]{b^4}$ g) $\sqrt[5]{c^3} : \sqrt[10]{c^4}$ h) $d : \sqrt[3]{d^2}$

3. Vereinfachen Sie:

   a) $a^{\frac{2}{3}} \cdot a^{\frac{3}{4}} \cdot a^{\frac{1}{2}}$ b) $b \cdot b^{\frac{3}{5}} \cdot b^{\frac{1}{10}}$ c) $c^3 \cdot c^{\frac{1}{2}} \cdot c^{-2}$

   d) $\sqrt{d} \cdot \sqrt[3]{d} \cdot \sqrt[4]{d}$ e) $\dfrac{e^{\frac{2}{3}} \cdot e^{\frac{1}{5}}}{e}$ f) $\dfrac{f^{\frac{5}{2}}}{f^{\frac{3}{8}} \cdot f^{\frac{3}{2}}}$

   g) $\dfrac{\sqrt{g} \cdot \sqrt[3]{g^2}}{\sqrt[6]{g^4}}$ h) $\dfrac{\sqrt[7]{h^3}}{\sqrt{h} \cdot \sqrt[7]{h^4}}$ i) $\dfrac{\sqrt[3]{i^4} \cdot \sqrt[4]{i^3}}{\sqrt{i} \cdot \sqrt[3]{i^2}}$

4. Zerlegen Sie wie in den folgenden Beispielen:

   (1) $8^{\frac{1}{2}} = \left(2^2 \cdot 2\right)^{\frac{1}{2}} = \left(2^2\right)^{\frac{1}{2}} \cdot 2^{\frac{1}{2}} = 2 \cdot 2^{\frac{1}{2}}$ (2) $\sqrt{12} = \sqrt{4 \cdot 3} = \sqrt{4} \cdot \sqrt{3} = 2\sqrt{3}$

   a) $12^{\frac{1}{2}}$; $50^{\frac{1}{2}}$; $\sqrt{2000}$; $\sqrt{75}$; $16^{\frac{1}{3}}$; $\sqrt[3]{3000}$; $\sqrt[3]{54}$

   b) $\left(4b^2\right)^{\frac{1}{2}}$; $(4b)^{\frac{1}{2}}$; $\left(2b^2\right)^{\frac{1}{2}}$; $(8b)^{\frac{1}{3}}$; $\sqrt[3]{2b^3}$

   c) $\left(\dfrac{1}{4}\right)^{\frac{1}{2}}$; $\left(\dfrac{9c}{16}\right)^{\frac{1}{2}}$; $\left(\dfrac{5d^2}{9}\right)^{\frac{1}{2}}$; $\left(\dfrac{7}{8}\right)^{\frac{1}{3}}$; $\left(\dfrac{100000 \cdot c^3}{d^5}\right)^{\frac{1}{5}}$

   d) $\left(\dfrac{x}{y^3}\right)^{\frac{1}{3}}$; $\left(\dfrac{x^6}{y^3}\right)^{\frac{1}{3}}$; $\left(\dfrac{16z^3}{27}\right)^{\frac{1}{3}}$; $\left(\dfrac{z^7}{32}\right)^{\frac{1}{5}}$

2.3 Potenz- und Wurzelfunktionen

5. Vereinfachen Sie:

a) $\sqrt[3]{\sqrt[4]{a}}$
b) $\sqrt[3]{\sqrt{b^4}}$
c) $\sqrt[4]{\sqrt[5]{c^{10}}}$
d) $\sqrt{\sqrt{\sqrt{d}}}$

e) $\sqrt[8]{e\sqrt[4]{e\sqrt[3]{e}}}$
f) $\left(f \cdot \sqrt[4]{(f \cdot \sqrt{f})^3}\right)^5$
g) $x \cdot \sqrt{xy^2} + \dfrac{1}{y} \cdot \sqrt{x^3 \cdot y^4}$

6. Machen Sie den Nenner rational:

a) $\dfrac{1}{\sqrt[4]{a}}$
b) $\dfrac{1}{\sqrt[3]{b^5}}$
c) $\dfrac{\sqrt[4]{c}}{\sqrt[4]{c^3}}$

d) $\dfrac{d}{\sqrt[5]{8}}$
e) $\sqrt[3]{\dfrac{e}{9}}$
f) $\dfrac{2}{\sqrt{f^2+2}-f}$

7. Berechnen Sie mit Hilfe des Taschenrechners und runden Sie das Ergebnis auf fünf Dezimalen:

a) 2^6; 5^7; $0{,}35^4$; 3^{-4}; $0{,}6^{-7}$; 3128^4; 3128^{-4}; $5^{0,7}$; $5^{-0,7}$

b) $5^{\frac{3}{4}}$; $28^{\frac{2}{7}}$; $0{,}348^{\frac{8}{3}}$; $32^{\frac{5}{6}}$; $1347^{\frac{7}{12}}$

c) $2^{-\frac{2}{3}}$; $35^{-\frac{1}{8}}$; $375^{-\frac{2}{5}}$; $0{,}333^{-\frac{1}{3}}$; $25{,}478^{-\frac{2}{5}}$

d) Schreiben Sie zunächst - falls nötig - die Wurzeln als Potenzen:

$\sqrt[4]{2}$; $\sqrt[3]{10}$; $\sqrt[5]{28^2}$; $\sqrt{0{,}87}$; $\sqrt[5]{3{,}756^4}$

2.3.3.2 Potenzenfunktionen mit Exponenten aus $/Q\setminus Z$ und ihre Schaubilder

GRUNDAUFGABE 29:

Zeichnen Sie (mittels Wertetabellen) die Schaubilder der folgenden Funktionen:

a) $f : x \to x^{\frac{1}{2}}$
b) $f : x \to x^{\frac{1}{3}}$

c) $f : x \to x^{\frac{1}{4}}$
d) $f : x \to x^{\frac{1}{5}}$

Der Definitionsbereich dieser Funktionen sei jeweils $D = /R_0^+$.

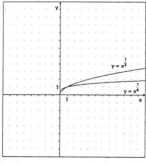

Bild 2.16: Schaubilder zu Aufgaben a) und c)

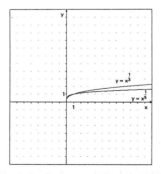

Bild 2.17: Schaubilder zu Aufgaben b) und d)

Merke 2.22:
Eine Funktion der Form
$\boxed{f: x \to x^{\frac{1}{n}}}$ ($D = \mathbb{R}_0^+$, $n \in \mathbb{N} \setminus \{1\}$) nennt man eine **Wurzelfunktion**.
Ihr Schaubild entsteht durch Spiegelung des rechten Parabelastes des Schaubildes der entsprechenden Potenzfunktion $f: x \to x^n$ an der 1. Winkelhalbierenden.

Anmerkungen:
1) Entsteht das Schaubild der Funktion g durch Spiegelung des Schaubildes einer anderen Funktion f an der 1. Winkelhalbierenden, so heißt die Funktion g **Umkehrfunktion** der Funktion f und umgekehrt. Die Umkehrfunktion einer Funktion f wird häufig mit $\bar{f}$ bezeichnet. So besteht beispielsweise der folgende Zusammenhang:

Funktion $\bar{f}$ (Umkehrfunktion von Funktion f)	Funktion f
zu a) $\bar{f}: x \to x^{\frac{1}{2}}$ ($D = \mathbb{R}_0^+$)	$f: x \to x^2$ ($D = \mathbb{R}_0^+$)
zu b) $\bar{f}: x \to x^{\frac{1}{3}}$ ($D = \mathbb{R}_0^+$)	$f: x \to x^3$ ($D = \mathbb{R}_0^+$)
zu c) $\bar{f}: x \to x^{\frac{1}{n}}$ ($D = \mathbb{R}_0^+$, $n \in \mathbb{N} \setminus \{1\}$)	$f: x \to x^n$ ($D = \mathbb{R}_0^+$, $n \in \mathbb{N} \setminus \{1\}$)

Hinweis:
Der Definitionsbereich muß hier jedesmal eingeschränkt werden.

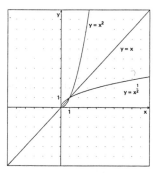

Bild 2.18: Schaubild zu Beispiel a)

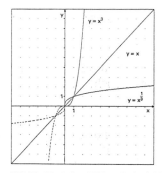

Bild 2.19: Schaubild zu Beispiel b)

2) **Für n gerade** läßt sich die Einschränkung des Definitionsbereiches folgendermaßen begründen: Würde man die gesamte Parabel mit der Gleichung $y = x^2$ (oder $y = x^4$;

2.3 Potenz- und Wurzelfunktionen

$y = x^6; \ldots$) an der 1. Winkelhalbierenden spiegeln, so wäre das entstehende Schaubild nicht mehr das Schaubild einer Funktion sondern nur noch das einer Zuordnung. Jedem x-Wert werden (für $x \neq 0$) nämlich genau zwei y-Werte zugeordnet, was der Definition einer Funktion widerspricht.

Für n ungerade wäre die Einschränkung des Definitionsbereiches in diesem Sinne überflüssig, sodaß hier die Schaubilder der Wurzelfunktionen durch Spiegelung der kompletten Parabel an der 1. Winkelhalbierenden entstehen könnten (vgl. **Bild 2.19**).

3) Rechenpraktisch führt das zu folgenden Auswirkungen:
   a) $\sqrt[n]{a}$ existiert **eindeutig** für $a \geq 0$ und $n \in /N$: z.B.: $\sqrt[4]{16} = 2$; $\sqrt[3]{27} = 3$
   b) *Geradzahlige Wurzeln aus negativen Zahlen* existieren nicht:
   $\sqrt[n]{a}$ existiert **nicht für n gerade** und $a < 0$: z.B.: $\sqrt{-3}$ existiert nicht.
   c) *Ungeradzahlige Wurzeln aus negativen Zahlen* lassen sich berechnen mit Hilfe der folgenden Umformung:
   $\sqrt[n]{a} = -\sqrt[n]{-a}$ für n **ungerade** und $a < 0$: z.B.: $\sqrt[3]{-8} = -\sqrt[3]{8} = -2$.

4) Die Potenzgesetze für Potenzen mit gebrochener Hochzahl gelten nur für eine positive Basis, also für $a > 0$. Ansonsten würde das zu Widersprüchen führen: So könnte man beispielsweise wegen $(-2)^3 = -8$ ohne vorherige Umformung zunächst $\sqrt[3]{-8} = -2$ schreiben. Das wäre bei Anwendung der Potenzgesetze gleichbedeutend mit $\sqrt[6]{(-8)^2} = -2$. Der Radikant läßt sich vereinfachen zu $(-8)^2 = 64$ und damit gelte $\sqrt[6]{64} = -2$, was offensichtlich zu dem Widerspruch $2 = -2$ führt.

5) Der Zusammenhang zwischen Funktion und Umkehrfunktion spiegelt sich auch im Zusammenhang bekannter Rechenoperationen wider: Das Wurzelziehen gilt als Umkehrung des Quadrierens, oder - allgemeiner ausgedrückt - ist das Radizieren als Umkehrung des Potenzierens geläufig.

GRUNDAUFGABE 30:
Zeichnen Sie die Schaubilder der folgenden Funktionen und beschreiben Sie, wie diese aus dem Schaubild der Wurzelfunktion $f: x \to \sqrt{x}$ hervorgeht.

a) $f: x \to \sqrt{x} + \dfrac{1}{2}$ mit $D = /R_0^+$
b) $f: x \to 2\sqrt{x}$ mit $D = /R_0^+$

c) $f: x \to \sqrt{3x}$ mit $D = /R_0^+$
d) $f: x \to \sqrt{x-3}$ mit $D = \{x | x \geq 3\}$

Anmerkungen:
zu a) Das Schaubild der Wurzelfunktion wird um eine halbe Einheit nach oben verschoben. Der Definitionsbereich der Funktion bleibt erhalten, der Wertebereich ist $W = \left\{y \mid y \geq \dfrac{1}{2}\right\}$.

zu b) Das Schaubild dieser Funktion entsteht aus der Wurzelfunktion $f: x \to \sqrt{x}$ durch **Ordinatenmultiplikation** mit Faktor $k = 2$ *(Streckung)*. Definitions- und Wertebereich bleiben erhalten.

zu c) Das Schaubild dieser Funktion entsteht aus dem der Wurzelfunktion $f: x \to \sqrt{x}$ durch **Ordinatenmultiplikation** mit Faktor $k = \sqrt{3}$ *(Streckung)*. Definitions- und Wertebereich bleiben erhalten.

zu d) Das Schaubild der Wurzelfunktion wird um drei Einheiten nach rechts verschoben. Der Definitionsbereich der Funktion ändert sich: $D = \{x | x \geq 3\}$, der Wertebereich bleibt erhalten.

Wir fassen zusammen:

Merke 2.23:

Wird das Schaubild der Funktion $f: x \to x^{\frac{1}{n}}$ ($D = I\!R_0^+$, $n \in I\!N \setminus \{1\}$) senkrecht zur x-Achse mit dem Faktor k gestreckt (für $k > 1$) bzw. gestaucht (für $0 < k < 1$), dann um $|x_P|$ Einheiten nach rechts (für $x_P > 0$) bzw. nach links (für $x_P < 0$), um $|y_P|$ nach oben (für $y_P > 0$) bzw. nach unten (für $y_P < 0$), dann hat die entsprechende Funktion die Form
$$f: x \to k(x - x_P)^{\frac{1}{n}} + y_P.$$

Das folgende Kapitel möge den Zusammenhang zwischen Funktion und Umkehrfunktion an weiteren Beispielen vertiefen.

2.3.4 Umkehrfunktionen

GRUNDAUFGABE 31:
Bestimmen Sie rechnerisch jeweils den Funktionsterm der Umkehrfunktion der folgenden Funktionen. Überprüfen Sie Ihre Rechnung zeichnerisch.

a) $f: x \to x^2 + 2$ mit $D_f = I\!R_0^+$

b) $f: x \to \dfrac{2}{x}$ mit $D_f = I\!R \setminus \{0\}$

c) $f: x \to \dfrac{1}{x - 2}$ mit $D_f = I\!R \setminus \{2\}$

d) $f: x \to \sqrt{3x}$ mit $D_f = I\!R_0^+$

Anmerkungen:
1) Um den Funktionsterm der Umkehrfunktion rechnerisch zu ermitteln, geht man schrittweise vor: Die Gleichung $y = f(x)$ wird ausnahmsweise nach x aufgelöst. Anschließend werden die Variablen getauscht.

   zu a)
   $y = x^2 + 2 \Leftrightarrow x^2 = y - 2 \Leftrightarrow |x| = \sqrt{y - 2}$. Da $x \geq 0$ vorausgesetzt ist, gilt: $x = \sqrt{y - 2}$. Nun erfolgt der Variablentausch: $y = \sqrt{x - 2}$. Damit heißt der Funktionsterm der Umkehrfunktion: $\bar{f}: x \to \sqrt{x - 2}$. Ihr Definitionsbereich lautet: $D_{\bar{f}} = \{x | x \geq 2\}$.

   Die Einschränkung des Definitionsbereiches der Ausgangsfunktion f war deshalb notwendig, damit ihre Umkehrung tatsächlich wieder eine Funktion darstellt. Auch in der Rechnung hat sich gezeigt, daß die Umkehrung für $x \geq 0$ eindeutig bleibt.
   Das Schaubild der Umkehrfunktion ist der an der 1. Winkelhalbierenden gespiegelte rechte Ast der Normalparabel 2. Ordnung, der zwei Einheiten nach rechts verschoben wird.

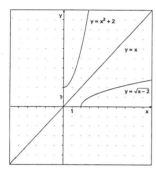

Mit Hilfe einer Zeichnung läßt sich die Rechnung veranschaulichen:
Das Schaubild der Funktion $f: x \to x^2 + 2$ für $x \geq 0$ wird an der 1. Winkelhalbierenden gespiegelt. Das dabei entstehende Schaubild der Umkehrfunktion $\bar{f}: x \to \sqrt{x-2}$ für $x \geq 2$ stimmt mit dem oben beschriebenen Schaubild überein.

Bild 2.20: Schaubild zu Beispiel a)

2) Der Variablentausch kann auch bei der Ermittlung des Schaubildes der Umkehrfunktion ausgenutzt werden: Stellt man für die Ausgangsfunktion f eine Wertetabelle auf und vertauscht man die x- mit der y-Zeile, so erhält man eine Wertetabelle für die Umkehrfunktion $\bar{f}$.
3) Bei den Kurvenpunkten des Schaubildes der Funktion f, die auf der 1. Winkelhalbierenden liegen, also Kurvenpunkten mit gleichem Abszissen- und Ordinatenwert, wirkt sich das Vertauschen der Variablen nicht aus. Sie gehen in sich selbst über. Kurvenpunkte, die also auf der 1. Wh. liegen, bleiben bei der Spiegelung an der 1.Winkelhalbierenden fest und werden in diesem Zusammenhang als Fixpunkte bezeichnet.
4) Bemerkenswert ist fernerhin, daß der Definitionsbereich der Umkehrfunktion $\bar{f}$ mit dem Wertebereich der Ausgangsfunktion f übereinstimmt, der Wertebereich der Umkehrfunktion $\bar{f}$ mit dem Definitionsbereich der Funktion f.
Es gilt also: $D_{\bar{f}} = W_f$ und $D_f = W_{\bar{f}}$

Weitere Ergebnisse:

zu b) $\bar{f}: x \to \dfrac{2}{x} \quad D_{\bar{f}} = I\!R \setminus \{0\}$. Das Schaubild ist in beiden Fällen eine mit dem Faktor $k = 2$ gestreckte (Normal-) Hyperbel.

zu c) $\bar{f}: x \to \dfrac{1}{x} + 2 \quad D_{\bar{f}} = I\!R \setminus \{0\}$. Das Schaubild der Ausgangsfunktion ist eine (Normal-) Hyperbel um zwei Einheiten nach rechts verschoben, das Schaubild der Umkehrfunktion eine (Normal-) Hyperbel, die um zwei Einheiten nach oben verschoben wird.

zu d) $\bar{f}: x \to \dfrac{1}{3} x^2 \quad D_{\bar{f}} = I\!R_0^+$. Das Schaubild der Funktion f geht aus dem Schaubild der Funktion $f: x \to \sqrt{x}$ durch Ordinatenmultiplikation mit Faktor $k = \sqrt{3}$ hervor; das Schaubild der Umkehrfunktion ist der rechte Ast der Parabel mit der Gleichung $y = \dfrac{1}{3} x^2$.

Übungsaufgaben:

1. Zeichnen Sie ohne Zuhilfenahme einer Wertetabelle die Schaubilder der folgenden Funktionen:

   a) $f: x \to \frac{1}{3}(x-1)^3 + \frac{1}{2}$ b) $f: x \to \frac{1}{3}\sqrt{x-1} + \frac{1}{2}$ c) $f: x \to \frac{1}{3(x-1)^2} + \frac{1}{2}$

   Beschreiben Sie in Worten, wie die Schaubilder aus dem Schaubild der jeweiligen Grundfunktion ($f: x \to x^3$; $f: x \to x^{-2}$; $f: x \to x^{0,5}$) hervorgehen. Geben Sie jeweils den Definitions- und den Wertebereich an. Untersuchen Sie anhand der Zeichnung das Schaubild auf Symmetrien. Geben Sie gegebenenfalls die Gleichung der Asymptoten an.

2. Bestimmen Sie rechnerisch den Funktionsterm der Umkehrfunktion der folgenden Funktionen:

   a) $f: x \to 2x + 3$ b) $f: x \to \frac{2x}{x-3}$ c) $f: x \to \frac{1}{3}(x-1)^2$

   mit $D = I\!R$ mit $D = I\!R \setminus \{3\}$ mit $D = \{x | x \geq 1\}$

   Geben Sie den Definitionsbereich und den Wertebereich der Umkehrfunktion an. Zeichnen Sie.

2.4 Exponential- und Logarithmenfunktionen

2.4.1 Die allgemeine Exponentialfunktion

2.4.1.1 Wachstumsvorgänge

Beispiele:

a) Ein gleichmäßiger Wasserstrom von $300 dm^3$ je Stunde fließt in einen quaderförmigen Behälter der Grundfläche $1 m^2$. Um wieviel cm wächst die Füllhöhe nach je 10 Minuten an?

b) Eine frischgeimpfte Flüssigkeitskultur enthält bei Versuchsbeginn $3 \cdot 10^3$ Keime je cm^3. Nach je 5 Minuten nimmt die Anzahl der Keime um 10% zu. Wie groß ist die Anzahl der Keime nach 10 Minuten, 15 Minuten, 20 Minuten?

Beispiel a)

Dem ersten Beispiel liegt ein **lineares Wachstum** zugrunde. So wird (- die Zwischenrechnung bleibt dem Leser überlassen -) die Füllhöhe nach je 10 Minuten um $5 cm$ anwachsen. Der Wachstumsvorgang läßt sich durch eine Funktion der Form

$$f: t \to 0,5t$$

beschreiben, wobei t die Zeit in Minuten angibt, $y = f(t)$ die Füllhöhe in cm.
Das Schaubild der Funktion ist eine Halbgerade, die im Koordinatenursprung beginnt.

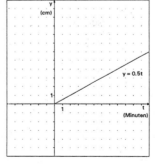

Bild 2.21: Schaubild zu Beispiel a)

Beispiel b)
Beim zweiten Beispiel erweist sich eine Wertetabelle als hilfreich:

2.4 Exponential- und Logarithmenfunktionen

t (in je 5 Minuten)	0 (also zum Zeitpunkt $t = 0$)	1 (nach 5 Minuten)	2 (nach 10 Minuten)
y (Anzahl der Bakterien)	$3 \cdot 10^3 = 3 \cdot 10^3 \cdot 1{,}1^0$	$3 \cdot 10^3 + 0{,}1 \cdot 3 \cdot 10^3$ $= 3 \cdot 10^3 \cdot (1 + 0{,}1) = 3 \cdot 10^3 \cdot 1{,}1^1$	$3{,}3 \cdot 10^3 + 0{,}1 \cdot 3{,}3 \cdot 10^3$ $= 3{,}3 \cdot 10^3 \cdot 1{,}1 = 3 \cdot 1{,}1 \cdot 10^3 \cdot 1{,}1$ $= 3 \cdot 10^3 \cdot 1{,}1^2$

Der Funktionsterm lautet hier
$$f: t \to 3 \cdot 10^3 \cdot 1{,}1^t,$$
wobei mit t der Zeitraum von 5 Minuten, mit $y = f(t)$ die Anzahl der Bakterien beschrieben wird.
Ein solches Wachstum wird **exponentielles Wachstum** genannt. Da die Variable hier im Exponenten erscheint, heißen solche Funktionen **Exponentialfunktionen**.

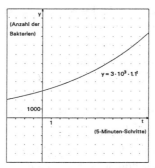

Bild 2.22: Schaubild zu Beispiel b)

Im folgenden Kapitel wollen wir uns der allgemeinen Exponentialfunktion und ihrem Schaubild widmen.

2.4.1.2 Die allgemeine Exponentialfunktion und ihr Schaubild

GRUNDAUFGABE 32:
Zeichnen Sie (mittels Wertetabellen) die Schaubilder der folgenden Funktionen:

a) $f: x \to 2^x$

b) $f: x \to \left(\frac{5}{2}\right)^x$

c) $f: x \to 4^x$

d) $f: x \to \left(\frac{1}{2}\right)^x$

e) $f: x \to \left(\frac{2}{5}\right)^x$

f) $f: x \to \left(\frac{1}{4}\right)^x$

Der Definitionsbereich dieser Funktionen sei jeweils $D = I\!R$.

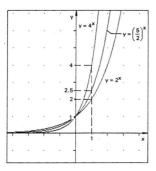

Bild 2.23: Schaubilder zu Aufgaben a) bis c)

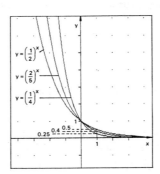

Bild 2.24: Schaubilder zu Aufgaben d) bis f)

Merke 2.24:
Eine Funktion der Form
$$f: x \rightarrow a^x$$ ($D = I\!R$; $a \in I\!R^+ \setminus \{1\}$) nennt man **Exponentialfunktion**.
Für $a > 1$ nehmen die Funktionswerte bei wachsendem x-Wert zu. Funktionen, für die diese Eigenschaft zutrifft, heißen **streng monoton wachsend**.
Für $0 < a < 1$ nehmen die Funktionen bei wachsendem x-Wert ab. Man nennt sie deshalb auch **streng monoton fallend**.

Ihre Schaubilder weisen folgende Eigenschaften auf:

Merke 2.25:
1) Die Schaubilder dieser Exponentialfunktionen gehen alle durch den *Punkt* $P(0|1)$, denn $f(0) = a^0 = 1$.
2) Da der *Wertebereich* dieser Exponentialfunktionen $W = I\!R^+$ ist, verlaufen ihre Schaubilder durchweg oberhalb der x-Achse, also im 1. und 2. Quadranten des Koordinatensystems.
3) Sie besitzen die *x-Achse als Asymptote* (und zwar strebt für den Fall, daß $a > 1$ ist, $f(x) \rightarrow 0$ für $x \rightarrow -\infty$, für den Fall, daß $0 < a < 1$ ist, strebt $f(x) \rightarrow 0$ für $x \rightarrow \infty$).
4) Das Schaubild der Funktion $f_1: x \rightarrow \left(\dfrac{1}{a}\right)^x$ geht aus dem Schaubild der Funktion $f_2: x \rightarrow a^x$ durch *Spiegelung an der y-Achse* hervor.

Anmerkungen:
1) Die Eigenschaft (4)) läßt sich einfach begründen:
Es gilt $f_1(-x) = \left(\dfrac{1}{a}\right)^{-x} = a^x = f_2(x)$,
woraus die behauptete Symmetrieeigenschaft folgt, die zwischen den beiden Schaubildern besteht.
2) Unter der Voraussetzung, daß die Basis a der Exponentialfunktion eine positive Zahl ist, ist sie für alle x-Werte erklärt, deshalb wird $a > 0$ vorausgesetzt. Insbesondere muß, damit überhaupt eine Exponentialfunktion vorliegt, $a \neq 1$. Für $a = 1$ würde die Exponentialfunktion zur konstanten Funktion mit der Gleichung $f: x \rightarrow 1$ entarten.

Exponentialfunktionen spielen in der Praxis eine bedeutende Rolle. Das soll im nächsten Kapitel beleuchtet werden.

2.4.2 Wachstums- und Zerfallsprozesse

GRUNDAUFGABE 33:
Geben Sie bei den folgenden Beispielen die Funktionsvorschrift an. Zeichnen Sie Schaubilder:
a) Pro Woche verdoppelt sich die Fläche einer Schimmelpilzkultur auf einer Nährlösung. Zu Beginn der Beobachtung hat sie eine Fläche von $1 cm^2$.

2.4 Exponential- und Logarithmenfunktionen

b) Ein radioaktives Präparat zerfällt pro Jahr um jeweils ein Fünftel. Zu Beginn der Beobachtung ist $1g$ strahlendes Material vorhanden.

Anmerkungen:

zu a) Die Funktionsvorschrift lautet $f: x \rightarrow 2^x$, wobei x die Anzahl der Wochen, $y = f(x)$ die Fläche der Kultur in cm^2 angibt.

zu b) Die Funktionsvorschrift heißt $f: x \rightarrow \left(\frac{4}{5}\right)^x$. Dabei beschreibt x die Anzahl der Jahre, $y = f(x)$ die Masse des strahlenden Materials in g.

Hinweis:
Bei Wachstumsvorgängen, die durch Exponentialfunktionen mit $a > 1$ beschrieben werden, spricht man von *exponentiellem Wachstum*, gilt hingegen $0 < a < 1$, spricht man von *exponentiellem Zerfall*.

GRUNDAUFGABE 34:
Geben Sie bei den folgenden Beispielen die Funktionsvorschrift an. Zeichnen Sie Schaubilder.
a) Bei einem Versuch mit Coli-Bakterien enthält eine Flüssigkeitskultur zu Beginn der Beobachtung 5000 Bakterien. Die Zahl der Bakterien nimmt nach je 5 Minuten um 10% des jeweils vorhandenen Bestandes zu. Wie groß ist die Anzahl der Bakterien nach einer Stunde?
b) Von einer radioaktiven Substanz sind von $400 mg$ nach einer Stunde nur noch 75% der Ausgangsmenge vorhanden. Nach welcher Zeit wird die Masse von $200 mg$ unterschritten? Beantworten Sie diese Frage mit Hilfe des Schaubildes.
c) Bei einem Versuch mit Mäusen stellte man eine Vermehrung von 60% pro Monat fest. Bei Beobachtungsbeginn zählte man 300 Mäuse. Wie viele Mäuse sind demzufolge ein halbes Jahr später zu erwarten, wenn alle Mäuse überleben?

Anmerkungen:
zu a)
$$f: x \rightarrow 5000 \cdot 1{,}1^x,$$
wobei durch x eine Zeitspanne von 5 Minuten, durch $y = f(x)$ die Anzahl der Bakterien beschrieben wird.
Nach 60 Minuten liegen dann
$f(12) = 5000 \cdot 1{,}1^{12} \approx 15692$ Bakterien vor.

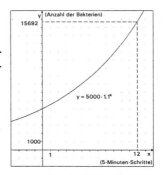

Bild 2.25: Schaubild zu Beispiel a)

zu b)

$f: x \to 400 \cdot 0{,}75^x$,

x gibt dabei die Zeit in Stunden, $y = f(x)$ die Masse in *mg* an.
Aus dem Schaubild läßt sich ersehen, daß nach ca. 2,5 Stunden nur noch die Hälfte der Ausgangsmenge vorliegt.

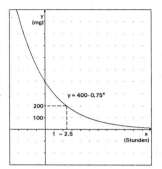

Bild 2.26: Schaubild zu Beispiel b)

zu c)

Die Funktionsvorschrift lautet $f: x \to 300 \cdot 1{,}6^x$. Dabei gibt x die Zeit in Monaten, $y = f(x)$ die Anzahl der Mäuse an. Nach einem halben Jahr werden dann $f(6) = 300 \cdot 1{,}6^6 \approx 5033$ Mäuse gezählt.

Hinweis:
Bei den Beispielen fällt auf, daß zu Beobachtungsbeginn die Anfangsmenge, bezeichnet mit y_0, im Gegensatz zur vorhergehenden Grundaufgabe durchaus Werte $y_0 \neq 1$ annehmen kann.

Wir fassen zusammen:

Merke 2.26:
Exponentielles Wachstum läßt sich kennzeichnen durch eine Funktion der Form
$\boxed{f: x \to y_0 \cdot a^x}$ (mit $D = I\!R$ und $\boxed{a > 1}$),
exponentieller Zerfall durch eine Funktion der Form
$\boxed{f: x \to y_0 \cdot a^x}$ (mit $D = I\!R$ und $\boxed{0 < a < 1}$).
Dabei nennt man den Faktor a den **Wachstums-** bzw. **Zerfallsfaktor**.
Der Wert y_0 wird als **Anfangswert** bezeichnet, es ist der Wert, der zu Beginn der Beobachtung vorliegt: $f(0) = y_0 \cdot a^0 = y_0$.

Anmerkungen:
1) Sind die Angaben der Beispiele in Prozenten gegeben, läßt sich der Wachstums- bzw. Zerfallsfaktor a sofort ablesen.
2) Das Schaubild der Funktion $f: x \to y_0 \cdot a^x$ geht aus dem der Funktion $f: x \to a^x$ durch **Ordinatenmultiplikation** mit Faktor $k = y_0$ hervor. Das Schaubild schneidet die y-Achse im Punkt $P(0|y_0)$.

2.4 Exponential- und Logarithmenfunktionen

Übungsaufgaben:

1. Eine besonders schnell wachsende Seerose vergrößert täglich die von ihr bedeckte Wasseroberfläche eines Weihers um 15%. Zu Beobachtungsbeginn war der $200\,m^2$ große Weiher zu einem Achtel zugewachsen.
   a) Bestimmen Sie die Funktionsgleichung der dazu gehörigen Wachstumsfunktion.
   b) Wie groß ist die von der Pflanze bedeckte Fläche nach vier Tagen?
   c) Nach etwa wie vielen Tagen hat sich die bedeckte Fläche verdoppelt? Nach wie vielen Tagen ist der Weiher zur Hälfte, völlig zugewachsen? (Beantworten Sie diese Fragen mit Hilfe der Wertetabelle oder mittels des Schaubildes der Wachstumsfunktion.)

2. Das Radiumisotop ^{228}Ra verliert innerhalb eines Jahres 9,8% seiner Strahlung. 1992 betrug die Masse des strahlenden Materials $10\,g$.
   a) Bestimmen Sie das Zerfallsgesetz. Zeichnen Sie ein Schaubild.
   b) Welche Strahlungskraft hat das Radiumisotop nach 2, 5, 10 Jahren?
   c) Lesen Sie aus dem Schaubild ab, nach welchem Zeitraum die Masse des strahlenden Materials auf die Hälfte zurückgegangen ist. (Diese Zeit heißt **Halbwertszeit**.)

3. Der Preisanstieg betrug 1989 in der BR Deutschland 2,8%, in Italien 6,6%, in Großbritannien 7,8% und in der Niederlande 1,1%.
   a) Bestimmen Sie je Land den Wachstumsfaktor a in der Funktionsgleichung $P: t \rightarrow P_0 \cdot a^t$ und geben Sie die Funktionsgleichungen (mit t in Jahren, $y = P(t)$ in der jeweiligen Währung des Landes) an. (P_0 als Anfangswert kann und braucht auch nicht für die folgende Rechnung bestimmt werden.)
   b) Wieviel Prozent mehr muß man nach fünf Jahren für einen Artikel im jeweiligen Land bezahlen, wenn man diesen Preisanstieg auch für die kommenden Jahre zugrundelegt?

4. Ein Auto verliert pro Jahr etwa 15% an Wert.
   a) Auf wieviel DM sinkt der Wert eines Autos nach fünf Jahren, wenn es zu einem Neupreis von $20000\,DM$ ($50000\,DM$, $100000\,DM$) erworben wurde?
   b) In welchem Zeitraum sinkt der derzeitige Wert eines Autos auf die Hälfte? (Beantworten Sie diese Frage mit Hilfe eines Schaubildes.)

5. Ein Guthaben von $20000\,DM$ wird für 5 Jahre zum Zinssatz von 7% fest angelegt. Die jährlichen Zinsausschüttungen können zum gleichen Zinssatz wieder angelegt werden.
   a) Bestimmen Sie den Wachstumsfaktor und den Betrag, auf den das Guthaben (mit Zinseszins) in 5 Jahren anwächst. Geben Sie die Funktionsgleichung an.
   b) Wie ändert sich dieser Betrag, wenn der Zinssatz um 0,5% erhöht (erniedrigt) wird?
   c) Auf welchen Betrag würde das Guthaben bei 'einfacher Verzinsung' (lineares Wachstum) in 5 Jahren anwachsen?

6. Die Weltbevölkerung betrug 1960 etwa 3010 Millionen Menschen, 1988 waren es 5120 Millionen. Man geht davon aus, daß die Bevölkerung exponentiell zunimmt. Bestimmen Sie den Wachstumsfaktor und die entsprechende Wachstumsfunktion. Mit welcher Bevölkerungszahl ist im Jahre 2060 zu rechnen, wenn sich die Wachstumsrate nicht ändert?

2.4.3 Die natürliche Exponentialfunktion

Exponentialfunktionen gibt es sehr viele, nämlich ebenso viele wie reelle Zahlen $a \in \mathbb{R}^+ \setminus \{1\}$ existieren. Eine besondere Exponentialfunktion, die in der Technik und den Naturwissenschaften von großer Bedeutung ist, ist die **Exponentialfunktion zur Basis e**. Die Zahl e ist eine irrationale Zahl, die nach dem Mathematiker LEONHARD EULER (1707-1783) auch **EULERsche Zahl** genannt wird. Die Tragweite dieser Zahl kann erst im Zusammenhang mit der Differentialrechnung erläutert werden. So möge zunächst eine anschauliche Gewinnung dieser Zahl genügen.

2.4.3.1 Die EULERsche Zahl e

Beispiel:
Ein Kapital K_0 wird mit einem Prozentsatz von 100% für ein Jahr angelegt. Je nachdem wie oft die Kapitalverzinsung erfolgt, ändert sich der Betrag, auf den das Kapital K_0 nach einem Jahr angewachsen ist:

Kapitalverzinsung erfolgt	Kapitalausschüttung nach einem Jahr:
jährlich:	$K_1 = K_0 \cdot \left(1 + \frac{100}{100}\right)^1 = K_0 \cdot (1+1)^1 = K_0 \cdot 2$
halbjährlich:	$K_2 = K_0 \cdot \left(1 + \frac{100}{100 \cdot 2}\right)^2 = K_0 \cdot \left(1 + \frac{1}{2}\right)^2 = K_0 \cdot 2,25$
monatlich:	$K_{12} = K_0 \cdot \left(1 + \frac{100}{100 \cdot 12}\right)^{12} = K_0 \cdot \left(1 + \frac{1}{12}\right)^{12} \approx K_0 \cdot 2,61$
täglich:	$K_{360} = K_0 \cdot \left(1 + \frac{100}{100 \cdot 360}\right)^{360} = K_0 \cdot \left(1 + \frac{1}{360}\right)^{360}$ $\approx K_0 \cdot 2,7145$
stündlich:	$K_{8640} = K_0 \cdot \left(1 + \frac{100}{100 \cdot 8640}\right)^{8640} = K_0 \cdot \left(1 + \frac{1}{8640}\right)^{8640}$ $\approx K_0 \cdot 2,7181$
Erfolgen innerhalb eines Jahres n Kapitalverzinsungen,	so wird das Kapital auf einen Betrag von $K_n = K_0 \cdot \left(1 + \frac{100}{100 \cdot n}\right)^n = K_0 \cdot \left(1 + \frac{1}{n}\right)^n$ anwachsen.

Erfolgen nun unendlich viele Verzinsungen pro Jahr, so wird sich der Betrag mit dem Faktor $e = 2,71828182846...$ vervielfachen. Für $n \to \infty$ nähert sich nämlich der Ausdruck $\left(1 + \frac{1}{n}\right)^n$ der Zahl e, einer irrationalen Zahl, die als **EULERsche Zahl** in die mathematische Literatur eingegangen ist.

Schreibweise: $\boxed{\lim_{n \to \infty} \left(1 + \frac{1}{n}\right)^n = e = 2,71828182846...}$

Hinweis:
Der Ausdruck $\lim_{n \to \infty} \left(1 + \frac{1}{n}\right)^n$ wird folgendermaßen ausgesprochen: 'limes von $\left(1 + \frac{1}{n}\right)^n$ für n gegen Unendlich'

2.4.3.2 Die natürliche Exponentialfunktion und ihr Schaubild

GRUNDAUFGABE 35:
Zeichnen Sie (mittels Wertetabellen) die Schaubilder der folgenden Funktionen:
a) $f_1 : x \to e^x$ 	 b) $f_2 : x \to e^{-x}$
Der Definitionsbereich dieser Funktionen sei jeweils $D = I\!R$.

2.4 Exponential- und Logarithmenfunktionen

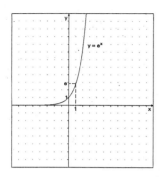

Bild 2.27: Schaubild zu Aufgabe a)

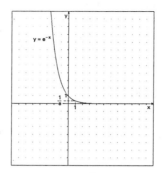

Bild 2.28: Schaubild zu Aufgabe b)

Hinweis:
Die Funktionswerte lassen sich mit Hilfe des Taschenrechners ($\boxed{e^x}$) ermitteln:

z.B.: $2 \rightarrow \boxed{e^x} \rightarrow e^2 \approx 7{,}3890561$

Merke 2.27:
Die Exponentialfunktion mit der EULERschen Zahl e als Basis, also die Funktion der Form

$\boxed{f:x \rightarrow e^x}$ ($D = I\!R$) heißt **natürliche Exponentialfunktion** oder natürliche Wachstumsfunktion).
Sie ist wie alle Exponentialfunktionen mit der Basis $a > 1$ **streng monoton wachsend**.

Anmerkungen:
zu a) Das Schaubild der Funktion $f_1:x \rightarrow e^x$ geht also - wie alle Exponentialfunktionen - durch den Punkt $P(0|1)$, darüber hinaus durch die Punkte $Q(1|e)$ und $R\left(-1\left|\dfrac{1}{e}\right.\right)$. Für $x \rightarrow -\infty$ nähert sich das Schaubild der Funktion beliebig nahe der x-Achse. Auch hier ist die x-Achse für $x \rightarrow -\infty$ Asymptote.

zu b) Das Schaubild dieser Funktion $f_2:x \rightarrow e^{-x}$ geht aus dem der Funktion $f_1:x \rightarrow e^x$ durch Spiegelung an der y-Achse hervor, denn es gilt $e^{-x} = \left(\dfrac{1}{e}\right)^x$. Da für die Basis der Funktion f_2 gilt $0 < \dfrac{1}{e} < 1$ ist diese Funktion streng monoton wachsend.

Die natürliche Exponentialfunktion wird in späteren Kapiteln immer wieder aufgegriffen. Das eigentlich besondere an dieser Funktion muß an dieser Stelle jedoch noch zurückgestellt werden.

2.4.4 Die allgemeine Logarithmenfunktion und ihr Schaubild

Exponentialfunktionen beschreiben Wachstums- und Zerfallsvorgänge. Sie beantworten beispielsweise die Fragen, mit wie vielen Menschen im Jahre 2060 auf der Welt zu rechnen sei oder welchen Wert ein Neuwagen nach 5 Jahren besitze. Wir sind also in der Lage, bei gegebenem x-Wert den entsprechenden y-Wert zu berechnen. Das umgekehrte Problem, nämlich wann die Weltbevölkerung voraussichtlich die 6 Milliardenmarke überschreitet, oder wann der Wert eines Autos auf die Hälfte gesunken ist, konnte bisher nur mit Hilfe des entsprechenden Schaubildes näherungsweise gelöst werden. Gefragt ist hier nach dem x-Wert einer Exponentialfunktion bei gegebenem y-Wert. Antwort darauf geben uns die Logarithmenfunktionen.

GRUNDAUFGABE 36:
Bestimmen Sie zeichnerisch für jede der genannten Funktionen das Schaubild ihrer Umkehrfunktion:

a) $f: x \to \left(\dfrac{3}{2}\right)^x$ d) $f: x \to \left(\dfrac{2}{3}\right)^x$

b) $f: x \to 3^x$ e) $f: x \to \left(\dfrac{1}{3}\right)^x$

c) $f: x \to 10^x$ f) $f: x \to \left(\dfrac{1}{10}\right)^x$

Der Definitionsbereich dieser Funktionen sei jeweils $D = I\!R$.

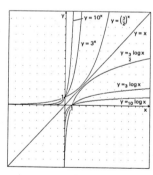

Bild 2.29: Schaubilder zu Aufgaben a) bis c)

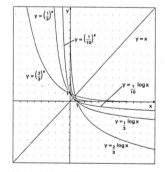

Bild 2.30: Schaubilder zu Aufgaben d) bis f)

Merke 2.28:
Die Umkehrfunktion der *Exponentialfunktion zur Basis a* wird mit
$\boxed{f: x \to {}_a\log x}$ ($D = I\!R^+$; $a \in I\!R^+ \setminus \{1\}$) bezeichnet.
Sie heißt **Logarithmenfunktion zur Basis a**.
Für $a > 1$ sind die Logarithmenfunktionen wie die entsprechenden Exponentialfunktionen **streng monoton wachsend**. Für $0 < a < 1$ sind sie **streng monoton fallend**.

Die Schaubilder der Logarithmenfunktionen besitzen folgende Eigenschaften:

> **Merke 2.29:**
> 1) Die Schaubilder dieser Logarithmenfunktionen gehen alle durch den *Punkt* $Q(1|0)$.
> 2) Da der *Definitionsbereich* der Logarithmenfunktionen mit dem Wertebereich der entsprechenden Exponentialfunktionen, der *Wertebereich* der Logarithmenfunktionen mit dem Definitionsbereich der entsprechenden Exponentialfunktionen übereinstimmen, verlaufen die Schaubilder 'rechts' von der *y*-Achse, und zwar ober- und unterhalb der *x*-Achse (also im 1. und 4. Quadranten des Koordinatensystems).
> 3) Sie besitzen die *y-Achse als Asymptote* (und zwar strebt $f(x) \to -\infty$ für $x \to 0$, wenn $a > 1$ und wenn $0 < a < 1$ strebt $f(x) \to \infty$ für $x \to 0$).
> 4) Das Schaubild der Funktion $f_1: x \to {}_{\frac{1}{a}}\log x$ geht aus dem Schaubild der Funktion $f_2: x \to {}_a\log x$ durch *Spiegelung an der x-Achse* hervor.

Anmerkungen:
1) Alle Eigenschaften 1) bis 4) der Logarithmenfunktionen und ihrer Schaubilder ergeben sich aus der Tatsache, daß sie die Umkehrfunktionen der Exponentialfunktionen sind. Neu ist hierbei lediglich die vielleicht noch ungewöhnliche Schreibweise, die für die Umkehrfunktionen der Exponentialfunktionen notwendig geworden ist.
   Dabei gilt der folgende Zusammenhang: $y = {}_a\log x \Leftrightarrow a^x = y$.
   Weitere Beispiele: $3 = {}_2\log 8 \Leftrightarrow 2^3 = 8$; $4 = {}_3\log 81 \Leftrightarrow 3^4 = 81$
   Die Frage nach dem Logarithmus von einer Zahl b zur Basis a (${}_a\log b = ?$) ist also gleichbedeutend mit der Frage nach dem Exponenten der entsprechenden Exponentialgleichung ($a^? = b$).
2) Der Ausdruck '${}_a\log x$' wird folgendermaßen ausgesprochen: 'Logarithmus von x zur Basis a'.
3) Veranschaulichen Sie sich anhand der Schaubilder der Logarithmenfunktionen die folgenden Zusammenhänge:
   $\boxed{{}_a\log a = 1}$ denn: $a^1 = a$; $\boxed{{}_a\log 1 = 0}$ denn: $a^0 = 1$; $\boxed{{}_a\log \frac{1}{a} = -1}$ denn: $a^{-1} = \frac{1}{a}$.
   Da, wie schon oben bemerkt, für die Logarithmenfunktionen $D = /R^+$ und $W = /R$ gilt, folgt unmittelbar: Die Logarithmen sind nur für Zahlen $a > 0$ erklärt (es gibt weder den Logarithmus von Null noch den Logarithmus einer negativen Zahl), aber der Logarithmus einer Zahl a ist für $0 < a < 1$ negativ.

2.4.5 Das Rechnen mit Logarithmen

Die nachfolgende Definition legt den Begriff Logarithmus fest:

> **Definition 2.5:**
> Für positive Zahlen a und b mit $a \neq 1$ heißt die Lösung der Gleichung $a^x = b$ der **Logarithmus von b zur Basis a**. Er wird mit $_a\log b$ bezeichnet.
> Der Logarithmus von b zur Basis a ist also diejenige Zahl, mit der man a potenzieren muß um b zu erhalten: Es gilt: $\boxed{a^x = b \Leftrightarrow x = {_a\log b}}$

Beispiele:

$_2\log 4 = 2; \quad _7\log 1 = 0; \quad _{1{,}5}\log 2{,}25 = 2; \quad _5\log \dfrac{1}{25} = -2; \quad _{\frac{1}{6}}\log \sqrt{6} = -\dfrac{1}{2}$

2.4.5.1 Die wichtigsten Logarithmensysteme

Logarithmen mit gleicher Basis a bilden ein **Logarithmensystem**. So gibt es wiederum genauso viele Logarithmensysteme wie reelle Zahlen $a \in /R^+ \setminus \{1\}$. Die Zahl 3 hat beispielsweise in jedem Logarithmensystem eine andere Darstellung. So gilt: $3 = {_2\log 8} = {_3\log 27} = {_{10}\log 1000}$

Drei Logarithmensysteme sollen an dieser Stelle hervorgehoben werden:
1) **Die Logarithmen zur Basis 10** sind unter den Bezeichnungen BRIGGSsche *Logarithmen*, nach H. BRIGGS (1561-1630), *dekadische Logarithmen* oder schlicht *Zehnerlogarithmen* bekannt. Folgende Abkürzung hat sich durchgesetzt: $\boxed{_{10}\log x = \lg x}$
2) **Die Logarithmen zur Basis 2** spielen in der Informatik eine wichtige Rolle. Sie werden *binäre Logarithmen* genannt. Kurz: $\boxed{_2\log x = \mathrm{lb}\, x}$
3) **Die Logarithmen zur Basis e** mit $e = 2{,}71828182846\ldots$ (Eulersche Zahl) finden in Wissenschaft und Technik die größte Verwendung. Sie heißen *natürliche Logarithmen* und werden abgekürzt mit: $\boxed{_e\log x = \ln x}$

2.4.5.2 Umrechnung von einem Logarithmensystem in ein anderes

Mit Hilfe des Taschenrechners lassen sich die dekadischen Logarithmen ($\boxed{\log}$) und die natürlichen Logarithmen ($\boxed{\ln}$) berechnen.

Beispiele:

$\ln \sqrt{e} = 0{,}5; \quad \lg \dfrac{1}{1000} = -3; \quad \ln 61 \approx 4{,}1109; \quad \lg 47 \approx 1{,}6721; \quad \ln 562 \approx 6{,}3315$

Um nun auch mit Logarithmen rechnen zu können, die dem Taschenrechner unbekannt sind, versucht man diese in Logarithmen zu einer dem Taschenrechner bekannten Basis überzuführen. Das gelingt mittels folgender Überlegungen:
Die Basis, die dem Taschenrechner unbekannt ist, möge mit u (unbekannt), die welche dem Taschenrechner bekannt ist, mit b (bekannt) bezeichnet werden. Dabei wird $u, b \in /R^+ \setminus \{1\}$ vorausgesetzt. Mit Hilfe der Basis b soll nun $_u\log x = z$ bestimmt werden. Wir treffen nun folgende Abkürzungen und schreiben die Logarithmengleichungen in entsprechende Exponentialgleichungen um:

2.4 Exponential- und Logarithmenfunktionen

Zu bestimmen ist: $\quad _u\log x = z \Leftrightarrow u^z = x \quad [1]$
Nun gilt jedoch $\quad _b\log x = r \Leftrightarrow b^r = x \quad [2]$
und $\quad _b\log u = s \Leftrightarrow b^s = u \quad [3]$
mit [3] sowie [2] in [1] ergibt sich nun:

$$u^z = x \Leftrightarrow \left(b^s\right)^z = b^r \Leftrightarrow b^{s \cdot z} = b^r \Leftrightarrow s \cdot z = r \Leftrightarrow z = \frac{r}{s} \Leftrightarrow {}_u\log x = \frac{{}_b\log x}{{}_b\log u}$$

> **Merke 2.30:**
> Für das Umrechnen von einem Logarithmensystem in ein anderes gilt folgender Zusammenhang: $\boxed{{}_u\log x = \frac{{}_b\log x}{{}_b\log u}}$ (mit $x \in /R^+$ und $u, b \in /R^+ \setminus \{1\}$)

Hinweis:
Für das Umrechnen stehen nun (je nach Taschenrechner) zwei Logarithmensysteme zur Auswahl, die natürlichen und die dekadischen Logarithmen.

Beispiele:

$${}_3\log 5 = \frac{\ln 5}{\ln 3}(=\frac{\lg 5}{\lg 3}) \approx 1,4650; \quad {}_{\frac{2}{3}}\log 2 = \frac{\lg 2}{\lg \frac{2}{3}} \approx -1,7095; \quad {}_{1,5}\log e = \frac{\ln 1,5}{\ln e} = \ln 1,5 \approx 0,4055$$

2.4.5.3 Die Logarithmengesetze

Auch für die Logarithmen gibt es Gesetze, die rechnerische Vorteile bieten können:

> **Merke 2.31:**
> Für $x, y \in /R^+$, $z \in /R$ und $a \in /R^+ \setminus \{1\}$ gilt:
> 1) $\boxed{{}_a\log(x \cdot y) = {}_a\log x + {}_a\log y}$
>   Man erhält den Logarithmus eines **Produktes**, indem man den Logarithmus seiner Faktoren *addiert*.
> 2) $\boxed{{}_a\log\left(\frac{x}{y}\right) = {}_a\log x - {}_a\log y}$
>   Man erhält den Logarithmus eines **Quotienten**, indem man den Logarithmus des Divisors vom Logarithmus des Dividenden *subtrahiert*.
> 3) $\boxed{{}_a\log\left(x^z\right) = z \cdot {}_a\log x}$
>   Man erhält den Logarithmus einer **Potenz**, indem man den Exponenten mit dem Logarithmus der Basis *multipliziert*.

Beispiele:

zu 1) ${}_3\log(27 \cdot 81) = {}_3\log 27 + {}_3\log 81 = 3 + 4 = 7$

zu 2) $\ln \frac{e^3}{2} = \ln e^3 - \ln 2 = 3 - \ln 2 \approx 2,3069$

zu 3) $\lg 5^{33} = 33 \cdot \lg 5 \approx 23,0660$

Anmerkungen:
1) Die Regeln für die Logarithmen lassen sich relativ einfach aus denen für die Potenzen ableiten:
   1. Logarithmengesetz:
   Wir setzen $_a\log x = u$; $_a\log y = v$; $_a\log(x \cdot y) = w$ und schreiben die Logarithmengleichungen in Exponentialgleichungen um:
   $_a\log x = u \Leftrightarrow a^u = x$; $_a\log y = v \Leftrightarrow a^v = y$; $_a\log(x \cdot y) = w \Leftrightarrow a^w = x \cdot y$.
   Nun gilt einerseits $x \cdot y = a^u \cdot a^v = a^{u+v}$ (Potenzgesetze!), andererseits $x \cdot y = a^w$.
   Daraus folgt:
   $a^{u+v} = a^w \Leftrightarrow u + v = w \Leftrightarrow {_a\log x} + {_a\log y} = {_a\log(x \cdot y)}$, womit das 1. Logarithmengesetz bewiesen ist.
   Die Beweise der übrigen Logarithmengesetze verlaufen nach demselben Verfahren und bleiben dem Leser vorbehalten.

2) Aus dem 3. Logarithmengesetz folgt unmittelbar für $z = \dfrac{m}{n}$ (mit $m \in /Z$ und $n \in /N$):

$$\boxed{_a\log x^{\frac{m}{n}} = {_a\log \sqrt[n]{x^m}} = \frac{m}{n} \cdot {_a\log x}}$$

3) Die Logarithmengesetze beziehen sich auf den Logarithmus von Produkten, Quotienten und Potenzen, für den Logarithmus einer Summe oder einer Differenz gibt es keine Regeln. Vor allem möge darauf hingewiesen werden, daß $\boxed{_a\log(x \pm y) \neq {_a\log x} \pm {_a\log y}}$

Übungsaufgaben:

1. Es gilt $2^5 = 32 \Leftrightarrow {_2\log 32} = 5$. Formen Sie entsprechend um:

a) $3^2 = 9$ b) $4^3 = 64$ c) $10^5 = 100000$

d) $7^1 = 7$ e) $5^0 = 1$ f) $10^{-1} = 0{,}1$

g) $2^{-3} = \dfrac{1}{8}$ h) $7^{\frac{1}{2}} = \sqrt{7}$ i) $5^{-\frac{1}{3}} = \dfrac{1}{\sqrt[3]{5}}$

j) $3^{\frac{2}{5}} = \sqrt[5]{3^2}$ k) $10^{-\frac{m}{n}} = \dfrac{1}{\sqrt[n]{10^m}}$ l) $a^{-\frac{u}{v}} = \dfrac{1}{\sqrt[v]{a^u}}$

2. Es gilt $_3\log 81 = {_3\log 3^4} = 4$. Bestimmen Sie genauso.

a) $_5\log 125$ b) $_7\log 49$ c) $_5\log 625$ d) $_2\log 64$

e) $_3\log 3$ f) $_7\log 1$ g) $_a\log a$ h) $_b\log 1$

i) $_5\log \dfrac{1}{25}$ j) $_7\log \dfrac{1}{343}$ k) $_3\log \dfrac{1}{27}$ l) $\lg \dfrac{1}{10000}$

m) $\lg 0{,}0001$ n) $\ln e^3$ o) $\ln \dfrac{1}{e}$ p) $\ln \dfrac{1}{e^{n-1}}$

q) $_2\log 0{,}125$ r) $_3\log \sqrt{3}$ s) $_5\log \sqrt[3]{25}$ t) $_7\log \dfrac{1}{\sqrt[5]{7}}$

u) $\lg \sqrt[3]{1000}$ v) $\lg \dfrac{1}{\sqrt[3]{10}}$ w) $\ln \sqrt[3]{e^2}$ x) $\ln \dfrac{1}{\sqrt{e}}$

3. Es ist $_3\log 7 = \dfrac{\lg 7}{\lg 3} = (\dfrac{\ln 7}{\ln 3}) \approx 1{,}7712$. Bestimmen Sie ebenso.

a) $_2\log 10$ b) $_5\log 13$ c) $_3\log 0{,}17$ d) $_{0{,}5}\log 3{,}2$

2.4 Exponential- und Logarithmenfunktionen

e) $_{\frac{1}{3}}\log 5$ f) $_{\sqrt{3}}\log e$ g) $_{\frac{1}{5}}\log 10$ h) $_{\pi}\log \sqrt[3]{17}$

4. Berechnen und vergleichen Sie.
   a) $_{3}\log 7$ mit $_{7}\log 3$
   b) $_{\frac{1}{3}}\log 5$ mit $_{5}\log \frac{1}{3}$
   c) Welcher Zusammenhang besteht zwischen $_{a}\log b$ und $_{b}\log a$?

5. Fassen Sie (mit Hilfe der Logarithmengesetze) die Ausdrücke zu einem Logarithmus zusammen und vereinfachen Sie.
   a) $_{3}\log x^2 - _{3}\log x$
   b) $\ln y^4 - 3 \cdot \ln \frac{1}{y}$
   c) $\lg xy - \lg xy^3$
   d) $_{\frac{1}{2}}\log \frac{1}{z} - _{\frac{1}{2}}\log \frac{2}{z}$
   e) $\lg x^3 + 3 \cdot \lg \frac{1}{x}$
   f) $\ln \frac{1}{e} + \ln \sqrt{e}$
   g) $_{5}\log 3 - \frac{2}{5} \cdot _{5}\log y + 5$
   h) $\sqrt{3} \cdot \left(2\log \frac{5}{2} - (\frac{1}{\sqrt{3}} - 2\log \frac{2}{5}) \right)$
   i) $\lg 3y - 3 \cdot \lg y + \lg y^3 + \lg \frac{1}{y}$
   j) $\ln \sqrt[3]{z} - \ln \sqrt[3]{27z} + \ln\left(\frac{1}{3}z^3\right) + \ln 9$
   k) $_{7}\log(21x^3) + _{7}\log(77x^2) - _{7}\log(33x^5)$
   l) $\frac{3}{5} \cdot _{0,2}\log(y+2) - \frac{1}{2} \cdot _{0,2}\log(y-2)$

6. Spalten Sie (ebenfalls mittels der Logarithmengesetze) die folgenden Ausdrücke in mehrere Logarithmen auf und vereinfachen Sie soweit wie möglich.
   a) $_{5}\log 5x$
   b) $_{2}\log \frac{32}{y}$
   c) $\lg \frac{1}{\sqrt[3]{z}}$
   d) $\ln \frac{x^2 \cdot y}{z^3}$
   e) $_{3}\log \frac{5 \cdot 3^{(x^2)}}{3^x}$
   f) $_{\frac{1}{2}}\log \sqrt[3]{\frac{(y-2)^4}{2z^7}}$

2.4.6 Exponential- und Logarithmengleichungen

Mit Hilfe des logarithmischen Rechnens lassen sich die anfangs gestellten Fragen der Art, wann die Weltbevölkerung die 6 Milliardenmarke überschritten haben wird, oder wann die Seerosen den halben, ja den gesamten Weiher bedeckt haben werden, problemlos lösen. Mathematisch gesehen führt uns das auf das Lösen von Exponential- und Logarithmengleichungen. GRUNDAUFGABE 34b) auf Seite 79 stellt die Frage, nach welcher Zeit die Masse von $200 mg$ der radioaktiven Substanz, von der anfangs $400 mg$ vorlagen, unterschritten wird. Wir berechnen also die Halbwertszeit dieses Materials. Sie kann rechnerisch durch Lösen der Gleichung $200 = 400 \cdot 0,75^x$ ermittelt werden.

Es gilt: $200 = 400 \cdot 0,75^x \Longleftrightarrow 0,5 = 0,75^x \Longleftrightarrow x = _{0,75}\log 0,5 \Longleftrightarrow x = \frac{\ln 0,5}{\ln 0,75} \approx 2,4094$

Die Halbwertszeit des radioaktiven Präparates beträgt also ca. 2,4 Stunden. Nach dieser Zeit wird die Masse von $200 mg$ unterschritten.

Wir befassen uns mit weiteren Gleichungen dieser Art:

GRUNDAUFGABE 37:
Bestimmen Sie die Lösungsmenge der folgenden Gleichungen:
a) $2^x = 25$
b) $5^x = 3$
c) $10^x = 63$

d) $0,5^x = 13$ e) $10^x = -2,5$ f) $\left(\dfrac{1}{3}\right)^x = 0,4$

g) $3 \cdot 10^x = 6$ h) $\dfrac{1}{2} \cdot 2^x = -0,25$ i) $-3 \cdot e^x = -\dfrac{e}{9}$

j) $2 \cdot 3^{-x} = 0,8$ k) $-7 \cdot 10^x = 0$ l) $\sqrt{3} \cdot 7^{-2x} = 1$

m) $0,4 \cdot e^{\frac{x}{2}} = 6$ n) $\dfrac{0,2^{-\frac{x}{2}}}{2} = 3$ o) $\dfrac{1}{3} \cdot \left(\dfrac{1}{3}\right)^{-2x-1} = 9$

Anmerkungen:

zu a) Exponentialgleichungen werden mit Hilfe des Logarithmus gelöst:
$$2^x = 25 \Leftrightarrow x = {_2}\log 25 \Leftrightarrow x = \dfrac{\lg 25}{\lg 2} \approx 4,6439.$$ Die Lösungsmenge ist $L = \{4,6439\}$.

zu h) Die Gleichung wird zunächst so umgeformt, daß die Potenz allein auf einer Seite der Gleichung steht: $\dfrac{1}{2} \cdot 2^x = -0,25 \Leftrightarrow 2^x = -0,5 \Leftrightarrow x = "{_2}\log(-0,5)"$.

Die Gleichung ist nicht lösbar, denn der Logarithmus ist nur für reelle Zahlen größer Null erklärt. Die Lösungsmenge ist hier die leere Menge $L = \{\ \}$.

zu o) Die Gleichung läßt sich mit Hilfe der Potenzgesetze vereinfachen:
$$\dfrac{1}{3} \cdot \left(\dfrac{1}{3}\right)^{-2x-1} = 9 \Leftrightarrow \left(\dfrac{1}{3}\right)^1 \cdot \left(\dfrac{1}{3}\right)^{-2x-1} = 9 \Leftrightarrow \left(\dfrac{1}{3}\right)^{-2x} = 9 \Leftrightarrow 3^{2x} = 9 \Leftrightarrow 3^{2x} = 3^2 \Leftrightarrow 2x = 2$$
$\Leftrightarrow x = 1$. Die Lösungsmenge lautet $L = \{1\}$.

GRUNDAUFGABE 38:
Bestimmen Sie die Lösungsmenge der folgenden Gleichungen:

a) $5^{x-1} = 7$ b) $4 \cdot 3^{x+1} = 10$ c) $2^{1-3x} = 13$

d) $3 \cdot 8^{-x-2} = 2^5$ e) $3^{x+1} = 7^{2x}$ f) $0,2 \cdot e^x = e^{x-1}$

g) $\left(\dfrac{1}{5}\right) \cdot 5^{2x} = 4^{1-x}$ h) $\left(\dfrac{1}{2}\right)^{x-3} = \left(\dfrac{1}{3}\right)^{3-x}$ i) $5^{x+5} - \left(\dfrac{1}{3}\right)^{1-3x} = 0$

Anmerkungen:

zu c) Weisen die Exponentialgleichungen Potenzen mit komplizierteren Exponenten auf, ist eine geeignete **Substitution** empfehlenswert. Die **Substitution** $u = 1 - 3x$ führt auf die Gleichung $2^u = 13$. Damit ist $u = {_2}\log 13$. Die nachfolgende **Rücksubstitution** führt auf
$${_2}\log 13 = 1 - 3x \Leftrightarrow 3x = 1 - {_2}\log 13 \Leftrightarrow x = \dfrac{1}{3}(1 - {_2}\log 13) \Rightarrow x \approx -0,9001.$$
Die Lösungsmenge ist $L = \{-0,9001\}$.

zu e) Für das Lösen von Exponentialgleichungen mit mehr als einer Potenz gibt es zwei Möglichkeiten:
1. Möglichkeit:
Die beiden Potenzen werden zu einer Potenz zusammengefaßt. Dazu müssen Basis oder Exponent der beiden Potenzen zunächst so umgeformt werden, daß entweder Basis oder Exponent übereinstimmen:

2.4 Exponential- und Logarithmenfunktionen

$$3^{x+1} = 7^{2x} \Leftrightarrow 3^x \cdot 3 = \left(7^2\right)^x \Leftrightarrow 3^x \cdot 3 = 49^x \Leftrightarrow 3 = \frac{49^x}{3^x} \Leftrightarrow 3 = \left(\frac{49}{3}\right)^x$$

$\Leftrightarrow x = {}_{\frac{49}{3}}\!\log 3 \approx 0{,}3933$. Die Lösungsmenge lautet $L = \{0{,}3933\}$.

2. Möglichkeit:
Die linke und die rechte Seite der Exponentialgleichung wird, falls die beiden Seiten der Gleichung nur positive Werte annehmen, jeweils komplett mit Hilfe des dekadischen oder des natürlichen Logarithmus **logarithmiert**, vorausgesetzt, daß die beiden Potenzen allein - also beispielsweise nicht als Teil eines Produktes, eines Quotienten, einer Summe oder einer Differenz - auf verschiedenen Seiten der Exponentialgleichung stehen:

$$\ln\left(3^{x+1}\right) = \ln\left(7^{2x}\right) \Leftrightarrow (x+1)\cdot\ln 3 = 2x\cdot\ln 7 \Leftrightarrow x\cdot\ln 3 + \ln 3 = 2x\cdot\ln 7$$

$$\Leftrightarrow \ln 3 = 2x\cdot\ln 7 - x\cdot\ln 3 \Leftrightarrow \ln 3 = x(2\ln 7 - \ln 3) \Leftrightarrow x = \frac{\ln 3}{2\ln 7 - \ln 3} \Rightarrow x \approx 0{,}3933$$

Die Lösungsmenge lautet selbstverständlich wieder $L = \{0{,}3933\}$.

zu g) Folgende Umformung ermöglicht die beiden bei c) erwähnten Verfahren:

$\left(\dfrac{1}{5}\right)\cdot 5^{2x} = 4^{1-x} \Leftrightarrow 5^{-1}\cdot 5^{2x} = 4^{1-x} \Leftrightarrow 5^{2x-1} = 4^{1-x}$. Die Rechnung, die hier wiederum dem Leser überlassen bleibt, führt auf die Lösungsmenge $L = \{0{,}6505\}$.

GRUNDAUFGABE 39:
Bestimmen Sie die Lösungsmenge der folgenden Gleichungen:
a) $3^{2x} - 10\cdot 3^x + 9 = 0$ \qquad b) $7^{2x} - 8\cdot 7^x + 7 = 0$
c) $2^{2x} - 5\cdot 2^x + 4 = 0$ \qquad d) $2\cdot 5^{2x} - 5^{x+1} - 3 = 0$
e) $4^x + 8\cdot 4^{-x} = 6$ \qquad f) $7^x + 4 = 21\cdot 7^{-x}$

Anmerkungen:
Gleichungen dieser Form lassen sich durch geeignete **Substitution** auf *quadratische Gleichungen* überführen:
zu a) Die *Substitution* $u = 3^x$ ermöglicht folgende Umformungen:

$$3^{2x} - 10\cdot 3^x + 9 = 0 \Leftrightarrow \left(3^x\right)^2 - 10\cdot 3^x + 9 = 0 \Leftrightarrow u^2 - 10\cdot u + 9 = 0 \Leftrightarrow (u-9)(u-1) = 0$$

(VIETA!). Damit ergibt sich $u_1 = 9$ und $u_2 = 1$.
Mittels der *Rücksubstitution* $9 = 3^{x_1} \Leftrightarrow x_1 = 2$ und $1 = 3^{x_2} \Leftrightarrow x_2 = 0$ ergibt sich die Lösungsmenge $L = \{0; 2\}$.

zu d) Hier erfolgt die *Substitution* $u = 5^x$. Man erhält:

$$2\cdot 5^{2x} - 5^{x+1} - 3 = 0 \Leftrightarrow 2\cdot\left(5^x\right)^2 - 5\cdot 5^x - 3 = 0 \Leftrightarrow 2\cdot u^2 - 5u - 3 = 0$$

$$\Rightarrow u_{1,2} = \frac{5 \pm \sqrt{(-5)^2 - 4\cdot 2\cdot(-3)}}{2\cdot 2} \Rightarrow u_1 = 3 \text{ und } u_2 = -0{,}5.$$

Die nun anschließende *Rücksubstitution* erweist sich nur bei u_1 als sinnvoll:
$3 = 5^{x_1} \Leftrightarrow x_1 = {}_5\!\log 3 \Rightarrow x_1 \approx 0{,}6826$. Die Rücksubstitution bei u_2 führt auf einen Widerspruch, denn der Ausdruck "$-0{,}5 = 5^{x_2} \Leftrightarrow x_2 = {}_5\!\log(-0{,}5)$" ist bekanntlich nicht erklärt.
Die Lösungsmenge lautet $L = \{0{,}6826\}$.

zu e) Die *Substitution* $u = 4^x$ führt auch hier auf eine quadratische Gleichung:
$$4^x + 8 \cdot 4^{-x} = 6 \Leftrightarrow 4^x + 8 \cdot \frac{1}{4^x} = 6 \Leftrightarrow u + 8 \cdot \frac{1}{u} = 6 \Leftrightarrow u^2 + 8 = 6u \Leftrightarrow u^2 - 6u + 8 = 0$$
$$\Leftrightarrow (u-2)(u-4) = 0 \Longrightarrow u_1 = 2 \text{ und } u_2 = 4.$$
Die Lösungsmenge der Ausgangsgleichung erhält man durch die entsprechende *Rücksubstitution* $4^{x_1} = 2 \Leftrightarrow x_1 = 0{,}5$ und $4^{x_2} = 4 \Leftrightarrow x_2 = 1$, sie lautet $L = \{0{,}5; 1\}$.

GRUNDAUFGABE 40:
Bestimmen Sie die Definitions- und Lösungsmenge der folgenden Logarithmengleichungen:

a) $\quad _4\log\left(\frac{1}{4}x + 1\right) = -1$
b) $\quad \ln(x^2 - e) = 1$

c) $\quad 2 \cdot \lg x = \lg(x+6)$
d) $\quad _3\log(2-x) = {_3\log}(2+x) + 1$

Anmerkungen:
1) Zunächst muß man sich bei den Logarithmengleichungen um ihre *Definitionsmenge* kümmern, denn der Logarithmus ist nur für Zahlen größer Null erklärt:
zu a) Gesucht sind die x-Werte, für die gilt $\frac{1}{4}x + 1 > 0$. Lösung der Gleichung $\frac{1}{4}x + 1 = 0$ ist $x = -4$. Durch Überlegung erhält man damit den Definitionsbereich der Logarithmengleichung, nämlich $D = \{x \mid x > -4\}$.
Kontrollergebnisse zu den übrigen Aufgaben:
zu b) $D = \{x \mid x < -\sqrt{e} \text{ oder } x > \sqrt{e}\}$ **zu c)** $D = \{x \mid x > 0\}$ **zu d)** $D = \{x \mid -2 < x < 2\}$

2) Die *Lösungsmenge* von Logarithmengleichungen erhält man durch Exponieren beider Seiten der Gleichung mit der entsprechenden Basis.
zu a) Wir formen um:
$$_4\log\left(\frac{1}{4}x+1\right) = -1 \Leftrightarrow 4^{{_4\log}\left(\frac{1}{4}x+1\right)} = 4^{-1} \Leftrightarrow \frac{1}{4}x + 1 = 4^{-1} \Leftrightarrow \frac{1}{4}x = 4^{-1} - 1 \Leftrightarrow \frac{1}{4}x = \frac{1}{4} - 1$$
$$\Leftrightarrow \frac{1}{4}x = -\frac{3}{4} \Leftrightarrow x = -3.$$ Da dieser x-Wert innerhalb des Definitionsbereiches liegt, also $-3 \in D$ ist, gilt $L = \{-3\}$. Die Probe bestätigt dieses Ergebnis.

zu b)
Es ist $\ln(x^2 - e) = 1 \Leftrightarrow e^{\ln(x^2 - e)} = e^1 \Leftrightarrow x^2 - e = e \Leftrightarrow x^2 = 2e \Leftrightarrow x_{1,2} = \pm\sqrt{2e}$. Beide x-Werte liegen innerhalb der Definitionsmenge, formal ausgedrückt gilt also sowohl $\sqrt{2e} \in D$ als auch $-\sqrt{2e} \in D$. Die Lösungsmenge lautet $L = \{\pm\sqrt{2e}\}$.

zu c)
Der Einfachheit halber wird die Gleichung so umgeformt, daß die Logarithmen alleine stehen: $2 \cdot \lg x = \lg(x+6) \Leftrightarrow \lg x^2 = \lg(x+6)$.
Das Exponieren mit der Basis 10 führt auf eine quadratische Gleichung:
$$\lg x^2 = \lg(x+6) \Leftrightarrow 10^{\lg x^2} = 10^{\lg(x+6)} \Leftrightarrow x^2 = x + 6 \Leftrightarrow x^2 - x - 6 = 0 \Leftrightarrow (x-2)(x-3) = 0$$
und damit auf $x_1 = 2$ und $x_2 = 3$. Nun ist sowohl $2 \in D$ als auch $3 \in D$. Die Lösungsmenge lautet demnach $L = \{2; 3\}$.

2.4 Exponential- und Logarithmenfunktionen

zu d)
Die Logarithmen der rechten Seite dieser Gleichung werden mit Hilfe der Logarithmengesetze zusammengefaßt:
$_3\log(2-x) = {_3\log(2+x)} + 1 \Leftrightarrow {_3\log(2-x)} = {_3\log(2+x)} + {_3\log 3}$
$\Leftrightarrow {_3\log(2-x)} = {_3\log((2+x)\cdot 3)}$.

Das Exponieren zur Basis 3 führt auf die folgende Gleichung:
$_3\log(2-x) = {_3\log((2+x)\cdot 3)} \Leftrightarrow 3^{_3\log(2-x)} = 3^{_3\log((2+x)\cdot 3)} \Leftrightarrow 2-x = (2+x)\cdot 3$
$\Leftrightarrow 2-x = 6+3x \Leftrightarrow -4 = 4x \Leftrightarrow x = -1$. Es gilt $-1 \in D$ und damit $L = \{-1\}$.

Hinweis:
Der Zusammenhang zwischen der Exponential- und der entsprechenden Logarithmenfunktion als Umkehrfunktion zeigt sich auch hier innerhalb der Rechnung. Das Logarithmieren dient als Umkehrung des Exponierens $\quad 4^{_4\log a} = a;\quad e^{\ln b} = b;\quad 10^{\lg c} = c;\quad 3^{_3\log d} = d$
und umgekehrt $\quad {_4\log 4^a} = a;\quad \ln e^b = b;\quad \lg 10^c = c;\quad {_3\log 3^d} = d$.

Übungsaufgaben:

1. Bestimmen Sie die Lösungsmenge der folgenden Exponentialgleichungen:

   a) $5^x = 2$
   b) $\left(\dfrac{2}{3}\right)^x - 1 = 0$
   c) $\left(\dfrac{3}{2}\right)^x + 3 = 0$

   d) $(\sqrt{3})^x = \dfrac{1}{3}$
   e) $10^x = 0{,}6$
   f) $\left(\dfrac{1}{e}\right)^x = 0$

   g) $3 \cdot 2^x = 1{,}23$
   h) $1{,}25^x = 2{,}5$
   i) $0{,}8 \cdot 1{,}6^x = 5{,}6$

   j) $3 \cdot \left(\dfrac{3}{4}\right)^{-x} = 4{,}6$
   k) $0{,}73^{3x} = 1{,}6$
   l) $2{,}6 \cdot e^{-x} = 1{,}8$

   m) $0{,}9 \cdot \left(\dfrac{1}{10}\right)^{-x} = 0{,}45$
   n) $-\dfrac{1}{3} \cdot 3^{-2x} = 1$
   o) $-0{,}5 \cdot e^{2x} = -\dfrac{1}{5}$

2. Bestimmen Sie die Lösungsmenge folgender Gleichungen.

   a) $10^{x+1} = 3$
   b) $5^{1-3x} = 33$
   c) $e^{2-x} = \dfrac{1}{\sqrt{e}}$

   d) $2 \cdot 7^{-x-1} = 2^3$
   e) $\left(\dfrac{1}{5}\right) \cdot 3^{1+2x} = \left(\dfrac{1}{10}\right)^2$
   f) $(-2)^2 \cdot e^{x-5} = \left(-\dfrac{1}{3}\right)^3$

   g) $4^{2x} = 5^{1-x}$
   h) $\left(\dfrac{1}{2}\right)^{x-2} = \left(\dfrac{1}{3}\right)^{2-x}$
   i) $\left(\dfrac{1}{e}\right)^{2x} = (\sqrt{e})^x$

   j) $5 \cdot \left(\dfrac{2}{5}\right)^{3x} = \left(\dfrac{1}{5}\right)^{x-3}$
   k) $3^{x+3} - \left(\dfrac{1}{5}\right)^{1-5x} = 0$
   l) $2^{x+1} \cdot 3^{2x-2} = \dfrac{5^{3x+1}}{4^{4x-4}}$

3. Bestimmen Sie die Lösungsmenge der folgenden Gleichungen mittels geeigneter Substitution:

   a) $0{,}5 \cdot 2^{2x} - 5 \cdot 2^x + 8 = 0$
   b) $e^{2x} - e^x = 0$

   c) $3^x - 4 \cdot 3^{-x} = 3$
   d) $9 \cdot \left(\dfrac{1}{3}\right)^{2x} + \dfrac{26}{3^x} - 3 = 0$

   e) $\dfrac{1}{2} \cdot 5^{-x} - 3 \cdot 5^x = \dfrac{1}{2}$
   f) $3 \cdot 2^{x+2} + 5 \cdot 2^{-x} = 19$

   g) $e^{2x+1} - e^x(1 + e^3) = -e^2$
   h) $10^{2x+0{,}5} + 10^{x+1}(10\sqrt{10} - 1) = 10^3$

4. Bestimmen Sie die Definitions- und die Lösungsmenge der folgenden Gleichungen:
   a) $_3\log(3x-5) = -2$
   b) $_5\log(x^2 - 4{,}8) = -1$
   c) $2 \cdot _{0{,}5}\log(\sqrt{2}x) = _{0{,}5}\log(5x+3)$
   d) $\frac{1}{2} + {}_4\log(x-1) = {}_4\log(4-x)$
   e) $_2\log 6 + {}_2\log x - {}_2\log(5x-1) = 0$
   f) $\ln x + \ln(x - 2e) = 2 + \ln 3$

5. Zeichnen Sie mit Hilfe einer Wertetabelle das Schaubild der Funktion f. Zeichnen Sie dann - ohne Zuhilfenahme einer weiteren Wertetabelle - die Schaubilder der Funktionen g und h in dasselbe Koordinatensystem. Begründen Sie Ihr Vorgehen. Geben Sie für alle Funktionen den jeweiligen Definitions- und Wertebereich an.

   a) $f : x \to 1{,}5^x$ $\qquad g : x \to \left(\frac{2}{3}\right)^x$ $\qquad h : x \to {}_{1{,}5}\log x$

   b) $f : x \to \left(\frac{5}{4}\right)^x$ $\qquad g : x \to (0{,}8)^x$ $\qquad h : x \to {}_{0{,}8}\log x$

   c) $f : x \to e^{-0{,}5x}$ $\qquad g : x \to e^{0{,}5x}$ $\qquad h : x \to {}_{\frac{1}{\sqrt{e}}}\log x$

   d) $f : x \to -\left(\frac{e}{2}\right)^x$ $\qquad g : x \to \left(\frac{2}{e}\right)^x$ $\qquad h : x \to {}_{\frac{2}{e}}\log x$

6. Bestimmen Sie den maximalen Definitionsbereich D, den Wertebereich W, und die Umkehrfunktion der folgenden Funktionen. Zeichnen Sie Schaubilder.
   a) $f : x \to 3^{x+2}$
   b) $f : x \to 2 \cdot e^{x-1}$
   c) $f : x \to \frac{1}{3} \cdot {}_2\log x + 1$
   d) $f : x \to e^x \cdot e^{-3x}$
   e) $f : x \to \frac{e^x}{e^{3x+2}}$
   f) $f : x \to \frac{1}{2} \cdot \ln(x-2)$

2.4.7 Die natürliche Logarithmenfunktion und ihr Schaubild

Insbesondere soll an dieser Stelle die Logarithmenfunktion zur Basis e hervorgehoben werden. Entsprechend der natürlichen Exponentialfunktion wird diese Funktion auch natürliche Logarithmenfunktion genannt.

GRUNDAUFGABE 41:
Bestimmen Sie den Definitionsbereich der folgenden Funktionen und zeichnen Sie jeweils ihr Schaubild:
a) $f : x \to \ln x$
b) $f : x \to \ln(-x)$
c) $f : x \to \ln x + 1$
d) $f : x \to \ln(x+1)$

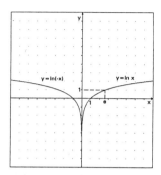
Bild 2.31: Schaubilder zu Aufgaben a) und b)

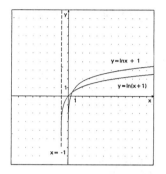
Bild 2.32: Schaubilder zu Aufgaben c) und d)

Merke 2.32:
Die Logarithmenfunktion mit der EULERschen Zahl e als Basis, also die Funktion der Form
$\boxed{f:x \rightarrow \ln x}$ ($D = /R^+$) heißt **natürliche Logarithmenfunktion**.
Sie ist wie alle Logarithmenfunktionen mit der Basis $a > 1$ **streng monoton wachsend**.

Anmerkungen:
zu b) Der Definitionsbereich ist hier $D = /R^-$. Das Schaubild der Funktion $f_2:x \rightarrow \ln(-x)$ geht aus dem der Funktion $f_1:x \rightarrow \ln x$ durch Spiegelung an der y-Achse hervor, denn es gilt $f_2(-x) = f_1(x)$.

zu c) Der Definitionsbereich ist $D = /R^+$. Das Schaubild der natürlichen Logarithmenkurve $y = \ln x$ wird um eine Einheit nach oben verschoben.

zu d) Der Definitionsbereich ist $D = \{x | x > -1\}$. Das Schaubild dieser Funktion entsteht aus der natürlichen Logarithmenkurve durch Verschiebung um eine Einheit nach links.

2.4.8 Zusammenhang zwischen der allgemeinen und der natürlichen Exponentialfunktion

Mit Hilfe des logarithmischen Rechnens lassen sich alle Exponentialfunktionen der Form $f:x \rightarrow y_0 \cdot a^x$ in Exponentialfunktionen der Form $f:x \rightarrow y_0 \cdot e^{k \cdot x}$, also in solche mit der Basis e, umschreiben. Zwischen der Basis a und der Zahl k läßt sich der folgende Zusammenhang erschließen:

$$y_0 \cdot a^x = y_o \cdot e^{k \cdot x} \Leftrightarrow a^x = e^{k \cdot x} \Leftrightarrow a^x = \left(e^k\right)^x \Leftrightarrow a = e^k \Leftrightarrow \ln a = \ln e^k \Leftrightarrow \ln a = k \cdot \ln e \Leftrightarrow k = \ln a$$

Da - wie im vorangehenden Kapitel gezeigt - die natürliche Logarithmenkurve für die x-Werte $0 < x < 1$ unterhalb der x-Achse, für die x-Werte $x > 1$ oberhalb der x-Achse verläuft gilt $k > 0 \Leftrightarrow a > 1$ und $k < 0 \Leftrightarrow 0 < a < 1$. Demnach unterscheidet nun die Zahl k, ob ein exponentielles Wachstum oder ein exponentieller Zerfall vorliegt.

Wir fassen zusammen:

> **Merke 2.33:**
> **Exponentielles Wachstum** läßt sich kennzeichnen durch eine Funktion der Form
> $\boxed{f:x \to y_0 \cdot e^{kx}}$ (mit $D = /\!R$ und $\boxed{k > 0}$),
> **exponentieller Zerfall** durch eine Funktion der Form
> $\boxed{f:x \to y_0 \cdot e^{kx}}$ (mit $D = /\!R$ und $\boxed{k < 0}$).
> Dabei nennt man die Konstante k die **Wachstums-** bzw. **Zerfallskonstante**.
> Der Wert y_0 wird nach wie vor als **Anfangswert** bezeichnet, denn es gilt wiederum
> $f(0) = y_0 \cdot e^{k \cdot 0} = y_0$.

Die Gleichungen der Funktionen aus GRUNDAUFGABE 34 auf der Seite 79 lassen sich nun folgendermaßen in der Form $f:x \to y_0 \cdot e^{kx}$ darstellen:

		$f:x \to y_0 \cdot a^x$	$f:x \to y_0 \cdot e^{kx}$
a)	Versuch mit Coli-Bakterien:	$f:x \to 5000 \cdot 1,1^x$ $a = 1,1$ Wachstumsfaktor	$f:x \to 5000 \cdot e^{0,0953 x}$ $k = 0,0953$ Wachstumskonstante
b)	Radioaktive Substanz	$f:x \to 400 \cdot 0,75^x$ $a = 0,75$ Zerfallsfaktor	$f:x \to 400 \cdot e^{-0,2877 x}$ $k = -0,2877$ Zerfallskonstante
c)	Versuch mit Mäusen	$f:x \to 300 \cdot 1,6^x$ $a = 1,6$ Wachstumsfaktor	$f:x \to 300 \cdot e^{0,4700 x}$ $k = 0,4700$ Wachstumskonstante

Alle anstehenden Fragen lassen sich genauso beantworten:
zu a) $f(12) = 5000 \cdot e^{0,0953 \cdot 12} \approx 15690$ (Anzahl der Bakterien nach 60 Minuten)
zu b) $200 = 400 \cdot e^{-0,2877 \cdot x} \Leftrightarrow 0,5 = e^{-0,2877 \cdot x} \Leftrightarrow \ln 0,5 = \ln\left(e^{-0,2877 \cdot x}\right) \Leftrightarrow \ln 0,5 = -0,2877 \cdot x$

$\Leftrightarrow x = \dfrac{\ln 0,5}{-0,2877} \approx 2,41$ (Halbwertszeit der radioaktiven Substanz)

zu c) $f(6) = 300 \cdot e^{0,4700 \cdot 6} \approx 5033$ (Anzahl der Mäuse nach einem halben Jahr)

Übungsaufgaben:
1. Schreiben Sie die Funktionsgleichungen aller **Übungsaufgaben** auf der Seite 81 des Kapitels **Wachstums- und Zerfallsprozesse** um in Exponentialfunktionen mit Basis e. Bestimmen Sie den Wachstums- bzw. Zerfallsfaktor, die Wachstums bzw. Zerfallskonstante. Beantworten Sie nun alle gestellten Fragen rechnerisch.

2. Die Halbwertszeit des Kohlenstoff-Isotops ^{14}C beträgt 5730 Jahre. Bestimmen Sie den Zerfallsfaktor a für das Zerfallsgesetz $C(t) = C_0 \cdot a^t$ (mit t in 100 Jahresschritten). I_0 beschreibe die ursprüngliche Zahl der Atome.
Wieviel Prozent der ursprünglichen Stoffmenge zerfällt jeweils in 50, 100, 500, 1000 Jahren?
Wieviele Jahre dauert es, bis nur noch 10% der ursprünglichen Strahlungskraft vorhanden ist?

2.4 Exponential- und Logarithmenfunktionen

3. Vor der Erfindung des Buchdruckes wurden Bibeln handschriftlich vervielfältigt. Ein Mönch benötigte für die Abschrift einer Bibel 12 Jahre. Nach Abschluß der Arbeit wird jedes Exemplar auf dieselbe Art vervielfältigt.
  a) Wieviele Bibeln existieren, ausgehend von einem Ursprungsexemplar, nach 132 Jahren?
  b) Durch welche Funktion der Form $B: t \to B_0 \cdot a^x$ läßt sich die Anzahl der Bibeln (in Abhängigkeit der Zeit t in Jahren) beschreiben?
  c) Nach wievielen Jahren wird die Anzahl von 1000 Bibeln erreicht?

4. Dringt Licht in Wasser ein, so verliert es durch Absorption mit zunehmender Wassertiefe an Intensität. Sie nimmt pro Meter in reinem Meerwasser um 75% des ursprünglichen Wertes ab.
  a) Bestimmen Sie den Zerfallsfaktor a für das Zerfallsgesetz $I(s) = I_0 \cdot a^s$ mit s in Meter.
  b) Wieviel Prozent der ursprünglichen Intensität sind nach $5m$ Tiefe noch vorhanden?
  c) In welcher Tiefe beträgt die Lichtintensität weniger als 1% der ursprünglichen Intensität?
  d) Bestimmen Sie die Zerfallskonstante und stellen Sie ein entsprechendes Zerfallsgesetz auf.

5. Bei einer bakteriellen Untersuchung von verseuchtem Abwasser wurden Wasserproben auf eine Nährsubstanz gebracht. Die Vermehrung einer bestimmten Bakterienart wurde durch Auszählen in bestimmten Zeitintervallen ermittelt.
  a) Nach einer Stunde wurden 750 Bakterien, nach einer weiteren Stunde bereits 1000 Bakterien gezählt. Wieviele Bakterien enthielt die Wasserprobe zu Beginn der Untersuchung?
  b) Stellen Sie die Funktionsgleichung $f: t \to y_0 \cdot e^{kt}$ auf und ermitteln Sie die prozentuale Zunahme der Bakterien pro Minute.
  c) Nach welcher Zeit hat sich die Anzahl der Bakterien verdoppelt, vervierfacht?

6. Der Holzbestand eines Waldes wächst näherungsweise exponentiell.
Es wird das Wachstum zweier vergleichbarer Waldbestände von je 60000 Festmeter in unterschiedlicher Lage untersucht.
  a) Auf welchen Bestand wächst der in idyllisch ländlicher Umgebung liegende Wald A bei einer jährlichen Wachstumsrate von 4% in 50 Jahren an, wenn über den gesamten Zeitraum kein Holz geschlagen wird? Nach welcher Zeit verdoppelt sich dieser Waldbestand?
  Stellen Sie das Wachstumsgesetz in der Form $W_A(t) = W_{A_0} \cdot e^{kt}$ mit t in Jahren auf.
  b) Das Wachstum des Waldes B wird durch die schädlichen Abgase des in der Nähe liegenden Industriekonzerns stark beeinträchtigt. Der Bestand verdoppelt sich erst nach 25 Jahren. Wie hoch beträgt jetzt die prozentuale Zunahme pro Jahr? Stellen Sie ein entsprechendes Wachstumsgesetz auf.

7. Eine Population von Insekten besteht heute (1993) aus $4,8 \cdot 10^5$ Individuen. Vor zwei Jahren waren es noch $7,2 \cdot 10^5$ Individuen.
  a) Im einen Fall wird vorausgesetzt, daß die Abnahme der Population gleichmäßig geschieht (lineare Abnahme). Wann wird diese Population dann verschwunden sein?
  b) Im anderen Fall nimmt die Population nach der Gesetzmäßigkeit $P(t) = P_0 \cdot e^{-kt}$ (mit t in Jahren) ab. Wann sind dann etwa nur noch 10% der heutigen Population vorhanden?
  c) Wieviele Individuen müßten jeweils anfangs vorhanden sein, damit die Population in beiden Fällen nach 5 Jahren noch $3,2 \cdot 10^5$ Insekten zählen würde?

8. Der Luftdruck in der Erdatmosphäre nimmt mit zunehmender Höhe bei einer Temperatur von $0°C$ nach der Barometrischen Höhenformel $P(s) = P_0 \cdot e^{-k \cdot s}$ ab. Dabei ist $k = 0,000125 m^{-1}$, mit P_0 wird der Luftdruck am Boden bezeichnet.
  a) Der Luftdruck in $0\,m$ Höhe betrage $1\,bar$ ($=10^5\,Pascal = 10^5 \frac{N}{m^2}$).
  In welcher Höhe wird ein Luftdruck von $0,4\,bar$ gemessen?
  b) Wie groß ist der Luftdruck in $5000\,m$, $10000\,m$, $15000\,m$ Höhe?
  c) Berechnen Sie die prozentuale Abnahme des Luftdruckes pro Kilometer.

2.5 Trigonometrische Funktionen

Grundlage trigonometrischer Berechnungen ist das rechtwinklige Dreieck. Ein Dreieck heißt rechtwinklig, wenn es einen rechten Winkel besitzt, also einen Winkel mit dem Winkelmaß $90°$.

Es gelten folgende Bezeichnungen:

Merke 2.34:
Die Seiten des **rechtwinkligen Dreiecks**, die dem rechten Winkel anliegen, heißen **Katheten**, die Seite, die dem rechten Winkel gegenüberliegt, heißt **Hypotenuse** des rechtwinkligen Dreiecks.

GRUNDAUFGABE 42:
Zeichnen Sie zwei rechtwinklige unterschiedliche Dreiecke, die in einem spitzen Winkel, also einem Winkel α mit $0° < \alpha < 90°$ (z.B. $\alpha = 40°$) übereinstimmen.

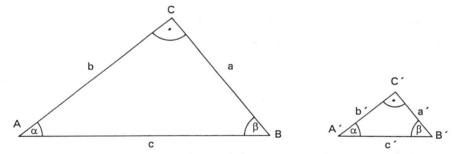

Bild 2.33: Bezeichnungen am rechtwinkligen Dreieck

Anmerkungen:
1) Die Winkel eines Dreiecks mit den Eckpunkten A, B und C werden mit griechischen Buchstaben α, β und γ (hier ist $\gamma = 90°$), die Seiten des Dreiecks mit lateinischen Buchstaben a, b und c bezeichnet (vgl. **Bild 2.33**).
2) **Ankathete und Gegenkathete** werden nun in Abhängigkeit eines spitzen Winkels des rechtwinkligen Dreiecks erklärt. So ist die *Seite a Gegenkathete des Winkels* α (also die Kathete, die dem Winkel α gegenüberliegt), die *Seite b*, die Seite also, die dem Winkel α anliegt, heißt *Ankathete des Winkels* α, hingegen ist die Seite *a Ankathete des Winkels* β, die Seite *b* heißt *Gegenkathete des Winkels* β im oben gezeichneten Dreieck.
3) Die **Seitenverhältnisse** in einem rechtwinkligen Dreieck hängen nur von einem der spitzen Winkel α (also $0° < \alpha < 90°$) ab. In allen rechtwinkligen Dreiecken, die in einem spitzen Winkel übereinstimmen, sind die Verhältnisse entsprechender Seiten also gleich. Damit werden die drei wichtigsten Winkelfunktionen *Sinus*, *Kosinus* und *Tangens* definiert:

2.5 Trigonometrische Funktionen

Definition 2.6:
Ist der Winkel α ein spitzer Winkel im rechtwinkligen Dreieck ABC, so setzt man:

$$\boxed{\frac{\text{Gegenkathete von } \alpha}{\text{Hypotenuse}} = \sin \alpha}, \quad \boxed{\frac{\text{Ankathete von } \alpha}{\text{Hypotenuse}} = \cos \alpha} \quad \text{und}$$

$$\boxed{\frac{\text{Gegenkathete von } \alpha}{\text{Ankathete von } \alpha} = \tan \alpha}$$

Die trigonometrischen Funktionen dienen als Hilfsmittel bei Berechnungen am rechtwinkligen Dreieck:

GRUNDAUFGABE 43:
a) In einem rechtwinkligen Dreieck mit $\chi = 90°$ ist $a = 4cm$ und $b = 3cm$. Berechnen Sie die fehlenden Seiten und Winkel.
b) Von einem rechtwinkligen Dreieck mit $\chi = 90°$ ist die Kathetenlänge $b = 3cm$, sowie der Winkel $\alpha = 70°$ gegeben. Berechnen Sie die fehlenden Seiten und Winkel des Dreiecks, sowie seinen Flächeninhalt.
c) Ein gleichschenkliges Dreieck (vgl. **Bild 2.36** auf der Seite 100) mit dem Winkel $\beta = 42°$ an der Spitze hat einen Flächeninhalt von $A = 12,5cm^2$. Welche Schenkellänge a ergibt sich daraus?

Anmerkungen:
zu a)

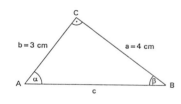

Bild 2.34: Beispiel a)

Berechnung der Seite c (Satz von PYTHAGORAS):
$$c = \sqrt{a^2 + b^2} = \sqrt{16cm^2 + 9cm^2} = 5cm$$
Berechnung des Winkels α (Winkelfunktion Tangens):
$$\tan \alpha = \frac{a}{b} = \frac{4cm}{3cm} = \frac{4}{3} \Rightarrow \alpha \approx 53,13°$$
Taschenrechner: ($\boxed{\text{Inv}}$ $\boxed{\text{tan}}$!)
Berechnung des Winkels β (Winkelsumme im Dreieck):
$$\beta = 180° - (90° + \alpha) \approx 36,87°$$

zu b) (vgl. **Bild 2.35**)
Berechnung der Seite c: $\cos \alpha = \dfrac{b}{c} \Leftrightarrow c = \dfrac{b}{\cos \alpha} = \dfrac{3cm}{\cos 70°} \Rightarrow c \approx 8,77cm$

Berechnung der Seite a: $\tan \alpha = \dfrac{a}{b} \Leftrightarrow a = b \cdot \tan \alpha = 3cm \cdot \tan 70° \approx 8,24cm$

Berechnung des Winkels β :(Winkelsumme im Dreieck): $\beta = 180° - (90° + \alpha) = 20°$

Berechnung des Flächeninhaltes A: $A = \dfrac{1}{2} \cdot a \cdot b = \dfrac{1}{2} \cdot 3cm \cdot \tan 70° \cdot 3cm \approx 12,36cm^2$

zu c) (vgl. **Bild 2.36**)
Durch Einzeichnen der Höhe h zu einem der beiden Schenkel a des Dreiecks ergeben sich zwei rechtwinklige Dreiecke.
Nun gilt einerseits $A = \dfrac{a \cdot h}{2}$ [1] und andererseits $\sin \beta = \dfrac{h}{a} \Leftrightarrow h = a \cdot \sin \beta$ [2].

[2] in [1] liefert dann: $A = \dfrac{a^2 \sin \beta}{2} \Leftrightarrow a^2 = \dfrac{2A}{\sin \beta} \Rightarrow a = \sqrt{\dfrac{2A}{\sin \beta}} = \sqrt{\dfrac{25 cm^2}{\sin 42°}} \approx 6,11 cm$

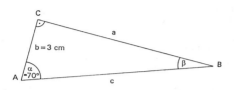

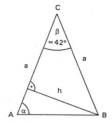

Bild 2.35: Beispiel b)   **Bild 2.36**: Beispiel c)

Hinweis:
Es ist empfehlenswert erst am Ende der Rechnung zu runden. Das Ergebnis wird dadurch genauer.

Übungsaufgaben:

1. Berechnen Sie die fehlenden Seiten und Winkel des rechtwinkligen Dreiecks ABC.
   a) $c = 4cm \quad \alpha = 36,5°$ b) $a = 5cm \quad b = 7cm$ c) $c = 9cm \quad a = 4cm$
   d) $a = 5,82cm \quad \alpha = 22°$ e) $a = 3,8cm \quad \beta = 28,6°$ f) $b = 6,8cm \quad \alpha = 43,7°$

2. Berechnen Sie die fehlenden Seiten und Winkel des gleichschenkligen Dreiecks ABC (vgl. **Bild 2.36**).
   a) $a = 9cm \quad \alpha = 69,45°$ b) $a = 51cm \quad \beta = 37,9°$ c) $b = 1,82m \quad \alpha = 65,4°$
   d) $b = 9,7cm \quad \beta = 58°$ e) $a = 8,5cm \quad b = 4cm$ f) $h = 6,7cm \quad \alpha = 47,47°$

3. a) Die Höhe h eines **beliebigen Dreiecks** ABC auf die Grundseite c, teilt diese in zwei Abschnitte, genannt p und q (vgl. **Bild 2.37**).

   Zeigen Sie, daß hier gilt:
   $$p = \dfrac{b^2 + c^2 - a^2}{2c} \quad \text{und} \quad q = \dfrac{a^2 + c^2 - b^2}{2c}$$

   (*Hinweis:* Die Höhe des Dreiecks teilt dieses in zwei *rechtwinklige* Dreiecke, beachten Sie $q = c - p$.)

   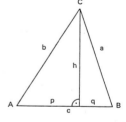

   Bild 2.37: Beliebiges Dreieck

   b) Das Dreieck aus Teilaufgabe a) sei nun speziell ein **rechtwinkliges Dreieck** ($\chi = 90°$). (Die Abschnitte p und q heißen nun Hypotenusenabschnitte). Beweisen Sie - mit Hilfe der Teilaufgabe a) -, daß hier gilt: $a^2 = c \cdot q$ und $b^2 = c \cdot p$ (**Kathetensatz**)
   c) Zeigen Sie: In jedem **rechtwinkligen Dreieck** (vgl. Teilaufgabe b)) gilt:
   $h^2 = p \cdot q$ (**Höhensatz**).

4. Welchen Flächeninhalt hat ein Parallelogramm (vgl. **Bild 2.38**) mit
   a) $a = 7cm \quad d = 9cm \quad \alpha = 60°$ b) $a = 10m \quad b = 6,5m \quad \beta = 125°$.

5. Die parallelen Seiten eines gleichschenkligen Trapezes (vgl. **Bild 2.39**) messen $5cm$ und $2,5cm$, die beiden anderen Seiten sind $6cm$ lang. Berechnen Sie alle Winkel dieses Vierecks.

2.5 Trigonometrische Funktionen

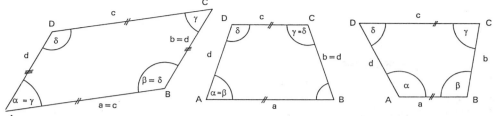

Bild 2.38: Parallelogramm **Bild 2.39**: Gleichschenkliges Trapez **Bild 2.40**: Allgemeines Trapez

6. Die Sparren eines Satteldaches weisen eine Schräge von 42° auf. Wie hoch liegt der First dieses Daches oberhalb des 8,4m breiten Dachbodens?

7. Eine Straße steigt geradlinig unter einem Winkel von 5,8° an. Auf der Straße steht ein Kilometerstein. Es soll auf der Straße eine Meßstange so gesetzt werden, daß zwischen ihrem Fußpunkt und dem Kilometerstein ein Höhenunterschied von 64,3m besteht. Wie weit muß die Stange vom Kilometerstein entfernt sein?

8. Beim Bau einer Neubaustrecke der deutschen Bundesbahn muß ein 8m tiefer Graben ausgehoben werden, dessen Sohle eine Breite von 50m betragen soll. Die beiden Böschungswinkel sollen jeweils einen Winkel von 32° aufweisen. Berechnen Sie die obere Breite des Grabens und die der beiden Böschungskanten. Welcher Erdaushub ist auf einer Strecke von 3km erforderlich?

9. Ein Wolkenkratzer und ein Hochhaus befinden sich in derselben Horizontalebene. Das Dach des Hochhauses erscheint vom Dach des Wolkenkratzers aus gesehen unter einem Tiefenwinkel von $\alpha = 22,8°$. Betrachtet man das Hochhaus von einem Stockwerk des Wolkenkratzers, das sich 60m unter dem Dach befindet, so erscheint Dach und Fußpunkt des Hochhauses unter den Tiefenwinkeln $\beta = 12,4°$ und $\chi = 18,6°$.
   a) Fertigen Sie eine Skizze an und berechnen Sie die Höhe des Hochhauses und die des Wolkenkratzers.
   b) Unter welchem Sehwinkel erscheint der Wolkenkratzer vom Dach des Hochhauses aus?
   c) Wie weit sind Hochhaus und Wolkenkratzer voneinander entfernt?

2.5.1 Die trigonometrischen Funktionen Sinus und Kosinus

2.5.1.1 Veranschaulichung der Winkelfunktionen Sinus und Kosinus am Einheitskreis

Am rechtwinkligen Dreieck ABC konnten die Winkelfunktionen Sinus, Kosinus und Tangens für Winkel α mit $0° < \alpha < 90°$ erklärt werden. Um nun auch diese Winkelfunktionen für Winkel $\alpha \geq 90°$ zuzulassen, muß man sich um eine neue Darstellung bemühen, bei der die bisherigen Ergebnisse ihre Gültigkeit bewahren. So kann man mit Hilfe eines **Einheitskreises**, eines Kreises um den Ursprung des Koordinatensystems mit der Maßzahl 1 als Radius ($r = 1LE$), den Definitionsbereich der Winkelfunktionen auf $0° \leq \alpha \leq 360°$ erweitern:

Zu jedem Winkel α mit $0° \leq \alpha \leq 360°$ gibt es genau einen zu α gehörenden Punkt P auf dem Einheitskreis. Die Abszisse dieses Punktes nennt man den *Kosinus* von α, die Ordinate dieses Punktes ist der *Sinus* von α.

Es gilt:

Ein Punkt P des Einheitskreises hat die Koordinaten $P(\cos\alpha | \sin\alpha)$, wobei mit dem Winkel α der Winkel zwischen der x-Achse und der Halbgeraden OP gemeint ist.

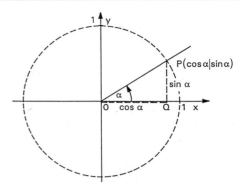

Bild 2.41: Sinus und Kosinus am Einheitskreis

Anmerkung:
Gilt nun speziell $0° < \alpha < 90°$, so lassen sich die Winkelfunktionen am rechtwinkligen Dreieck OQP im bisherigen Sinne deuten:

$$\sin\alpha = \frac{\overline{PQ}}{\overline{OP}} = \frac{\overline{PQ}}{1} = \overline{PQ} \text{ und } \cos\alpha = \frac{\overline{OQ}}{\overline{OP}} = \frac{\overline{OQ}}{1} = \overline{OQ}.$$

2.5.1.2 Wichtige Eigenschaften der Sinus- und der Kosinusfunktion

Am Einheitskreis lassen sich wichtige Eigenschaften der Winkelfunktionen Sinus und Kosinus anschaulich begründen.

Vergleicht man die Abszissen und die Ordinaten der Punkte P, Q, R und S, so gilt einerseits *(Ordinatenvergleich)*

$$\sin\alpha = \sin(180°-\alpha),$$
$$\sin\alpha = -\sin(180°+\alpha) \text{ und}$$
$$\sin\alpha = -\sin(360°-\alpha)$$

und andererseits *(Abszissenvergleich)*

$$\cos\alpha = -\cos(180°-\alpha),$$
$$\cos\alpha = -\cos(180°+\alpha) \text{ und}$$
$$\cos\alpha = \cos(360°-\alpha).$$

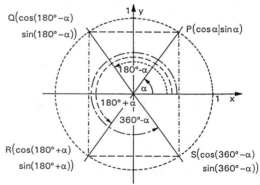

Bild 2.42: Wichtige Eigenschaften der Winkelfunktionen Sinus und Kosinus

Darüber hinaus folgt aus dem Satz von PYTHAGORAS: $(\sin\alpha)^2 + (\cos\alpha)^2 = 1$

2.5.1.3 Wichtige Sinus- und Kosinuswerte

Die Sinus- und Kosinuswerte lassen sich mit Hilfe des Taschenrechners [sin] bzw. [cos] ermitteln. Diese Werte sind jedoch gerundet. Deshalb ist es empfehlenswert, sich die wichtigen Funktionswerte, die sich exakt angeben lassen, einzuprägen.
Unter der Berücksichtigung der wichtigen Eigenschaften der Winkelfunktionen und ihre Veranschaulichung am Einheitskreis reduziert sich die Anzahl dieser Werte auf jeweils drei, näm-

2.5 Trigonometrische Funktionen

lich die für die Winkelmaße $\alpha = 30°$, $\alpha = 45°$ und $\alpha = 60°$. Die übrigen Werte ergeben sich zwangsläufig.

Fall 1: $\alpha = 30°$:
Der Punkt P wird an der x-Achse gespiegelt. Es entsteht ein gleichseitiges Dreieck OQP mit der Seitenlänge $a = 1$, dessen Höhe sich über den Satz des PYTHAGORAS ermitteln läßt:

$$h^2 + \left(\frac{1}{2}\right)^2 = 1^2 \Leftrightarrow h^2 + \frac{1}{4} = 1 \Leftrightarrow h^2 = \frac{3}{4} \Leftrightarrow h = \sqrt{\frac{3}{4}}$$

$\Rightarrow h = \frac{1}{2}\sqrt{3}$. Damit ergibt sich:

$$\sin 30° = \frac{1}{2} \quad \text{und} \quad \cos 30° = \frac{1}{2}\sqrt{3}$$

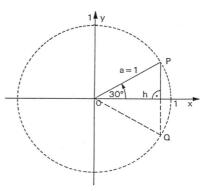

Bild 2.43: Winkelwerte für $\alpha = 30°$

Fall 2: $\alpha = 45°$:
Das Dreieck OQP ist ein gleichschenklig rechtwinkliges Dreieck, denn die beiden Basiswinkel betragen jeweils $\alpha = 45°$. Die beiden Schenkel a dieses Dreiecks lassen sich wiederum mit Hilfe des Satzes des PYTHAGORAS ermitteln:

$$a^2 + a^2 = 1 \Leftrightarrow 2a^2 = 1 \Leftrightarrow a^2 = \frac{1}{2} \Leftrightarrow a = \sqrt{\frac{1}{2}}$$

$\Rightarrow a = \frac{1}{2}\sqrt{2}$. Damit ergibt sich:

$$\sin 45° = \cos 45° = \frac{1}{2}\sqrt{2}$$

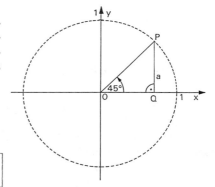

Bild 2.44: Winkelwerte für $\alpha = 45°$

Fall 3: $\alpha = 60°$:
Das Dreieck OQP ist die Hälfte des gleichseitigen Dreiecks OEP mit $E(1|0)$. Es ergibt sich sogleich: $\overline{OQ} = \frac{1}{2}$. Mit Hilfe des Satzes des PYTHAGORAS gilt:

$$\left(\overline{OQ}\right)^2 + \left(\overline{QP}\right)^2 = 1 \Leftrightarrow \left(\overline{QP}\right)^2 = 1 - \left(\overline{OQ}\right)^2$$

$$\Leftrightarrow \overline{QP} = \sqrt{1 - \left(\overline{OQ}\right)^2} \Rightarrow \overline{QP} = \sqrt{1 - \left(\frac{1}{2}\right)^2} = \sqrt{\frac{3}{4}}$$

$= \frac{1}{2}\sqrt{3}$. Damit ist:

$$\sin 60° = \frac{1}{2}\sqrt{3} \quad \text{und} \quad \cos 60° = \frac{1}{2}$$

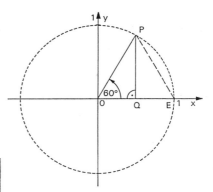

Bild 2.45: Winkelwerte für $\alpha = 60°$

Die folgenden Sinus- und Kosinuswerte lassen sich nun daraus ableiten:

α	0°	30°	45°	60°	90°	120°	135°	150°
$\sin \alpha$	0	$\frac{1}{2}$	$\frac{1}{2}\sqrt{2}$	$\frac{1}{2}\sqrt{3}$	1	$\frac{1}{2}\sqrt{3}$	$\frac{1}{2}\sqrt{2}$	$\frac{1}{2}$
$\cos \alpha$	1	$\frac{1}{2}\sqrt{3}$	$\frac{1}{2}\sqrt{2}$	$\frac{1}{2}$	0	$-\frac{1}{2}$	$-\frac{1}{2}\sqrt{2}$	$-\frac{1}{2}\sqrt{3}$

180°	210°	225°	240°	270°	300°	315°	330°	360°
0	$-\frac{1}{2}$	$-\frac{1}{2}\sqrt{2}$	$-\frac{1}{2}\sqrt{3}$	-1	$-\frac{1}{2}\sqrt{3}$	$-\frac{1}{2}\sqrt{2}$	$-\frac{1}{2}$	0
-1	$-\frac{1}{2}\sqrt{3}$	$-\frac{1}{2}\sqrt{2}$	$-\frac{1}{2}$	0	$\frac{1}{2}$	$\frac{1}{2}\sqrt{2}$	$\frac{1}{2}\sqrt{3}$	1

Beispiele:

a) $\sin 240° = \sin(180° + 60°) = -\sin(60°) = -\frac{1}{2}\sqrt{3}$

b) $\cos 315° = \cos(360° - 45°) = \cos(45°) = \frac{1}{2}\sqrt{2}$

2.5.2 Die trigonometrische Funktion Tangens

2.5.2.1 Veranschaulichung der Winkelfunktion Tangens am Einheitskreis

Am rechtwinkligen Dreieck läßt sich der folgende Zusammenhang zwischen den Winkelfunktionen Sinus und Kosinus erkennen:

$$\tan \alpha = \frac{\sin \alpha}{\cos \alpha} = \frac{\frac{\text{Gegenkathete von } \alpha}{\text{Hypotenuse}}}{\frac{\text{Ankathete von } \alpha}{\text{Hypotenuse}}} = \frac{\text{Gegenkathete von } \alpha}{\text{Ankathete von } \alpha}.$$

So wird der *Tangens* eines Winkels α als Quotient aus den Winkelfunktionen Sinus und Kosinus erklärt, vorausgesetzt der Nenner wird nicht Null. Das führt auf die Definition:

Definition 2.7:

Für $0° \leq \alpha \leq 360°$ und $\alpha \neq 90°$, $\alpha \neq 270°$ gilt: $\boxed{\tan \alpha = \frac{\sin \alpha}{\cos \alpha}}$

Am Einheitskreis gelingt nun für die Winkelfunktion Tangens die folgende Veranschaulichung:

2.5 Trigonometrische Funktionen

Dieses Verhältnis läßt sich mit Hilfe des Strahlensatzes an den beiden Dreiecken OQP und OER verdeutlichen:

$$\frac{\overline{QP}}{\overline{OQ}} = \frac{\overline{ER}}{\overline{OE}} \Leftrightarrow \frac{\sin\alpha}{\cos\alpha} = \frac{\tan\alpha}{1} \Rightarrow \tan\alpha = \overline{ER}$$

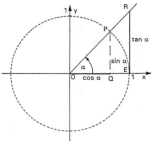

Bild 2.46: Tangens am Einheitskreis

Anmerkungen:

1) Für $0° < \alpha < 90°$ entspricht der *Tangenswert* des Winkels α der Länge $\overline{ER}$ im rechtwinkligen Dreieck OER, für das speziell gilt $\alpha = \angle EOR$ und $\overline{OE} = 1$, denn $\tan\alpha = \dfrac{\overline{ER}}{1} = \overline{ER}$.

2) Der *Strahlensatz* ermöglicht aber auch die Veranschaulichung der Tangenswerte am Einheitskreis für den erweiterten Definitionsbereich des Winkels α mit $0° \leq \alpha \leq 360°$, wobei jedoch $\alpha \neq 90°$ und $\alpha \neq 270°$ gelten muß:

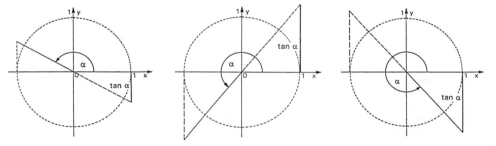

Bild 2.47: Veranschaulichung des Tangens am Einheitskreis für $90° < \alpha < 180°$

Bild 2.48: Veranschaulichung des Tangens am Einheitskreis für $180° < \alpha < 270°$

Bild 2.49: Veranschaulichung des Tangens am Einheitskreis für $270° < \alpha < 360°$

Hinweis:

In diesem Zusammenhang wird die Bezeichnung **Tangens** verständlich: Die Gerade, die durch die beiden Punkte E und P verläuft, berührt (*tangere* (lat.): berühren) den Einheitskreis im Punkt E.

2.5.2.2 Wichtige Eigenschaften der Tangensfunktion

Erneut lassen sich am Einheitskreis wichtige Eigenschaften der Winkelfunktion Tangens begründen:

Vergleicht man die Ordinaten der Punkte P, Q, R und S, so gilt:

$$\tan\alpha = -\tan(180°-\alpha),$$
$$\tan\alpha = \tan(180°+\alpha) \text{ und}$$
$$\tan\alpha = -\tan(360°-\alpha)$$

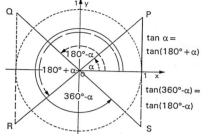

Bild 2.50: Wichtige Eigenschaften der Winkelfunktion Tangens

Die wichtigen Tangenswerte ergeben sich mittels der Definition des Tangens und der Tabelle der entsprechenden Winkelwerte des Sinus und des Kosinus:

α	0°	30°	45°	60°	90°	120°	135°	150°
$\tan\alpha$	0	$\frac{1}{3}\sqrt{3}$	1	$\sqrt{3}$	nicht definiert	$-\sqrt{3}$	-1	$-\frac{1}{3}\sqrt{3}$

180°	210°	225°	240°	270°	300°	315°	330°	360°
0	$\frac{1}{3}\sqrt{3}$	1	$\sqrt{3}$	nicht definiert	$-\sqrt{3}$	-1	$-\frac{1}{3}\sqrt{3}$	0

Übungsaufgaben:

1. Bestimmen Sie mit Hilfe des Taschenrechners:
   a) $\sin 121°$ b) $\cos 193{,}5°$ c) $\tan 341{,}2°$ d) $\sin 281°$
   e) $\cos 270{,}1°$ f) $\tan 62{,}8°$ g) $\sin 98{,}3°$ h) $\cos 12{,}5°$
   i) $\tan 91{,}8°$ j) $\sin 312{,}1°$ k) $\cos 181{,}1°$ l) $\tan 252{,}3°$

2. Bestimmen Sie durch Veranschaulichung am Einheitskreis:
   a) $\sin 90°$ b) $\cos 180°$ c) $\tan 45°$ d) $\sin 210°$
   e) $\cos 300°$ f) $\tan 120°$ g) $\sin 225°$ h) $\cos 240°$

3. Bestimmen Sie durch eine Veranschaulichung am Einheitskreis die Winkel α mit $0° \leq \alpha \leq 360°$, für die gilt:
   a) $\sin\alpha > 0$ und $\cos\alpha < 0$
   b) $\sin\alpha < 0$ und $\cos\alpha < 0$
   c) $\sin\alpha > 0$ und $\tan\alpha < 0$
   d) $\sin\alpha < 0$ und $\cos\alpha > 0$

4. Bestimmen Sie die Winkel α mit $0° \leq \alpha \leq 360°$, für die gilt:
   a) $\cos\alpha = 0$
   b) $\sin\alpha = -1$
   c) $\tan\alpha = 1$
   d) $\sin\alpha = \frac{1}{2}\sqrt{3}$
   e) $\cos\alpha = -\frac{1}{2}$
   f) $\sin\alpha = -\frac{1}{2}\sqrt{2}$
   g) $\tan\alpha = -\frac{1}{3}\sqrt{3}$
   h) $\sin\alpha = \frac{1}{2}$
   i) $\cos\alpha = -\frac{1}{2}\sqrt{3}$

5. Bestimmen Sie mit Hilfe des Taschenrechners ([Inv][sin], [Inv][cos] bzw. [Inv][tan]) und der wichtigen Eigenschaften der Winkelfunktionen die Winkel α mit $0° \leq \alpha \leq 360°$:
   a) $\sin\alpha = 0{,}2079$
   b) $\cos\alpha = -0{,}0928$
   c) $\tan\alpha = -11{,}1411$
   d) $\cos\alpha = 0{,}8290$
   e) $\sin\alpha = 0{,}5402$
   f) $\cos\alpha = -0{,}9943$
   g) $\sin\alpha = -0{,}9671$
   h) $\tan\alpha = 0{,}1719$
   i) $\sin\alpha = -0{,}2293$

2.5 Trigonometrische Funktionen

2.5.3 Der Sinus- und der Kosinussatz

An dieser Stelle möge an die beiden Sätze erinnert werden, die Berechnungen an beliebigen, also nicht notwendig rechtwinkligen Dreiecken zulassen, nämlich an den *Sinus-* und den *Kosinussatz*.

Ein allgemeines Dreieck ABC ist bekanntlich genau dann **eindeutig** bestimmt, wenn entweder *alle drei Seiten* (**Fall 1**), *zwei Seiten* und der *eingeschlossene Winkel* (**Fall 2**), *eine Seite* und *zwei Winkel* (**Fall 3**) oder *zwei Seiten* und der *Gegenwinkel der größeren Seite* (**Fall 4**) gegeben sind (**Kongruenzsätze**).

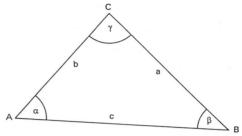

Bild 2.51: Allgemeines Dreieck

Sind hingegen von einem Dreieck *zwei Seiten* und der *Gegenwinkel der kleineren Seite* (**Fall 5**) gegeben, kann (sollte es überhaupt ein solches geben), durchaus noch ein zweites Lösungsdreieck dieselben Forderungen erfüllen: Das Lösungsdreieck ist in diesem Fall im allgemeinen **nicht eindeutig** bestimmt:

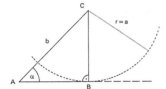

Bild 2.52: *Ein Lösungsdreieck*

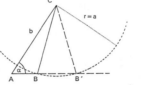

Bild 2.53: *Zwei Lösungsdreiecke*

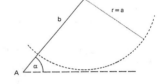

Bild 2.54: *Kein Lösungsdreieck*

2.5.3.1 Der Kosinussatz

Für die **Fälle 1** und **2** erweist sich der *Kosinussatz* als überaus praktisch:

Satz 2.4:
In jedem Dreieck ABC (vgl. **Bild 2.51** auf der Seite 107) gilt:
$$a^2 = b^2 + c^2 - 2bc \cdot \cos\alpha, \quad b^2 = c^2 + a^2 - 2ca \cdot \cos\beta \quad \text{und} \quad c^2 = a^2 + b^2 - 2ab \cdot \cos\chi$$

Exemplarisch soll die dritte Aussage dieses Satzes für $0° \leq \chi \leq 90°$ bewiesen werden:

Die Höhe h bezüglich der Seite b teilt das Dreieck ABC (vgl. **Bild 2.55**) in zwei rechtwinklige Dreiecke: Dreieck ABP und Dreieck PBC. Mit Hilfe des Satzes von PYTHAGORAS und der Winkelfunktionen Sinus und Kosinus ergibt sich:

$$c^2 = \overline{AP}^2 + \overline{PB}^2 = \left(b - \overline{PC}\right)^2 + \overline{PB}^2$$
$$= (b - a \cdot \cos \chi)^2 + (a \cdot \sin \chi)^2$$
$$= b^2 - 2ab \cdot \cos \chi + a^2 (\cos \chi)^2 + a^2 (\sin \chi)^2$$
$$= b^2 - 2ab \cdot \cos \chi + a^2 \left((\sin \chi)^2 + (\cos \chi)^2\right)$$
$$= b^2 - 2ab \cdot \cos \chi + a^2 \cdot 1$$
$$= a^2 + b^2 - 2ab \cdot \cos \chi$$

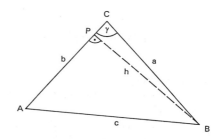

Bild 2.55: zum Kosinussatz

Anmerkung:
Zum einen ergibt sich der Kosinussatz durch zweimalige Anwendung des Satzes von PYTHAGORAS, zum andern ist der Kosinussatz die *Verallgemeinerung* des Satzes von PYTHAGORAS, denn für den Fall $\chi = 90°$ ergibt sich:
$$c^2 = a^2 + b^2 - 2ab \cdot \cos 90° = a^2 + b^2 - 2ab \cdot 0 = a^2 + b^2$$

Beispiele:
zu **Fall 1)**
Gegeben: $a = 7,2 cm \quad b = 6,8 cm \quad c = 9,4 cm$
Mit Hilfe des *Kosinussatzes* lassen sich die übrigen Winkel berechnen:
$$c^2 = a^2 + b^2 - 2ab \cdot \cos \chi \Leftrightarrow 2ab \cdot \cos \chi = a^2 + b^2 - c^2 \Rightarrow \cos \chi = \frac{a^2 + b^2 - c^2}{2ab}$$
$$= \frac{(7,2cm)^2 + (6,8cm)^2 - (9,4cm)^2}{2 \cdot 7,2cm \cdot 6,8cm} \approx 0,0993 \Rightarrow \chi \approx 84,3°$$
Aus $b^2 = c^2 + a^2 - 2ca \cdot \cos \beta$ folgt ebenso
$$\cos \beta = \frac{a^2 + c^2 - b^2}{2ac} = \frac{(7,2cm)^2 + (9,4cm)^2 - (6,8cm)^2}{2 \cdot 7,2cm \cdot 9,4cm} \approx 0,6941 \Rightarrow \beta \approx 46,0°$$
Der dritte Winkel ergibt sich am einfachsten aus der Winkelsumme im Dreieck:
$$\alpha = 180° - (\beta + \chi) \approx 180° - (46,0° + 84,3°) \approx 49,7°$$

zu **Fall 2)**
Gegeben: $b = 9,3 cm \quad c = 5,1 cm \quad \alpha = 38°$
Mit Hilfe des *Kosinussatzes* ergibt sich die Seite a des Dreiecks:
$$a^2 = b^2 + c^2 - 2bc \cdot \cos \alpha \Rightarrow a = \sqrt{(9,3cm)^2 + (5,1cm)^2 - 2 \cdot 9,3cm \cdot 5,1cm \cdot \cos 38°}$$
$$\approx 6,14 cm$$
Die Winkel β und χ ergeben sich nach demselben Verfahren wie beim **Fall 1**.

Kontrollergebnisse: $\beta \approx 111,3° \quad \chi \approx 30,7°$

2.5.3.2 Der Sinussatz

Aufgaben im Sinne der **Fälle 3** bis **5** lassen sich mit Hilfe des *Sinussatzes* lösen:

2.5 Trigonometrische Funktionen

Satz 2.5:

In jedem Dreieck ABC (vgl. **Bild 2.51** auf der Seite 107) gilt: $\dfrac{a}{\sin \alpha} = \dfrac{b}{\sin \beta} = \dfrac{c}{\sin \chi}$

Auch an dieser Stelle möge ein exemplarischer Beweis genügen:

Die Höhe h bezüglich der Seite c teilt das Dreieck ABC in zwei rechtwinklige Dreiecke.

Für die Höhe h gilt einerseits

$\sin \alpha = \dfrac{h}{b} \Leftrightarrow h = b \cdot \sin \alpha$, andererseits gilt

$\sin \beta = \dfrac{h}{a} \Leftrightarrow h = a \cdot \sin \beta$.

Daraus ergibt sich nun

$b \cdot \sin \alpha = a \cdot \sin \beta \Rightarrow \dfrac{a}{\sin \alpha} = \dfrac{b}{\sin \beta}$, woraus

die erste Behauptung des Sinussatzes folgt.

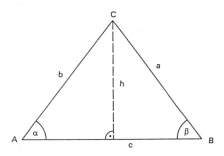

Bild 2.56: zum Sinussatz

Beispiele:

zu Fall 3)

Gegeben: $c = 11,3\,cm \quad \alpha = 57,2° \quad \chi = 41,3°$

Mittels der Winkelsumme im Dreieck, läßt sich zunächst der Winkel β bestimmen:

$\beta = 180° - (\alpha + \chi) = 180° - (57,2° + 41,3°) = 81,5°$

Die beiden Seiten a und b ergeben sich mit Hilfe des *Sinussatzes*:

$\dfrac{a}{\sin \alpha} = \dfrac{c}{\sin \chi} \Rightarrow a = \dfrac{c}{\sin \chi} \cdot \sin \alpha \Rightarrow a = \dfrac{11,3\,cm}{\sin 41,3°} \cdot \sin 57,2° \approx 14,39\,cm$

$\dfrac{b}{\sin \beta} = \dfrac{c}{\sin \chi} \Rightarrow b = \dfrac{c}{\sin \chi} \cdot \sin \beta = \dfrac{11,3\,cm}{\sin 41,3°} \cdot \sin 81,5° \approx 16,93\,cm$

zu Fall 4)

Gegeben: $a = 5,9\,m \quad b = 2,4\,m \quad \alpha = 17,5°$

Kontrollergebnisse: $c \approx 8,14\,m \quad \beta \approx 7,0° \quad \chi \approx 155,5°$

zu Fall 5)

a) Gegeben: $a = 1,2\,cm \quad b = 4,3\,cm \quad \alpha = 63,1°$

Der *Sinussatz* liefert hier $\dfrac{a}{\sin \alpha} = \dfrac{b}{\sin \beta} \Rightarrow \sin \beta = \dfrac{\sin \alpha}{a} \cdot b = \dfrac{\sin 63,1°}{1,2\,cm} \cdot 4,3\,cm \approx 3,20$

Da es aber nur Sinuswerte zwischen -1 und 1 gibt (was sich am Einheitskreis besonders gut verdeutlichen läßt), gibt es auch hier keinen entsprechenden Winkel β. In diesem Beispiel ist kein Lösungsdreieck möglich.

b) Gegeben: $b = 4,5\,cm \quad c = 5,9\,cm \quad \beta = 31,4°$

Aus dem *Sinussatz* folgt $\sin \chi = \dfrac{\sin \beta}{b} \cdot c = \dfrac{\sin 31,4°}{4,5\,cm} \cdot 5,9\,cm \approx 0,6831$.

Aus dem vorhergehenden Kapitel ist bekannt, daß zwei Winkel χ_1 und χ_2 der Gleichung genügen, nämlich $\chi_1 \approx 43,1°$ und (auf Grund der Eigenschaft der Winkelfunktion Sinus) auch $\chi_2 = 180° - \chi_1 \approx 136,9°$.
Kontrollergebnisse: $\alpha_1 \approx 105,5°$, $a_1 \approx 8,3 cm$; $\alpha_2 \approx 11,7°$, $a_2 \approx 1,8 cm$

c) Gegeben: $\quad a = \sqrt{3}m \quad c = 1,5m \quad \chi = 60°$

Aus dem *Sinussatz* folgt $\sin \alpha = \dfrac{\sin \chi}{c} \cdot a = \dfrac{\sin 60°}{1,5m} \cdot \sqrt{3}m = \dfrac{0,5 \cdot \sqrt{3}}{1,5m} \cdot \sqrt{3}m = 1 \Rightarrow \alpha = 90°$

Die Gleichung $\sin \alpha = 1$ ist eindeutig lösbar. Es gibt keinen zweiten Winkel, denn für diesen Spezialfall gilt: $\bar{\alpha} = 180° - \alpha = 90° = \alpha$. Die Winkel α und $\bar{\alpha}$ stimmen hier überein.

Kontrollergebnisse: $b = \dfrac{1}{2}\sqrt{3}m \quad \beta = 30°$

Anmerkungen:
1) Der **Fall 5** läßt sich wie folgt zusammenfassen (vgl. **Bilder 2.52 bis 2.54** der Seite 107):
   Gegeben: Seiten a und b mit $a < b$, sowie der Winkel α.
   Für $\boxed{a < b \cdot \sin \alpha}$ ist kein Lösungsdreieck möglich,
   für $\boxed{a = b \cdot \sin \alpha}$ gibt es genau ein Lösungsdreieck, hier ist speziell $\beta = 90°$ und
   für $\boxed{a > b \cdot \sin \alpha}$ lassen sich zwei Lösungsdreiecke bestimmen.
2) Beim Bestimmen von Lösungsdreiecken muß also beim *Sinussatz* an der Stelle, an der die Eigenschaft $\sin \alpha = \sin(180° - \alpha)$ zum Tragen kommt, besonders aufgepaßt werden. Daß der *Kosinussatz* beim Berechnen beliebiger Dreiecke immer eindeutig ist, liegt daran, daß durch die Eigenschaft $\cos \alpha = \cos(360° - \alpha)$ der zweite Winkel die Winkelsumme des Dreiecks ohnehin übersteigt.
3) Findet der *Kosinussatz* aber in einem beliebigen Viereck seine Anwendung, kann durchaus aufgrund der Eigenschaft $\cos \alpha = \cos(360° - \alpha)$ ein zweites Lösungsviereck möglich sein (vgl. **Übungsaufgaben 3** und **4** der folgenden Reihe).

Übungsaufgaben:
1. Berechnen Sie die fehlenden Größen des Dreiecks.
   a) $a = 11,4m \quad b = 9,6m \quad c = 4,5m$
   b) $a = 6,8cm \quad b = 14,2cm \quad \chi = 98,6°$
   c) $b = 8,5cm \quad c = 6,2cm \quad \chi = 64°$
   d) $c = 5,7cm \quad \alpha = 137,2° \quad \beta = 14,6°$
   e) $a = 2,9m \quad b = 4,1m \quad \alpha = 39,4°$
   f) $\alpha = 30° \quad a = 6,2cm \quad c = 12,4cm$
   g) $c = 3,2m \quad \beta = 41,8° \quad \chi = 108,1°$
   h) $b = 4,7km \quad c = 1,8km \quad \chi = 25°$
   i) $a = 9,4m \quad b = 6,8m \quad \beta = 36°$
   j) $a = 33,4cm \quad c = 17,8cm \quad \beta = 57,5°$

2. a) Von einem Dreieck sind der Winkel $\beta = 54,8°$, die Höhe $h_c = 7,7cm$, also die Höhe bezüglich der Seite c und die Winkelhalbierende $w_\beta = 7,9cm$ des Winkels β gegeben. Bestimmen Sie die fehlenden Seiten und Winkel dieses Dreiecks.
   b) Bestimmen Sie die fehlenden Seiten und Winkel der beiden Dreiecke, die durch den Winkel $\beta = 64,8°$, die Höhe $h_c = 8,8cm$ und die Seitenhalbierende $s_c = 8,9cm$, also die Seitenhalbierende der Seite c festgelegt sind.

3. Berechnen Sie die fehlenden Seiten und Winkel des Vierecks (der Vierecke) ABCD (vgl. **Bild 2.57**)
   a) $a = 4,9cm \quad b = 5,4cm \quad \alpha = 162,4° \quad \beta = 52,8° \quad \chi = 94,6°$
   b) $a = 6,2m \quad b = 4,3m \quad c = 3,5m \quad d = 1,9m \quad f = 6,8m$
   c) $a = 59,1m \quad b = 28,9m \quad c = 36,5m \quad \alpha = 56,4° \quad \beta = 64,2°$
   d) $a = 23,5cm \quad b = 16,4cm \quad c = 11,8cm \quad d = 13,6cm \quad \beta = 52,8°$

2.5 Trigonometrische Funktionen

4. Bestimmen Sie die Anzahl der Trapeze (vgl. **Bild 2.58**), die durch die folgenden Angaben festgelegt sind. Berechnen Sie jeweils die fehlenden Seiten die Winkel und den Flächeninhalt des Trapezes.
 a) $a = 7,4\,cm\quad b = 5,3\,cm\quad c = 2,9\,cm\quad d = 4,5\,cm$
 b) $a = 2,4\,m\quad c = 6,2\,m\quad d = 3,2\,m\quad \chi = 42°$

5. a) Von einem Parallelogramm (vgl. **Bild 2.59**) sind die Seiten $a = 4,95\,m$ und $b = 2,35\,m$ und der Winkel $\beta = 74°$ gegeben. Berechnen Sie die übrigen Winkel, Längen der Diagonalen und den Flächeninhalt dieses Parallelogramms.
 b) In einem Parallelogramm (vgl. **Bild 2.59**) schneiden sich die Diagonalen $e = 42\,cm$ und $f = 27\,cm$ unter einem Winkel von $\delta = 84°$. Berechnen Sie die Seiten, die Winkel und den Flächeninhalt des Parallelogramms.

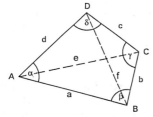 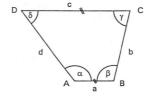 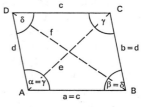

Bild 2.57: Allgemeines Viereck   **Bild 2.58:** Allgemeines Trapez   **Bild 2.59:** Parallelogramm

6. Ein Autobahndreieck soll im Innern eine Raststätte erhalten. Deshalb soll von C aus nach einem Punkt D auf der Strecke AB eine Verbindungsstraße gebaut werden. Die Verbindungsstraße wird nach ersten Messungen genau $700\,m$ lang werden.
 a) Entwerfen Sie für das Autobahndreieck in einem geeigneten Maßstab eine Skizze mit der geplanten Verbindungsstraße CD, wenn $\overline{AB} = 1200\,m$, $\overline{BC} = 1000\,m$ und $\overline{AC} = 800\,m$ betragen soll. (2 Lösungen)
 b) Bestimmen Sie für die beiden Fälle den Winkel $\angle ACD$, unter dem die Verbindungsstraße von C nach D gebaut werden muß. Wieweit ist D jeweils von den Kreuzungspunkten A und B entfernt?
 c) Welche Fläche wird von den Verbindungslinien der drei Punkte A, B und C eingeschlossen?

7. Um die Höhe $h = \overline{ST}$ einer Figur auf einem Kirchturm zu bestimmen, steckt man im Vorgelände der Kirche eine Standlinie $\overline{AB} = 105\,m$ mit der Neigung 7% (von B nach A) ab, die auf die Achse des Turmes zuläuft. (Standlinie und Turmachse befinden sich also in einer Vertikalebene.) In A werden die Höhenwinkel $\alpha = 22°13'$ (nach T) und $\beta = 20°$ (nach S) und in B der Höhenwinkel $\chi = 54°$ (nach S) gemessen (vgl. **Bild 2.60**).
 a) Bestimmen Sie den Neigungswinkel der Standlinie $\overline{AB}$.
 b) Bestimmen Sie die Höhe h der Figur.

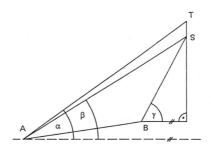

Bild 2.60: Kirchturm

8. Zeichnen Sie in ein kartesisches Koordinatensystem mit der Einheit $1\,LE \,\hat{=}\, 1\,cm$ das Dreieck ABC, dessen Ecken folgende Koordinaten $A(2|3)$, $B(-1|-2)$ und $C(2|-1)$ aufweisen.
 a) Stellen Sie die Gleichungen der Seiten des Dreiecks ABC auf.
 b) Berechnen Sie die Koordinaten des Umkreismittelpunktes und den Umkreisradius des Dreiecks ABC.
 c) Wie lauten die Koordinaten des Inkreismittelpunktes? Bestimmen Sie die Innenwinkel α, β und χ dieses Dreiecks.

9. Gegeben sei das Dreieck ABC mit $A(-1|-2)$, $B(-1|2)$ und $C(2|-3)$. Zeichnen Sie dieses Dreieck in ein Koordinatensystem.
   a) Wie lauten die Gleichungen der Seiten dieses Dreiecks?
   b) Berechnen Sie die Koordinaten seines Höhenschnittpunktes.
   c) Bestimmen Sie die Koordinaten des Schwerpunktes dieses Dreiecks, sowie die Länge seiner Schwerelinien.
   d) Welchen Flächeninhalt hat dieses Dreieck?

2.5.4 Die Schaubilder trigonometrischer Funktionen

Im vorangehenden Kapitel wurden die Winkelfunktionen zunächst als Seitenverhältnisse am rechtwinkligen Dreieck verdeutlicht. Die Erweiterung des Definitionsbereiches der Winkelfunktionen für Winkel α mit $0° \leq \alpha \leq 360°$ gelang dann mit Hilfe ihrer Veranschaulichung am Einheitskreis. Schon hier kann man deutlich erkennen, daß die Sinus- und Kosinuswerte stets zwischen -1 und 1 liegen, wohingegen es für die Tangenswerte diesbezüglich keine Einschränkung gibt. Mit Hilfe der Eigenschaften trigonometrischer Funktionen konnte ein beträchtlicher Wertevorrat bereitgestellt werden, um damit den Wertebereich trigonometrischer Funktionen mit verhältnismäßig einfachen Mitteln auszuschöpfen. Der Definitionsbereich trigonometrischer Funktionen weist aber bisher noch einen Nachteil auf: Es handelt sich hier um Winkelmaße, nicht aber - wie gewohnt - um reelle Zahlen. Um jedoch die Schaubilder trigonometrischer Funktionen maßstabsgetreu zeichnen zu können, benötigt man einen sinnvollen Zusammenhang zwischen den Winkelmaßen des Winkels α und den reellen Zahlen, die dann auf der x-Achse abgetragen werden können. Dieses Problem wird durch die Einführung des Bogenmaßes eines Winkels α gelöst.

2.5.4.1 Das Bogenmaß

Der Mittelpunktswinkel α des Kreises mit Radius r bestimmt auf der Kreislinie einen Kreisbogen b. Bezeichnet man mit u den Umfang des Kreises so verhält sich der Kreisbogen b zum Kreisumfang wie der Winkel α zum Vollwinkel $360°$.

Damit gilt also:
$$\frac{b}{u} = \frac{\alpha}{360°} \Leftrightarrow \frac{b}{2\pi \cdot r} = \frac{\alpha}{360°} \Leftrightarrow \frac{b}{r} = \frac{2\pi \cdot \alpha}{360°}$$

So hängt der Quotient $\frac{b}{r}$ nur noch vom Winkel α, nicht aber vom Radius r ab. Der Winkel α wird dadurch eindeutig festgelegt:

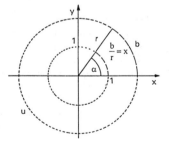

Bild 2.61: Bogenmaß des Winkels α

Definition 2.8:

Das zu einem Winkel α gehörende Verhältnis $\frac{b}{r}$, also die Zahl $\frac{2\pi \cdot \alpha}{360°}$ heißt das **Bogenmaß des Winkels** α. Man schreibt dafür $\boxed{x = \frac{2\pi \cdot \alpha}{360°}}$.

2.5 Trigonometrische Funktionen

Hinweise:

1) Für einen Kreis mit Radius $r = 1$ gilt damit $x = \frac{2\pi \cdot \alpha}{360°} = \frac{b}{r} = b$. So entspricht das Bogenmaß des Winkels α hier genau der Länge des Kreisbogens.

2) Mit $x = \frac{2\pi \cdot \alpha}{360°}$ läßt sich ein in Gradmaß gegebener Winkel α in Bogenmaß umrechnen, für das Umrechnen von Bogenmaß in Gradmaß eines Winkels α gilt entsprechend
$\alpha = \frac{x \cdot 360°}{2\pi}$.

Beispiele:

Winkel α in Gradmaß	0°	30°	45°	60°	90°	120°	135°	180°	270°	360°
Winkel α in Bogenmaß	0	$\frac{\pi}{6}$	$\frac{\pi}{4}$	$\frac{\pi}{3}$	$\frac{\pi}{2}$	$\frac{2\pi}{3}$	$\frac{3\pi}{4}$	π	$\frac{3\pi}{2}$	2π

Anmerkungen:

1) Selbstverständlich muß der Sinuswert eines Winkels α in Gradmaß mit dem Sinuswert des Winkel α in Bogenmaß übereinstimmen, also z.B. $\sin 60° = \sin \frac{\pi}{3} = \frac{1}{2}$ oder $\cos 45° = \cos \frac{\pi}{4} = \frac{1}{2}\sqrt{2}$. Um die entsprechenden Sinus- bzw. Kosinuswerte für den im Bogenmaß gegebenen Winkel α mit dem Taschenrechner ausrechnen zu können, muß der Taschenrechner von $\boxed{DEG}$ auf $\boxed{RAD}$ umgestellt werden.

2) Der Einheitskreis erlaubt wieder eine äußerst anschauliche Interpretation: Der Ort des Punktes P auf dem Einheitskreis läßt sich durch die Maßzahl x der Bogenlänge von $E(1|0)$ nach P beschreiben. Die Maßzahl x ist das **Bogenmaß des Winkels** $\alpha = \measuredangle EOP$.

Die Koordinaten des Punktes P lassen sich wiederum durch die beiden Winkelfunktionen Sinus und Kosinus ausdrücken: Es gilt - wie bisher-:
$P(\cos \alpha | \sin \alpha)$, für α in *Gradmaß*,
bzw. $\boxed{P(\cos x | \sin x)}$, für α in *Bogenmaß*.

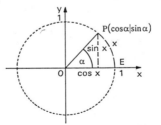

Bild 2.62: Bogenmaß des Winkels α am Einheitskreis mit den entsprechenden Sinus- und Kosinuswerten

3) Die wichtigen Eigenschaften der Sinus- und der Kosinusfunktion lassen sich für Winkel α in Bogenmaß umschreiben:

Merke 2.35:
Es gilt:
$$\boxed{\sin x = \sin(\pi - x)} \qquad \cos x = -\cos(\pi - x) \qquad \tan x = -\tan(\pi - x)$$
$$\sin x = -\sin(\pi + x) \qquad \cos x = -\cos(\pi + x) \qquad \boxed{\tan x = \tan(\pi + x)}$$
$$\sin x = -\sin(2\pi - x) \qquad \boxed{\cos x = \cos(2\pi - x)} \qquad \tan x = -\tan(2\pi - x)$$

Übungsaufgaben:

1. Geben Sie die folgenden Winkel im Bogenmaß an (zunächst als Vielfache von π dann auf vier Dezimalen gerundet).
   $15°$ $75°$ $315°$ $7,5°$ $137°$ $108°$ $6°$ $85°$ $318°$ $1°$ $211°$ $54°$ $144°$

2. Geben Sie die folgenden Winkel im Gradmaß an.
   $\dfrac{5\pi}{4}$ $\dfrac{11\pi}{6}$ $\dfrac{\pi}{36}$ $\dfrac{7\pi}{180}$ $\dfrac{3\pi}{10}$ $\dfrac{7\pi}{9}$ $\dfrac{\pi}{5}$ $\dfrac{4\pi}{3}$ $\dfrac{3\pi}{2}$ $\dfrac{\pi}{18}$ $\dfrac{5\pi}{360}$ $\dfrac{11\pi}{12}$ $\dfrac{7\pi}{8}$

3. Bestimmen Sie mit Hilfe des Taschenrechners (*Hinweis*: Die Winkel sind im Bogenmaß gegeben)
   a) $\sin 1,62$ b) $\cos 0,91$ c) $\tan 2,14$ d) $\sin 0,09$
   e) $\cos 3,29$ f) $\tan 5,97$ g) $\sin 4,38$ h) $\cos 1,07$
   i) $\tan 0,58$ j) $\sin 6,26$ k) $\cos 2,83$ l) $\tan 3,15$

4. Bestimmen Sie die beiden x-Werte mit $0 \le x \le 2\pi$, für die gilt:
   a) $\sin x = 1$ b) $\cos x = \dfrac{1}{2}\sqrt{2}$ c) $\tan x = \dfrac{1}{3}\sqrt{3}$
   d) $\cos x = 0$ e) $\sin x = -\dfrac{1}{2}\sqrt{2}$ f) $\cos x = -\dfrac{1}{2}$
   e) $\tan x = -1$ f) $\cos x = -\dfrac{1}{3}\sqrt{3}$ g) $\sin x = \dfrac{1}{2}$

5. a) Für welche Sinus- bzw. Kosinuswerte gibt es genau einen x-Wert mit $0 \le x \le 2\pi$?
   b) Gibt es Tangenswerte, zu denen genau ein x-Wert mit $0 \le x \le 2\pi$ und $x \ne \dfrac{\pi}{2}$, $x \ne \dfrac{3\pi}{2}$ gehört? Begründen Sie.

6. Bestimmen Sie mit Hilfe des Taschenrechners ($\boxed{\text{Inv}}\boxed{\sin}$, $\boxed{\text{Inv}}\boxed{\cos}$ bzw. $\boxed{\text{Inv}}\boxed{\tan}$) und der wichtigen Eigenschaften der Winkelfunktionen die Werte x mit $0 \le x \le 2\pi$, für die gilt:
   (*Hinweis:* Der Taschenrechner muß auf $\boxed{\text{RAD}}$ umgestellt werden.)
   a) $\cos x = -0,7902$ b) $\sin x = 0,8209$ c) $\tan x = 14,1101$
   d) $\sin x = -0,8290$ e) $\cos x = -0,2405$ f) $\sin x = 0,4993$
   g) $\cos x = 0,9679$ h) $\tan \alpha = 0,7911$ i) $\cos x = 0,3223$

2.5.4.2 Das Schaubild der Sinus- und der Kosinusfunktion

GRUNDAUFGABE 44:
Zeichnen Sie mit Hilfe des Einheitskreises die Schaubilder der folgenden Funktionen:
a) $f: x \to \sin x$ b) $f: x \to \cos x$
Der Definitionsbereich dieser Funktionen sei jeweils $D = {I\!R}$.

Anmerkungen:
1) Alle Informationen über die Sinus- und die Kosinusfunktion lassen sich aus ihrer jeweiligen Veranschaulichung am Einheitskreis entnehmen: Als x-Werte der Winkelfunktio-

2.5 Trigonometrische Funktionen

nen nimmt man die Länge des Kreisbogens, der durch den Punkt P auf dem Einheitskreis festgelegt ist, also das Bogenmaß des zu P gehörenden Winkels $\alpha = \sphericalangle EOP$. Die y-Werte der Sinusfunktion erhält man durch Abtragen der Ordinate des Punktes P, die der Kosinusfunktion durch Abtragen seiner Abszisse.

2) Es lassen sich auch Funktionswerte bestimmen für $a > 360°$ (in Gradmaß) bzw. $x > 2\pi$ (in Bogenmaß). In diesem Fall führt der Punkt P mehr als einen Umlauf durch. Beispielsweise befindet sich der Punkt P nach einem Umlauf von einer Länge von $x = \dfrac{7\pi}{2}$ auf dem selben Ort wie nach einem Umlauf von $x = \dfrac{3\pi}{2}$.

   Damit gilt: $\sin\dfrac{7\pi}{2} = \sin\dfrac{3\pi}{2} = -1$ bzw. $\cos\dfrac{7\pi}{2} = \cos\dfrac{3\pi}{2} = 0$

3) Bewegt sich P in mathematisch negativem Sinne, also im Uhrzeigersinn, so hat das Bogenmaß eines Winkels α dasselbe Schicksal wie sein Gradmaß: Der Wert wird negativ. Für $x = -\dfrac{\pi}{2}$ beispielsweise, also nach einem Viertelumlauf im Uhrzeigersinn, befindet sich P am selben Ort wie nach einem Dreiviertelumlauf gegen den Uhrzeigersinn, also für $x = \dfrac{3\pi}{2}$. Entsprechend gilt: $\sin\left(-\dfrac{\pi}{2}\right) = \sin\dfrac{3\pi}{2}$ bzw. $\cos\left(-\dfrac{\pi}{2}\right) = \cos\dfrac{3\pi}{2}$.

4) Aufgrund der Anmerkungen 2) und 3) lassen sich die Sinus- wie auch die Kosinusfunktion sogar auf ganz $/R$ erklären.

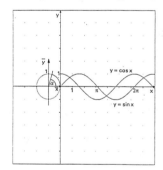
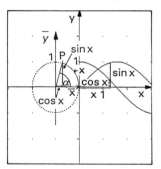

Bild 2.63: Die Schaubilder der Sinus- und Kosinusfunktion

Wir halten die Eigenschaften der Sinus- und Kosinusfunktion und die ihrer Schaubilder fest:

Merke 2.36:
Die Funktionen $\boxed{f_1 : x \to \sin x}$ und $\boxed{f_2 : x \to \cos x}$ mit $D = /R$, also die **Sinus-** und die **Kosinusfunktion** sind *periodische* Funktionen. Sie haben die **Periodenlänge** $\boxed{l = 2\pi}$.
Der Wertebereich der Sinus- und Kosinusfunktion ist $\boxed{W = \{y \mid -1 \leq y \leq 1\}}$.
Das Schaubild der Sinusfunktion, die **Sinuskurve**, ist *punktsymmetrisch* bezüglich des Koordinatenursprungs, die **Kosinuskurve**, ist *achsensymmetrisch* bezüglich der y-Achse.

Anmerkungen:

1) Die *Periodizität* der beiden trigonometrischen Funktionen ergibt sich unmittelbar aus ihrer Veranschaulichung am Einheitskreis. Es gilt nämlich: $\sin x = \sin(x + 2\pi)$ bzw. $\cos x = \cos(x + 2\pi)$

2) In Physik und Technik ist der Begriff *Amplitude* ($\hat{=}$ Schwingungshöhe) geläufig. Sie ergibt sich sofort aus dem Wertebereich der beiden Funktionen: $A = 1$

3) Die Punktsymmetrie der *Sinuskurve* zum Koordinatenursprung läßt sich mittels der Eigenschaften der Sinusfunktion und ihrer Periodizität nachweisen:
Es gilt: $\sin(-x) = -\sin(2\pi - (-x)) = -\sin(2\pi + x) = -\sin x$
Entsprechendes gilt für die Achsensymmetrie der *Kosinuskurve* bezüglich der y-Achse:
$\cos(-x) = \cos(2\pi - (-x)) = \cos(2\pi + x) = \cos x$

4) Neben der Punktsymmetrie zum Koordinatenursprung weist die *Sinuskurve* noch weitere Symmetriezentren und Symmetrieachsen auf: Sie ist punktsymmetrisch bezüglich der Punkte $\boxed{P_k(k \cdot \pi | 0)}$ mit $k \in /Z$, sie ist achsensymmetrisch bezüglich der Geraden $\boxed{x_k = \dfrac{2k+1}{2} \cdot \pi}$ mit $k \in /Z$. Sinngemäß gilt für die *Kosinuskurve*: Die Symmetriezentren sind $\boxed{Q_k\left(\dfrac{2k+1}{2} \cdot \pi | 0\right)}$, die Symmetrieachsen haben die Gleichungen $\boxed{x_k = k \cdot \pi}$, für k gilt wiederum $k \in /Z$.

5) Die Sinuskurve geht aus der Kosinuskurve durch Verschiebung um $\dfrac{\pi}{2}$ nach links hervor. Es gilt beispielsweise der folgende Zusammenhang: $\sin x = \cos\left(x + \dfrac{\pi}{2}\right)$.

2.5.4.3 Das Schaubild der Tangensfunktion

GRUNDAUFGABE 45:
Zeichnen Sie das Schaubild der Funktion $\boxed{f: x \to \tan x}$ mit dem Definitionsbereich $D = /R \setminus \left\{ x \mid x = \dfrac{2k+1}{2} \cdot \pi \text{ und } k \in /Z \right\}$ mit Hilfe seiner Veranschaulichung am Einheitskreis.

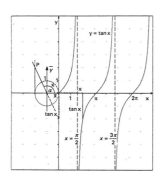

Bild 2.64: Das Schaubild der Tangensfunktion

2.5 Trigonometrische Funktionen

Anmerkungen:
1) Die Tangensfunktion, definiert als Quotient aus der Sinus- und der Kosinusfunktion, $\tan x = \dfrac{\sin x}{\cos x}$, ist genau an den Nullstellen der Kosinusfunktion, nämlich bei $x = \dfrac{2k+1}{2} \cdot \pi$ (mit $k \in /Z$), nicht erklärt. Die Funktionswerte der Tangensfunktion wachsen hier 'über alle Grenzen'. Das Schaubild der Tangensfunktion weist also **Asymptoten** auf mit den Gleichungen $\boxed{x = \dfrac{2k+1}{2} \cdot \pi}$ (mit $k \in /Z$).

2) Der *Wertebereich* der Tangensfunktion erfährt - im Gegensatz zum Wertebereich der Sinus- und Kosinusfunktion - keinerlei Einschränkung. Er lautet $\boxed{W = /R}$.

3) Die *Nullstellen* der Tangensfunktion stimmen mit den Nullstellen der Sinusfunktion überein. Denn für $x = k \cdot \pi$ (mit $k \in /Z$) gilt: $\dfrac{\sin k \cdot \pi}{\cos k \cdot \pi} = \dfrac{0}{1} = 0$ oder $\dfrac{\sin k \cdot \pi}{\cos k \cdot \pi} = \dfrac{0}{-1} = 0$, je nachdem ob die Zahl k gerade oder ungerade ist.

4) An den Stellen, an denen die Funktionswerte der Sinusfunktion mit denen der Kosinusfunktion übereinstimmen, besitzt die Tangensfunktion den Funktionswert 1, das ist bei $x = \dfrac{\pi}{4} + k \cdot \pi$ (mit $k \in /Z$) der Fall. Für $x = \dfrac{3\pi}{4} + k \cdot \pi$ (mit $k \in /Z$) haben die Tangenswerte den Wert -1. Hier entsprechen die Funktionswerte der Sinusfunktion den Funktionswerten der Kosinusfunktion bis auf das Vorzeichen.

5) Die Tangensfunktion ist ebenfalls eine *periodische Funktion*. Sie hat die **Periodenlänge** $\boxed{l = \pi}$, denn aus $\sin(x + \pi) = -\sin x$ und $\cos(x + \pi) = -\cos x$ folgt unmittelbar $\tan(x + \pi) = \dfrac{\sin(x + \pi)}{\cos(x + \pi)} = \dfrac{-\sin x}{-\cos x} = \dfrac{\sin x}{\cos x} = \tan x$.

6) Das Schaubild der Tangensfunktion weist Symmetrien auf: Die Tangenskurve ist unter anderem *punktsymmetrisch bezüglich des Koordinatenursprunges*, denn aufgrund der Symmetrieeigenschaften der Sinus- und der Kosinuskurve gilt:
$\tan(-x) = \dfrac{\sin(-x)}{\cos(-x)} = \dfrac{-\sin x}{\cos x} = -\tan x$.

Übungsaufgaben:

1. Bestimmen Sie mit Hilfe des Taschenrechners die folgenden Funktionswerte. Vergleichen Sie die Werte am entsprechenden Schaubild:

a) $\sin\dfrac{2}{3}$ b) $\cos\dfrac{1}{4}$ c) $\tan\left(-\dfrac{4}{7}\right)$ d) $\sin\left(-\dfrac{1}{3}\sqrt{2}\right)$

e) $\cos\left(\dfrac{1}{2}\sqrt{3}\right)$ f) $\tan\left(-\dfrac{3}{4}\sqrt{5}\right)$ g) $\sin\left(5\dfrac{1}{3}\right)$ h) $\cos\left(-2\dfrac{1}{2}\right)$

2. Bestimmen Sie durch eine jeweilige Veranschaulichung am Einheitskreis:

a) $\sin\dfrac{\pi}{2}$ b) $\cos\dfrac{2\pi}{3}$ c) $\tan\left(-\dfrac{\pi}{6}\right)$ d) $\sin\left(-\dfrac{4\pi}{3}\right)$

e) $\cos\dfrac{11\pi}{2}$ f) $\tan\left(-\dfrac{3\pi}{4}\right)$ g) $\sin\dfrac{5\pi}{6}$ h) $\cos\left(-\dfrac{17\pi}{4}\right)$

3. Bestimmen Sie alle Werte $x \in \mathbb{R}$, für die gilt:

a) $\cos x = \frac{1}{2}\sqrt{3}$ b) $\sin x = -\frac{1}{3}\sqrt{5}$ c) $\tan x = -\frac{1}{2}$

d) $\sin x = -0,8870$ d) $\cos x = 0,5000$ f) $\sin x = -0,6359$

g) $\cos x = -\frac{1}{2}\sqrt{2}$ h) $\tan x = \frac{1}{3}\sqrt{3}$ i) $\cos x = \frac{1}{2}\sqrt{5}$

j) $\sin x = -0,2500$ k) $\cos x = 1,0000$ l) $\tan x = -4,5000$

m) $\cos x = -\sqrt{3}$ n) $\sin x = \frac{1}{2}\sqrt{7}$ o) $\tan x = -\frac{1}{3}\sqrt{11}$

(*Hinweis:* Benutzen Sie die Periodizität der jeweiligen Winkelfunktionen und geben Sie, wenn exakte Werte möglich sind, die *x*-Werte als Vielfache von π, ansonsten runden Sie auf vier Stellen hinter dem Komma.) Deuten Sie das Ergebnis am entsprechenden Schaubild.

2.5.5 Dehnung und Stauchung der Sinus- und der Kosinuskurve senkrecht zu den Koordinatenachsen

GRUNDAUFGABE 46:
Zeichnen Sie, ausgehend von den Schaubildern der Funktionen $g:x \to \sin x$ bzw. $h:x \to \cos x$, die Schaubilder der folgenden Funktionen:

a) $f:x \to 3\sin x$ d) $f:x \to 2\cos x$

b) $f:x \to \frac{1}{2}\sin x$ e) $f:x \to -\frac{1}{3}\cos x$

c) $f:x \to -\frac{3}{2}\sin x$ f) $f:x \to \frac{3}{4}\cos x$

Der Definitionsbereich dieser Funktionen sei jeweils $D = \mathbb{R}$.

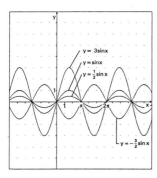

Bild 2.65: Schaubilder zu Aufgaben a) bis c)

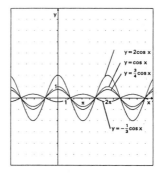

Bild 2.66: Schaubilder zu Aufgaben d) bis f)

2.5 Trigonometrische Funktionen

Wir fassen zusammen:

Merke 2.37:
Die Schaubilder der Funktionen $f: x \to a \sin x$ ($D = \mathbb{R}$; $a \in \mathbb{R}$ mit $a \neq 0$) gehen aus dem der Funktion $f: x \to \sin x$ durch **Streckung** (für $|a| > 1$) bzw. **Stauchung** (für $|a| < 1$) *senkrecht zur x-Achse* hervor. Für $a < 0$ erfolgt zusätzlich eine **Spiegelung** des Schaubildes *an der x-Achse*.
Der **Wertebereich** der Funktion $f: x \to a \cdot \sin x$, verglichen mit dem der Funktion $f: x \to \sin x$, ändert sich, er lautet $W = \{y | -|a| \leq y \leq |a|\}$, die Amplitude ist demnach $A = |a|$. Die **Periodizität** bleibt erhalten, die Periodenlänge ist nach wie vor $l = 2\pi$.

Anmerkung:
Entsprechendes gilt für die Schaubilder der Funktionen $f: x \to a \cos x$.

GRUNDAUFGABE 47:
Zeichnen Sie, ausgehend von den Schaubildern der Funktionen $g: x \to \sin x$ bzw. $h: x \to \cos x$, die Schaubilder der folgenden Funktionen:

a) $f: x \to \cos 2x$

b) $f: x \to \cos \dfrac{1}{3} x$

c) $f: x \to \sin \dfrac{1}{2} x$

d) $f: x \to \sin(-3x)$

Der Definitionsbereich dieser Funktionen sei jeweils $D = \mathbb{R}$.

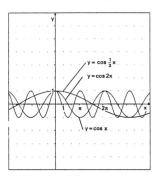

Bild 2.67: Schaubilder zu Aufgaben a) und b)

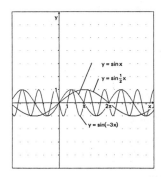

Bild 2.68: Schaubilder zu Aufgaben c) und d)

Merke 2.38:
Die Schaubilder der Funktionen $\boxed{f:x \to \sin bx}$ ($D = \mathbb{R}$; $b \in \mathbb{R}$ mit $b \neq 0$) gehen aus dem der Funktion $f:x \to \sin x$ durch **Streckung** (für $|b| < 1$) bzw. **Stauchung** (für $|b| > 1$) *senkrecht zur y-Achse* hervor. Für $b < 0$ erfolgt zusätzlich eine **Spiegelung** des Schaubildes an der y-Achse.
Der **Wertebereich** der Funktion $f:x \to \sin bx$, verglichen mit dem der Funktion $f:x \to \sin x$, bleibt erhalten, er lautet $\boxed{W = \{y| -1 \leq y \leq 1\}}$, die Amplitude ist demnach $A = 1$. Die **Periodizität** ändert sich, die Periodenlänge beträgt $\boxed{l = \dfrac{2\pi}{b}}$.

Anmerkung:
Entsprechendes gilt wiederum für die Schaubilder der Funktionen $f:x \to \cos bx$.

Übungsaufgaben:
1. Zeichnen Sie - ausgehend vom Schaubild der Funktion $g:x \to \sin x$ bzw. dem der Funktion $h:x \to \cos x$ und ohne Zuhilfenahme einer Wertetabelle - die Schaubilder der folgenden Funktionen:

   a) $f:x \to \dfrac{1}{4}\sin x$
   b) $f:x \to \cos 3x$
   c) $f:x \to \sin(-2x)$
   d) $f:x \to -\dfrac{1}{2}\cos x$
   e) $f:x \to \dfrac{1}{3}\sin 2x$
   f) $f:x \to 4\sin\dfrac{1}{2}x$
   g) $f:x \to -\dfrac{2}{3}\cos\dfrac{3}{2}x$
   h) $f:x \to -2\sin(x-1)$
   i) $f:x \to 3\cos\left(x + \dfrac{1}{2}\right)$
   j) $f:x \to \sin\left(\dfrac{3}{2}(x-2)\right)$
   k) $f:x \to -\cos(2(x+1))$
   l) $f:x \to -\dfrac{1}{4}\sin(2x+3)$

   Hinweis zu Aufgabe l):
   Bringen Sie den Funktionsterm zunächst auf die Form $f:x \to a\sin(b(x-x_P))$.

2. Wie geht das Schaubild der Funktion $f:x \to a\cos(bx+c)$ aus dem der Funktion $f:x \to \cos x$ hervor? Berücksichtigen Sie dabei auch die Fälle $a > 0$ und $a < 0$ sowie $b > 0$ und $b < 0$.

3. Geben Sie jeweils den Funktionsterm, der dem so entstehenden Schaubild entspricht, mit Wertebereich und Periodizität an.
   a) Das Schaubild der Funktion $f:x \to \sin x$ werde ...

	Funktionsterm	**Wertebereich**	**Periodizität**
... senkrecht zur x-Achse mit Faktor $k = \dfrac{1}{2}$ gestaucht, dann ...			
... senkrecht zur y-Achse mit Faktor $k = 3$ gestaucht, dann ...			
an der x-Achse gespiegelt, dann ...			
um 2 Einheiten nach unten und			
um 1 Einheit nach links verschoben.			

b)   Das Schaubild der Funktion $f: x \to \cos x$ werde ...

	Funktionsterm	Wertebereich	Periodizität
... senkrecht zur y-Achse mit Faktor $k = \frac{1}{3}$ gedehnt, dann ...			
... senkrecht zur x-Achse mit Faktor $k = 2$ gedehnt, dann ...			
an der x-Achse gespiegelt, dann ...			
um 1 Einheit nach oben und			
um 2 Einheit nach rechts verschoben.			

4. Eine Kugel wird an einer Schraubenfeder aufgehängt. Die Feder dehnt sich soweit, bis ihre Kraft mit der Gewichtskraft im Gleichgewicht ist (Ruhelage). Wird die Kugel nun etwas nach unten gezogen und dann losgelassen, beginnt sie sich um die Ruhelage herum auf und ab zu bewegen. Sie vollführt in Abhängigkeit der Zeit t eine sinusförmige Schwingung - die Schwingung soll selbstverständlich ungedämpft verlaufen -. Der Unterschied zwischen dem höchsten und dem tiefsten Punkt beträgt in diesem Fall $30 cm$, eine Schwingung dauert $0,5 s$. Stellen Sie nun die Auslenkung der Kugel aus der Ruhelage heraus als Funktion der Zeit dar in der Form $s: t \to A \cdot \sin(\omega \cdot t)$, wobei mit t die Zeit in Sekunden, mit $y = s(t)$ die Auslenkung der Kugel in cm ausgedrückt werden sollen.

(*Hinweis:* Schwingungsvorgänge werden z.B. in der Physik durch Gleichungen der Form $s: t \to A \cdot \sin(\omega \cdot t + \varphi)$ beschrieben. Dabei ist A die Amplitude und φ die Phasenverschiebung. Die Periode (Schwingungsdauer) ist $\frac{2\pi}{\omega}$.)

2.6 Übersicht über die bisherigen Funktionen und ihre Schaubilder

In der folgenden Übersicht möge den bisher behandelten Funktionen ihr jeweiliges Schaubild gegenübergestellt und die Eigenschaften der Funktionen von denen ihres Schaubildes klar voneinander abgehoben werden. Die Kenntnis über die Schaubilder der Grundfunktionen (in der Übersicht schattiert) und über ihre Verschiebungen längs der Koordinatenachsen, ihren Streckungen und Stauchungen ermöglicht, Voraussagen über die Schaubilder zusammnengesetzter Funktionen zu treffen, Funktionen, mit deren Hilfe in den folgenden Kapiteln weiterführende grundlegende mathematische Verfahren und Begriffe erarbeitet werden.

Anmerkungen:
1) Bei allen genannten Funktionen ist der maximale *Definitionsbereich* angegeben, der *Wertebereich* dagegen nur dann, wenn er sich auch für die allgemeine Form der Funktion verhältnismäßig einfach ausdrücken läßt. So wird beispielsweise weitgehend auf den Wertebereich der Potenzfunktionen mit negativem Exponenten verzichtet.
2) Die Schaubilder der Potenzfunktionen mit **geraden** / **ungeraden** Exponenten sind als *achsensymmetrisch bezüglich der y-Achse* / *punktsymmetrisch bezüglich des Koordinatenursprungs* bereits bekannt.
Allgemein nennt man eine Funktion, deren Schaubild achsensymmetrisch zur y-Achse ist, eine **gerade Funktion**. Ist das Schaubild einer Funktion dagegen punktsymmetrisch zum Koordinatenursprungs, so wird sie eine **ungerade Funktion** genannt.
Die *Sinusfunktion* ist folglich ein Beispiel für eine *ungerade Funktion*, die *Kosinusfunktion* ist hingegen eine *gerade Funktion*.
3) Die Verschiebungen des Schaubildes einer Grundfunktion äußern sich im Funktionsterm immer einheitlich:
Wird im Funktionsterm die Unbekannte x durch $x - x_P$ ersetzt, wirkt sich das auf das Schaubild durch eine Verschiebung um x_P Einheiten **nach rechts** aus, vorausgesetzt x_P ist positiv. Für den Fall, daß x_P negativ ist, wird das Schaubild der Grundfunktion entsprechend um $-x_P$ Einheiten **nach links** (oder anders ausgedrückt: um x_P Einheiten **nach rechts**) verschoben.
Durch eine additive Konstante y_P im Funktionsterm, kommt eine Verschiebung **nach oben** kommt um Ausdruck, wenn y_P positiv ist; für y_P negativ, wird das Schaubild der entsprechenden Grundfunktion um $-y_P$ **nach unten** (oder nach wie vor: um y_P Einheiten **nach oben**) verschoben.
So lautet beispielsweise der Term der zur Normalparabel 4. Ordnung gehörenden Funktion $f : x \to x^4$. Wird diese Parabel nun um drei Einheiten nach oben und um zwei Einheiten nach rechts verschoben, heißt der entsprechende Funktionsterm $f : x \to (x-2)^4 + 3$, bei einer Verschiebung um eine Einheit nach links (um *minus* eine Einheit nach rechts) und um vier Einheiten nach unten (um *minus* 4 Einheiten nach oben) demnach $f : x \to (x+2)^4 - 4$.
4) Die Schaubilder der Grundfunktionen und der wichtigsten zusammengesetzten Funktionen befinden sich im Anschluß an die Übersicht.

2.6 Übersicht über die bisherigen Funktionen und ihre Schaubilder

Funktion				Schaubild	
Funktion	$D =$ (Def.bereich)	$W =$ (Werteber.)	Eigenschaften	Schaubild	Eigenschaften
POTENZFUNKTIONEN					
Lineare Funktionen					
1) $f: x \to c$ mit $c \in I\!R$	$I\!R$	$\{c\}$		Gerade	verläuft parallel zur x-Achse durch den Punkt $C(0\|c)$
2) $f: x \to x$	$I\!R$	$I\!R$			1. Winkelhalbierende (Ursprungsgerade mit der Steigung $m=1$)
3) $f: x \to mx$ mit $m \in I\!R$	$I\!R$	$I\!R$			Ursprungsgerade mit der Steigung m
4) $f: x \to mx + c$ mit $m, c \in I\!R$	$I\!R$	$I\!R$			Gerade mit der Steigung m und dem y-Achsenabschnitt c
Quadratische Funktionen					
5) $f: x \to x^2$	$I\!R$	$I\!R_0^+$		Normalparabel 2. Ordnung	Scheitel $S(0\|0)$ nach oben geöffnet

6)	$f: x \to a(x-x_S)^2 + y_S$ mit $a \in \mathbb{R}\setminus\{0\}$	$\mathbb{R}$	$a > 0$ $\{y \mid y \geq y_S\}$ $a < 0$ $\{y \mid y \leq y_S\}$	Parabel 2. Ordnung $a > 0$ nach **oben** geöffnet mit Scheitel $S(x_S \mid y_S)$ $a < 0$ nach **unten** geöffnet mit Scheitel $S(x_S \mid y_S)$ $\lvert a \rvert > 1$ **enger** als die Normalparabel 2. Ordnung $\lvert a \rvert < 1$ **weiter** als die Normalparabel 2. Ordnung

Potenzfunktionen n-ten Grades

7)	$f: x \to x^n$ mit $n \in \mathbb{N}$	$\mathbb{R}$	n gerade: $f(x) = f(-x)$ n ungerade: $f(x) = -f(-x)$	Normalparabel n-ter Ordnung **achsensymmetrisch** bezüglich der y-Achse **punktsymmetrisch** bezüglich des Koordinatenursprungs
8)	$f: x \to a(x-x_P)^n + y_P$ mit $n \in \mathbb{N}$ und $a \in \mathbb{R}\setminus\{0\}$	$\mathbb{R}$		Parabel n-ter Ordnung *Ordinatenmultiplikation* mit Faktor a *Verschiebung* um x_P Einheiten nach **rechts** und um y_P Einheiten nach **oben**
9)	$f: x \to x^{-n}$ mit $n \in \mathbb{N}$	$\mathbb{R}\setminus\{0\}$	n gerade: $f(x) = f(-x)$ n ungerade: $f(x) = -f(-x)$	Hyperbel n-ter Ordnung **Asymptoten:** x-Achse $(y = 0)$ y-Achse $(x = 0)$ **achsensymmetrisch** bezüglich der y-Achse **punktsymmetrisch** bezüglich des Koordinatenursprungs

2.6 Übersicht über die bisherigen Funktionen und ihre Schaubilder

10)	$f: x \to a(x-x_P)^{-n} + y_P$ mit $n \in N$ und $a \in R \setminus \{0\}$	$R \setminus \{x_P\}$		**Asymptoten:** $x = x_P$, $y = y_P$ *Ordinatenmultiplikation* mit Faktor a *Verschiebung* um x_P Einheiten nach **rechts** und um y_P Einheiten nach **oben**
11)	$f: x \to \sqrt[n]{x}$ mit $n \in N \setminus \{1\}$	n gerade: R_0^+ n ungerade: $(/R)$	Umkehrfunktion von 7) n gerade: D von 7) einschränken! n ungerade: D von 7)	Parabelast (n-ter Ordnung)' gespiegelt an der 1. Winkelhalbierenden Parabel (n-ter Ordnung)' gespiegelt an der 1. Winkelhalbierenden
12)	$f: x \to a \cdot \sqrt[n]{x - x_P} + y_P$ mit $n \in N \setminus \{1\}$ und $a \in R \setminus \{0\}$			*Ordinatenmultiplikation* mit Faktor a *Verschiebung* um x_P Einheiten nach **rechts** und um y_P Einheiten nach **oben**

EXPONENTIALFUNKTIONEN				
13)	$f: x \to a^x$ mit $a \in \mathbb{R}^+ \setminus \{1\}$	$\mathbb{R}$	$\mathbb{R}^+$	**Exponentialkurve** Asymptote: x-Achse ($y=0$) $a > 1$ streng monoton wachsend (in $\mathbb{R}$) — **exponentielles Wachstum** (*a Wachstumsfaktor*) $0 < a < 1$ streng monoton fallend (in $\mathbb{R}$) — **exponentieller Zerfall** (*a Zerfallsfaktor*)
14)	speziell für $a = e$: $f: x \to e^x$ mit $e =$ EULERsche Zahl	$\mathbb{R}$	$\mathbb{R}^+$	**exponentielles Wachstum**
15)	$f: x \to y_0 \cdot a^x$ mit $a \in \mathbb{R}^+ \setminus \{1\}$	$\mathbb{R}$	$\mathbb{R}^+$	*Ordinatenmultiplikation* mit Faktor $y_0 = f(0)$ '*Anfangswert*'
16)	$f: x \to e^{kx}$ mit $e =$ EULERsche Zahl und $k \in \mathbb{R} \setminus \{0\}$	$\mathbb{R}$	$\mathbb{R}^+$	$k > 0$ streng monoton wachsend (in $\mathbb{R}$) — **exponentielles Wachstum** (*k Wachstumskonstante*) $k < 0$ streng monoton fallend (in $\mathbb{R}$) — **exponentieller Zerfall** (*k Zerfallskonstante*)
17)	$f: x \to y_0 \cdot e^{kx}$ mit $e =$ EULERsche Zahl und $k \in \mathbb{R} \setminus \{0\}$	$\mathbb{R}$	$\mathbb{R}^+$	*Ordinatenmultiplikation* mit Faktor $y_0 = f(0)$ '*Anfangswert*'

2.6 Übersicht über die bisherigen Funktionen und ihre Schaubilder

LOGARITHMUSFUNKTIONEN

18)	$f: x \to {}_a\log x$ mit $a \in /R^+ \setminus \{1\}$	$/R^+$	$/R$	Umkehrfunktion von 13)	Logarithmuskurve **Asymptote:** y-Achse ($x = 0$)
19)	speziell für $a = e$: $f: x \to \ln x$ mit $e =$ EULERsche Zahl	$/R^+$	$/R$	Umkehrfunktion von 14)	

TRIGONOMETRISCHE FUNKTIONEN

20)	$f: x \to \sin x$	$/R$	$\{y \mid -1 \leq y \leq 1\}$	**periodisch:** $f(x) = f(x + 2\pi)$ mit $k \in /Z$ **ungerade:** $f(x) = -f(-x)$	Sinuskurve **Periodenlänge** $l = 2\pi$ punktsymmetrisch zum Koordinatenursprung
21)	$f: x \to a\sin(bx)$ mit $a, b \in /R \setminus \{0\}$	$/R$	$\{y \mid -|a| \leq y \leq |a|\}$		**Periodenlänge** $l = \dfrac{2\pi}{b}$ punktsymmetrisch zum Koordinatenursprung
22)	$f: x \to a\sin(b(x - x_P)) + y_P$ mit $a, b \in /R \setminus \{0\}$	$/R$			**Periodenlänge** $l = \dfrac{2\pi}{b}$ *Ordinatenmultiplikation* mit Faktor a *Verschiebung* um x_P Einheiten nach **rechts** und um y_P Einheiten nach **oben**

			Kosinuskurve	
23)	$f: x \to \cos x$	$/R$	$\{y \mid -1 \leq y \leq 1\}$	**periodisch:** $f(x) = f(x + 2\pi)$ mit $k \in /Z$ **gerade:** $f(x) = f(-x)$	**Periodenlänge** $l = 2\pi$ achsensymmetrisch zur y-Achse
24)	$f: x \to a\cos(bx)$ mit $a, b \in /R \setminus \{0\}$	$/R$	$\{y \mid -|a| \leq y \leq |a|\}$		**Periodenlänge** $l = \dfrac{2\pi}{b}$ achsensymmetrisch zur y-Achse
25)	$f: x \to a\cos(b(x - x_P)) + y_P$ mit $a, b \in /R \setminus \{0\}$	$/R$			**Periodenlänge** $l = \dfrac{2\pi}{b}$ *Ordinatenmultiplikation* mit Faktor a *Verschiebung* um x_P Einheiten nach **rechts** und um y_P Einheiten nach **oben**
26)	$f: x \to \tan x$	$/R \setminus \left\{\dfrac{\pi}{2} + k \cdot \pi\right\}$ mit $k \in /Z$	$/R$	**periodisch:** $f(x) = f(x + \pi)$ mit $k \in /Z$ **ungerade:** $f(x) = -f(-x)$	**Periodenlänge** $l = \pi$ punktsymmetrisch zum Koordinatenursprung

2.6 Übersicht über die bisherigen Funktionen und ihre Schaubilder

Schaubilder der wichtigsten Grundfunktionen:

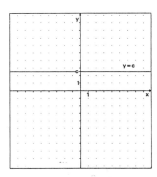

Bild 2.69: Schaubild der Funktion $f:x \to c$

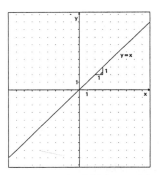

Bild 2.70: Schaubild der Funktion $f:x \to x$

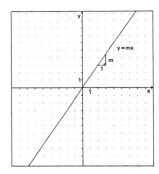

Bild 2.71: Schaubild der Funktion $f:x \to mx$

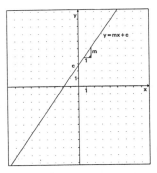

Bild 2.72: Schaubild der Funktion $f:x \to mx + c$

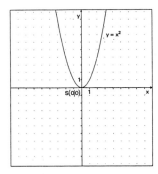

Bild 2.73: Schaubild der Funktion $f:x \to x^2$

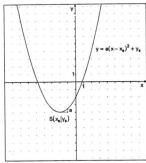

Bild 2.74: Schaubild der Funktion $f:x \to a(x - x_S)^2 + y_S$

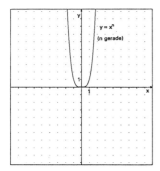
Bild 2.75: Schaubild der Funktion $f: x \to x^n$ für n gerade

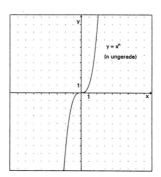
Bild 2.76: Schaubild der Funktion $f: x \to x^n$ für n ungerade

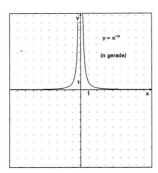
Bild 2.77: Schaubild der Funktion $f: x \to x^{-n}$ für n gerade

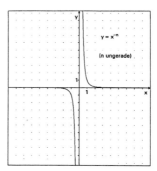
Bild 2.78: Schaubild der Funktion $f: x \to x^{-n}$ für n ungerade

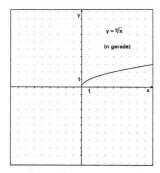
Bild 2.79: Schaubild der Funktion $f: x \to \sqrt[n]{x}$ für n gerade

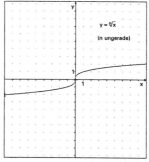
Bild 2.80: Schaubild der Funktion $f: x \to \sqrt[n]{x}$ für n ungerade

2.6 Übersicht über die bisherigen Funktionen und ihre Schaubilder

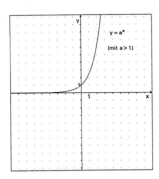

Bild 2.81: Schaubild der Funktion $f:x \to a^x$ für $a>1$

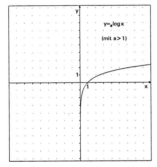

Bild 2.83: Schaubild der Funktion $f:x \to {}_a\log x$ für $a>1$

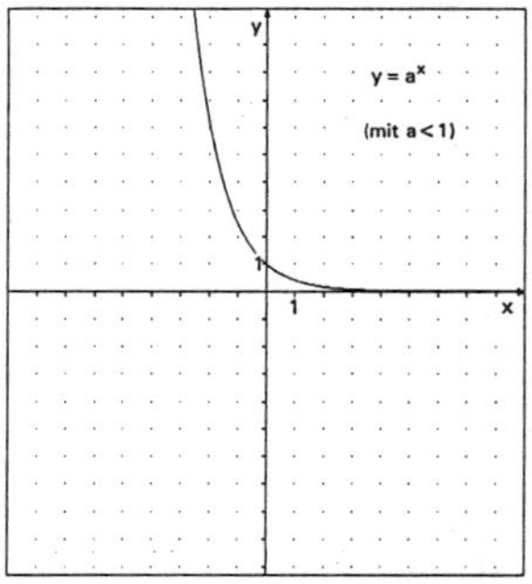

Bild 2.82: Schaubild der Funktion $f:x \to a^x$ für $0<a<1$

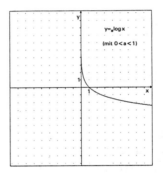

Bild 2.84: Schaubild der Funktion $f:x \to {}_a\log x$ für $0<a<1$

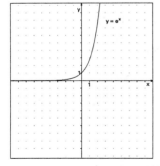

Bild 2.85: Schaubild der Funktion $f:x \to e^x$

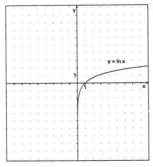

Bild 2.86: Schaubild der Funktion $f:x \to \ln x$

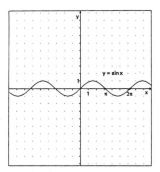

Bild 2.87: Schaubild der Funktion $f: x \to \sin x$

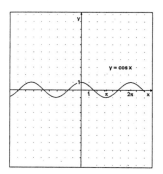

Bild 2.88: Schaubild der Funktion $f: x \to \cos x$

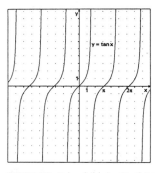

Bild 2.89: Schaubild der Funktion $f: x \to \tan x$

Übungsaufgaben:

1. Gegeben seien die folgenden Funktionen:

   a) $f: x \to 4x - 2$

   b) $f: x \to -\frac{1}{2}x + 3$

   c) $f: x \to 3x^2 - 2$

   d) $f: x \to -5(x-2)^2$

   e) $f: x \to \frac{1}{5}x^2 - 6x + 5$

   f) $f: x \to -9x^2$

   g) $f: x \to \frac{1}{2}(x-3)^3 - 1$

   h) $f: x \to -3(x+1)^4$

   i) $f: x \to 2x^4 + 5$

   j) $f: x \to \frac{1}{5}\left(x^3 + 3x^2 + 3x + 1\right) - 2$

   k) $f: x \to \frac{1}{2}x^4 + 4x^3 + 12x^2 - 16x + 9$

   l) $f: x \to \frac{1}{x-2} + 2$

   m) $f: x \to \frac{3}{(x+3)^2} - 3$

   n) $f: x \to 3 + \frac{1}{x^3 - 3x^2 + 3x - 1}$

   o) $f: x \to -\frac{1}{2}(x+1)^{\frac{1}{2}} + 1$

   p) $f: x \to 2 \cdot (2-x)^{\frac{1}{4}}$

   q) $f: x \to 2\sin x + \frac{1}{2}$

   r) $f: x \to -\frac{2}{5}\cos x - 2$

2.6 Übersicht über die bisherigen Funktionen und ihre Schaubilder

s) $f: x \to 3 - \cos(1 - 3x)$

t) $f: x \to -\sin(2x + 4) + \dfrac{1}{2}$

u) $f: x \to \dfrac{1}{4} \cdot e^{x-1}$

v) $f: x \to 1 - e^{2x}$

w) $f: x \to 2 \cdot \ln(3 - x)$

x) $f: x \to 2\log\left(\dfrac{1}{2}x + \dfrac{3}{2}\right)$

y) $f: x \to 1 - \ln\left(x^2 - 1\right)$

z) $f: x \to e + 1 - e^{-2x}$

Bestimmen Sie den maximalen Definitionbereich und den Wertebereich der jeweiligen Funktion. Wie geht das Schaubild der Funktion aus dem der entsprechenden Grundfunktion hervor? Nennen Sie Eigenschaften der Funktion und ihres Schaubildes. Skizzieren Sie - ohne Zuhilfenahme einer Wertetabelle - das Schaubild der Funktion.

2. Eine Hyperbel 1. Ordnung hat die Geraden g_1 und g_2 mit den Gleichungen $g_1: y = -\dfrac{3}{2}$ und $g_2: x = 2$ als Asymptoten. Außerdem geht sie durch den Punkt $R\left(1 \Big| -\dfrac{5}{3}\right)$. Bestimmen Sie den Funktionsterm der zur dieser Hyperbel gehörenden Funktion.

3 Zusammengesetzte Funktionen und ihre Schaubilder

3.1 Linearkombinationen von Funktionen

3.1.1 Beispiele für zusammengesetzte Funktionen

Funktionen lassen sich unter Berücksichtigung ihres Definitionsbereiches beliebig zusammensetzen. Einfache Beispiele haben wir schon bei den linearen und den quadratischen Funktionen kennengelernt:

Beispiel a)
Die Funktion $f:x \to x-3$ läßt sich durch Addition der beiden Funktionen $g:x \to x$ und $h:x \to -3$ gewinnen.
Es gilt: $f:x \to g(x) + h(x)$
Das Schaubild der Funktion f erhält man aus den Schaubildern der Funktionen g und h durch **Ordinatenaddition**.
Das Schaubild der Funktion f geht in diesem Fall aus dem der Funktion g durch Verschiebung um 3 Einheiten nach unten hervor.

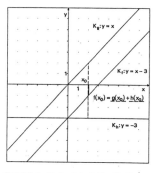

Bild 3.1: Beispiel a) für *Ordinatenaddition*

Im nächsten Beispiel kann die Funktion als Produkt zweier Einzelfunktionen aufgefaßt werden:

Beispiel b)
Hier kann man das Schaubild der Funktion $f:x \to 2x^2$ durch **Ordinatenmultiplikation** ermitteln.
Es gilt: $f:x \to g(x) \cdot h(x)$ mit $g(x) = 2$ und $h:x \to x^2$.
Das Schaubild der Funktion f entsteht bekanntlich durch *Streckung* des Schaubildes der Funktion h senkrecht zur x-Achse mit dem Faktor $k = 2$.

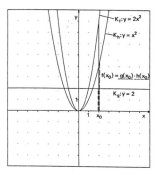

Bild 3.2: Beispiel b) für *Ordinatenmultiplikation*

3.1 Linearkombinationen von Funktionen

Beispiel c)
Das Schaubild der Tangensfunktion, erklärt als Quotient aus der Sinus- und der Kosinusfunktion, kann mit Hilfe der **Ordinatendivision** erstellt werden: Hier läßt sich jedoch - im Gegensatz zu den Methoden der Ordinatenaddition und die der Ordinatenmultiplikation - nicht mehr konstruktiv (d.h. durch Abtragen irgendwelcher Strecken etc.) arbeiten. Die Methode der Ordinatendivision läuft hauptsächlich gedanklich-rechnerisch ab. Die Schaubilder der Sinus- und Kosinusfunktion dienen dabei als Gedankenstütze. (vgl. Anmerkungen zum Schaubild der Tangensfunktion in *Kapitel 2.5.4.3*).

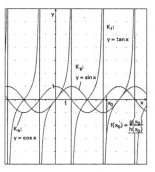

Bild 3.3: Beispiel c) für *Ordinatendivision*

3.1.2 Der Begriff 'Linearkombination von Funktionen'

Zusammensetzungen besonderer Art von Funktionen verdienen den Namen *Linearkombination von Funktionen*. Unter einer Linearkombination von Funktionen versteht man nun solche Funktionen, die durch Multiplikation einer Einzelfunktion mit einer konstanten Zahl und/oder Addition zweier Einzelfunktionen aus Einzelfunktionen - speziell aus den Grundfunktionen (vgl. Kapitel 2) - hervorgehen.

> **Definition 3.1:**
> Sind g und h beliebige Funktionen, meist Grundfunktionen, und a und b beliebige reelle Zahlen, so bezeichnet man jede Funktion der Form $f:x \to a \cdot g(x) + b \cdot h(x)$ als **Linearkombination** der Funktionen g und h. Die Funktion f ist jedoch nur für die x-Werte erklärt, für die sowohl g als auch h erklärt sind.

Beispiele:

a) $f:x \to 3\sin x + \cos x$
   mit $D = /R$

b) $f:x \to x + e^{-x}$
   mit $D = /R$

c) $f:x \to \ln x - \dfrac{1}{x}$
   mit $D = /R^+$

Die folgenden Funktionen lassen sich dagegen nicht als Linearkombinationen bekannter Grundfunktionen darstellen:

Gegenbeispiele:

a) $f:x \to (\sin x)^2$
   mit $D = /R$

b) $f:x \to \ln(x^2 - 1)$
   mit $D = /R \setminus \{\pm 1\}$

c) $f:x \to \dfrac{1}{\cos x}$
   mit $D = /R \setminus \left\{\dfrac{\pi}{2} + k \cdot \pi\right\}$
   und $k \in /Z$

3.1.3 Schaubilder 'linearkombinierter' Funktionen

Die bereits bekannten Methoden der **Ordinatenaddition** und der **Ordinatenmultiplikation** finden beim Erstellen der Schaubilder *linearkombinierter Funktionen* ihre Anwendung.

GRUNDAUFGABE 1:
Bestimmen Sie für die folgenden Funktionen jeweils den maximalen Definitionsbereich. Zerlegen Sie wie in den Beispielen a) und b) der Seite 134 die Funktionen in bekannte Einzelfunktionen und zeichnen Sie - mittels der Verfahren Ordinatenaddition und Ordinatenmultiplikation - ihre Schaubilder.

a) $f: x \to 2\sin x + x$
b) $f: x \to \ln x - x$
c) $f: x \to x + 1 - \dfrac{1}{x}$
d) $f: x \to \sin x + \sqrt{3}\cos x$
e) $f: x \to x^2 - e^{-x}$
f) $f: x \to \dfrac{1}{x^2} - x + \dfrac{1}{2}$
g) $f: x \to \sqrt{x} - \cos x$
h) $f: x \to \dfrac{e^x + e^{-x}}{2}$

Beispiel a)
Der Definitionsbereich lautet $D = I\!R$. Das Schaubild der Funktion f ergibt sich aus den Schaubildern der Funktionen $g: x \to \sin x$ und $h: x \to x$ durch **Ordinatenaddition**, zuvor wird das Schaubild von g mit dem Faktor $k = 2$ senkrecht zur x-Achse gestreckt (**Ordinatenmultiplikation**). Es gilt $f: x \to 2 \cdot g(x) + h(x)$.

Beispiel b)
Für die Funktion f mit $D = I\!R^+$ erweist sich die Zerlegung in $f: x \to \ln x + (-x)$ als sinnvoll. Auch dann entsteht das Schaubild der Funktion f aus denen der Funktionen $g: x \to \ln x$ und $h: x \to -x$ durch **Ordinatenaddition**.

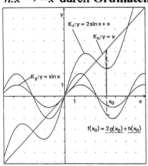

Bild 3.4: Schaubild zu Beispiel a)

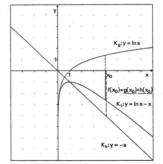

Bild 3.5: Schaubild zu Beispiel b)

Beispiel f)
Zerlegt man die Funktion f in die beiden Teilfunktionen $g: x \to \dfrac{1}{x^2}$ und $h: x \to -x + \dfrac{1}{2}$ bietet sich auch hier die **Ordinatenaddition** an. Man erkennt dabei sogar, daß die Gerade mit der Gleichung $h: x \to -x + \dfrac{1}{2}$ Asymptote ist, denn das Schaubild der Funktion f nähert sich dieser

3.1 Linearkombinationen von Funktionen

Geraden für $|x| \to \infty$, ohne sie zu berühren. Der Definitionsbereich der Funktion f ist $D = I\!R \setminus \{0\}$.

Beispiel h)
Das Schaubild der Funktion f entsteht zunächst aus den Schaubildern der Funktionen $g: x \to e^x$ und $h: x \to e^{-x}$ durch **Ordinatenaddition**. Die anschließende **Ordinatenmultiplikation** mit Faktor $k = \frac{1}{2}$ staucht das entstandene Schaubild senkrecht zur x-Achse. Der Definitionsbereich von f ist $D = I\!R$.
Auffallend ist, daß ihr Schaubild symmetrisch bezüglich der y-Achse ist, was sich sogleich nachweisen läßt, es gilt nämlich $f(-x) = \dfrac{e^{-x} + e^{-(-x)}}{2} = \dfrac{e^{-x} + e^{x}}{2} = f(x)$.

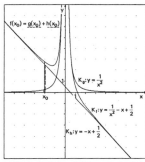

Bild 3.6: Schaubild zu Beispiel f)

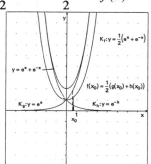

Bild 3.7: Schaubild zu Beispiel h)

Anmerkung zu Beispiel h)
Die Schaubilder der Funktionen $f: x \to a(e^{kx} + e^{-kx})$ sind unter der Bezeichnung *Kettenlinien* bekannt. Sie beschreiben die Linie einer nur an den Enden befestigte, sonst aber freihängenden Kette.

Übungsaufgaben:
1. Bestimmen Sie - wie in den Beispielen der Grundaufgabe - jeweils den maximalen Definitionsbereich der folgenden Funktionen. Zerlegen Sie sie in bekannte Einzelfunktionen und zeichnen Sie ihr Schaubild ohne Zuhilfenahme einer Wertetabelle. Untersuchen Sie die Funktionen auf einfache Symmetrien (Punktsymmetrie bezüglich des Koordinatenursprungs bzw. Achsensymmetrie bezüglich der y-Achse.)

   a) $f: x \to 6x^2 - x - 2$
   b) $f: x \to \frac{3}{2}x + x^2 - 2$
   c) $f: x \to x + \sqrt{x} + 1$
   d) $f: x \to x^3 - x^2 + 1$
   e) $f: x \to \frac{1}{2}x - 2\ln x$
   f) $f: x \to \frac{1}{x^2} - e^x$
   g) $f: x \to -\cos\left(\frac{1}{2}x\right) + x^2$
   h) $f: x \to \frac{1}{2}x^3 + 2\sin x$

2. Zerlegen Sie den Funktionsterm in Summen. Verfahren Sie dann wie in der vorhergehenden Aufgabe.

   a) $f: x \to x(1-x)$
   b) $f: x \to \dfrac{1-x}{x}$
   c) $f: x \to (x+1)^2 \cdot \dfrac{1}{x^2}$
   d) $f: x \to (x+1)^3 \cdot \dfrac{1}{x}$
   e) $f: x \to \dfrac{x}{x+1}$
   f) $f: x \to \dfrac{x^2-1}{2x-1}$

g) $f: x \to \ln\left(\frac{1}{2} x^2\right)$ h) $f: x \to \ln\left(\frac{1}{2x^2}\right)$

3. Zeichnen Sie für $0 \leq x \leq 2\pi$ die Schaubilder der Funktionen:
$f_1: x \to \sin x \quad f_2: x \to f_1(x) + \sin x \quad f_3: x \to f_2(x) + \sin x \quad f_4: x \to f_3(x) + \sin x$

4. Durch Überlagerung zweier Einzelschwingungen S_1 und S_2, darstellbar durch die beiden Funktionen f_1 und f_2 mit $f_1: x \to \frac{1}{3}\sin x$ und $f_2: x \to \frac{1}{3}\sqrt{3}\cos x$, entsteht die Schwingung S.
   a) Zeichnen Sie das Schaubild der Funktion $f: x \to f_1(x) + f_2(x)$, durch welche die Schwingung S beschrieben wird.
   b) Vergleichen Sie das Schaubild der Funktion f mit der Sinuskurve. Wie hat sich die Amplitude, wie die Frequenz geändert? Welche Phasenverschiebung läßt sich an Hand des Schaubildes erkennen? (vgl. **Übungsaufgabe 4** in Kapitel 2.5.5)
   c) Zeigen Sie rechnerisch, daß sich die Funktion f in der folgenden Form schreiben läßt:
   $f: x \to \frac{2}{3}\sin\left(x + \frac{\pi}{2}\right)$. (*Hinweis*: Benutzen Sie dabei das - an dieser Stelle nicht bewiesene - Additionstheorem der Sinus- und Kosinusfunktion: $\sin(x_1 + x_2) = \sin x_1 \cdot \cos x_2$.)

5. Bestimmen Sie den Definitionsbereich der folgenden Funktionen. Erstellen Sie für die Schaubilder der Funktionen durch Überlegung jeweils eine Skizze. Untersuchen Sie die Schaubilder auf einfache Symmetrien (Punktsymmetrie bezüglich des Koordinatenursprungs bzw. Achsensymmetrie bezüglich der y-Achse).
   a) $f: x \to (\cos x)^2$ b) $f: x \to \frac{1}{x^2 + 1}$ c) $f: x \to \frac{1}{\sin x}$

3.2 Die ganzrationalen Funktionen

3.2.1 Der Begriff 'ganzrationale Funktion'

Eine besondere Klasse zusammengesetzter Funktionen bilden die *ganzrationalen Funktionen* oder auch *Polynomfunktionen* genannt. Sie entstehen aus einer Linearkombination zweier oder mehrerer Potenzfunktionen der Form $f: x \to x^n$ mit $n \in I\!N_0$.

Definition 3.2:
Funktionen der Form
$f: x \to a_0, \quad f: x \to a_1 x + a_0, \quad f: x \to a_2 x^2 + a_1 x + a_0, \quad f: x \to a_3 x^3 + a_2 x^2 + a_1 x + a_0,$
$f: x \to a_4 x^4 + a_3 x^3 + a_2 x^2 + a_1 x + a_0, \quad f: x \to a_5 x^5 + a_4 x^4 + a_3 x^3 + a_2 x^2 + a_1 x + a_0,$ etc.
(mit $a_0, a_1, a_2, a_3, a_4, a_5 \in I\!R$ und $a_0 \neq 0$) heißen **ganzrationale Funktionen** (0. Grades, 1. Grades, 2. Grades, 3. Grades, 4. Grades, 5. Grades etc.).
Den Funktionsterm nennt man ein **Polynom**.
Schaubilder ganzrationaler Funktionen vom **Grad 0** und vom **Grad 1** heißen **Geraden**.
Die Schaubilder ganzrationaler Funktionen höheren Grades nennt man **Parabeln** (2. Ordnung, 3. Ordnung, 4. Ordnung, 5. Ordnung etc.).

3.2 Die ganzrationalen Funktionen

Anmerkungen:

1) Die reellen Zahlen $a_0, a_1, a_2, a_3, a_4, a_5 \ldots$ heißen *Koeffizienten* des Funktionsterms bzw. des Polynoms. Unter einem Koeffizient versteht man die Zahl, die als Faktor bei einer Variablen steht. Für ganzrationale Funktionen mit nicht allzu vielen Gliedern schreibt man, statt der Koeffizienten $a_0, a_1, a_2, a_3, a_4, \ldots$, oft $a, b, c, d, e, \ldots$.
2) Mit Ausnahme vom Koeffizient a_0 dürfen alle Koeffizienten $a_1, a_2, a_3, a_4, a_5 \ldots$ den Wert Null annehmen. Sind diese nun etwa Null und gilt noch zusätzlich $a = 1$, so entstehen insbesondere die Potenzfunktionen der Form $f:x \to x^n$ mit $n \in I\!N_0$.
3) Die quadratischen Funktionen sind also ganzrationale Funktionen 2. Grades, nichtkonstante lineare Funktionen solche 1. Grades und die Konstantfunktion (außer der Nullfunktion $f:x \to 0$) sind solche 0. Grades. Die Nullfunktion hat keinen Grad.
4) Der Grad ganzrationaler Funktionen läßt sich demnach am Exponenten der höchsten x-Potenz ablesen, in welcher Reihenfolge die x-Potenzen auch immer stehen mögen. (siehe nachfolgendes Beispiel b))
5) In manchen Fällen muß der Funktionsterm durch Ausmultiplizieren erst auf die in der Definition angegebenen Form gebracht werden, um die Kooeffizienten und den Grad der Funktion ablesen zu können (siehe nachfolgende Beispiele e) und f)).

Beispiele:

a) $f:x \to 4x^5 - \frac{1}{2}x^3 + 1$
b) $f:x \to \sqrt{3}x^2 - \frac{1}{3}x^4$
c) $f:x \to x^2 + \pi \cdot x$
d) $f:x \to \frac{1}{2}\sqrt{3}x^3 + 2x - e$
e) $f:x \to (3x+2)(2x-8)$
f) $f:x \to (x-2)^3$

zu a) bis d)
Die Funktion f ist eine ganzrationale Funktion vom
   a) Grad 5   b) Grad 4   c) Grad 2   d) Grad 3

zu e) und f)
Durch Ausmultiplizieren lassen sich die Koeffizienten und der Grad der ganzrationalen Funktionen ablesen:

e) $f(x) = (3x+2)(2x-8) = 6x^2 - 20x - 16$ (Grad 2)

f) $f(x) = (x-2)^3 = x^3 - 6x^2 + 12x - 8$ (Grad 3)

Vor allem sei erwähnt, daß Linearkombinationen aus Potenzfunktionen mit ganzzahlig negativen oder gebrochenen Exponenten selbstverständlich nicht zu den ganzrationalen Funktionen gehören. Beide Arten von Potenzfunktionen zählen jedoch gemeinsam zur großen Klasse der *algebraischen Funktionen*. Daneben gibt es die *transzendenten Funktionen*, zu denen die Exponential- und Logarithmenfunktionen, sowie die trigonometrischen Funktionen gerechnet werden.

Als Gegenbeispiele ganzrationaler Funktionen seien die folgenden Funktionen genannt:

Gegenbeispiele:

a) $f:x \to 3x^2 + x^{-1}$ $D = I\!R \setminus \{0\}$ b) $f:x \to -x^{\frac{1}{2}} + 2x$ $D = I\!R_0^+$

c) $f: x \to x^3 + e^x$ $\qquad D = \mathbb{R}$

d) $f: x \to x^e - \frac{1}{2}x^2$ $\qquad D = \mathbb{R}_0^+$

e) $f: x \to \ln x - x^4$ $\qquad D = \mathbb{R}^+$

f) $f: x \to 2\sin x - \frac{1}{5}x$ $\qquad D = \mathbb{R}$

Um die Schaubilder ganzrationaler Funktionen zu zeichnen, könnte man wie bisher mit Hilfe der Methoden Ordinatenaddition und Ordinatenmultiplikation verfahren. Dies ist jedoch - insbesondere wenn die Funktionen aus zwei und mehreren Einzelfunktionen zusammengesetzt sind - verhältnismäßig aufwendig. Ein Beispiel möge hier trotzdem angefügt werden.

Beispiel:
Das Schaubild der Funktion f mit $f: x \to \frac{1}{2}x^2 - \frac{1}{8}x^3$ kann durch Ordinatenaddition der Schaubilder der Funktionen g und h mit $g: x \to \frac{1}{2}x^2$ und $h: x \to -\frac{1}{8}x^3$ ermittelt werden.

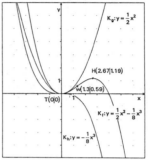

Bild 3.8: Schaubild der Funktion $f: x \to \frac{1}{2}x^2 - \frac{1}{8}x^3$

Die Schaubilder ganzrationaler Funktionen weisen zum Teil ganz besondere Eigenschaften auf. So ist bei exaktem Zeichnen ersichtlich - je komplizierter der Funktionsterm beschaffen ist, desto mehr wirken sich freilich Zeichenungenauigkeiten aus -, daß das Schaubild einen Tiefpunkt mit den Koordinaten $T(0|0)$, einen Hochpunkt mit $H(2,67|1,19)$ und einen Wendepunkt mit $W(1,3|0,59)$ aufweist. Von Hoch- Tief- und Wendepunkten, und davon, wie solche Punkte sogar rechnerisch ermittelt werden können, wird im Rahmen der Differentialrechnung noch ausführlich die Rede sein.

Zuvor mögen zwei schon bekannte Teilaspekte im Zusammenhang mit ganzrationalen Funktionen beleuchtet werden, zum einen die *Symmetrieuntersuchung* der Schaubilder ganzrationaler Funktionen, zum anderen die *Bestimmung ihrer Schnittpunkte mit der x-Achse*. Beide Aspekte tragen wesentlich dazu bei, den Verlauf des Schaubildes ganzrationaler Funktionen vorherbestimmen zu können.

3.2.2 Symmetrieuntersuchung der Schaubilder ganzrationaler Funktionen

Das Schaubild einer Funktion kann sehr unterschiedliche Symmetrien aufweisen. Am häufigsten treten jedoch die Punktsymmetrie zum Koordinatenursprung und die Achsensymmetrie zur y-Achse auf. So werden wir uns vor allem um diese Symmetrien (auch einfache Symmetrien genannt) kümmern.

Das *allgemeine Kriterium* zur Bestimmung der Symmetrie bei Schaubildern von Funktionen sei hier nochmals zusammengefaßt:

3.2 Die ganzrationalen Funktionen

Merke 3.1:
Gilt für alle x-Werte aus dem Definitionsbereich einer Funktion f die Gleichung
$$f(x) = f(-x),$$
so ist das *Schaubild der Funktion f* **symmetrisch zur y-Achse**, gilt dagegen
$$f(x) = -f(-x),$$
so ist das *Schaubild der Funktion f* **symmetrisch zum Koordinatenursprung**.

Anmerkung:
1) In diesem Zusammenhang spricht man bekanntlich von *geraden* und *ungeraden* Funktionen (vgl. Kapitel 2.6. Seite 122).
2) Das Kriterium $f(x) = -f(-x)$ ist gleichbedeutend mit $-f(x) = f(-x)$ (Beide Seiten der Gleichung werden lediglich mit der Zahl -1 durchmultipliziert.)

Beispiel a)
Das Schaubild der Funktion f mit $f: x \rightarrow \dfrac{1}{x} - x$ ist *punktsymmetrisch zum Koordinatenursprung*, denn es gilt:
$$f(-x) = \frac{1}{-x} - (-x) = -\frac{1}{x} + x = -\left(\frac{1}{x} - x\right)$$
$$= -f(x)$$
Die Funktion $f: x \rightarrow \dfrac{1}{x} - x$ ist eine *ungerade Funktion*.

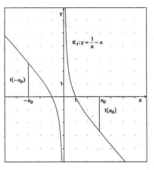

Bild 3.9: Schaubild einer ungeraden Funktion

Beispiel b)
Das Schaubild der Funktion f mit $f: x \rightarrow 2(\sin x)^2 + 1$ ist *achsensymmetrisch zur y-Achse*, denn es gilt:
$$f(-x) = 2(\sin(-x))^2 + 1 = 2(-\sin(x))^2 + 1$$
$$= 2(\sin(x))^2 + 1 = f(x)$$
Die Funktion $f: x \rightarrow 2(\sin x)^2 + 1$ ist eine *gerade Funktion*.

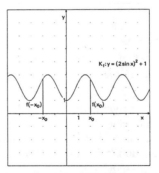

Bild 3.10: Schaubild einer geraden Funktion

Beispiel c)
Das Schaubild der Funktion f mit $f: x \to e^x - x$ ist weder achsensymmetrisch zur y-Achse noch punktsymmetrisch zum Koordinatenursprung, denn es gilt einerseits
$$f(-x) = e^{-x} - (-x) = e^{-x} + x = -\left(-e^{-x} - x\right)$$
$\neq -f(x)$, andererseits aber auch
$f(-x) \neq f(x)$.
Die Funktion $f: x \to e^x - x$ ist *weder gerade noch ungerade*.
Ihr Schaubild weist *keine einfache Symmetrie auf*.

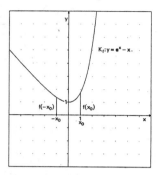

Bild 3.11: Schaubild einer Funktion, die weder gerade noch ungerade ist

Neben dem allgemeinen Kriterium zur Symmetrieuntersuchung der Schaubilder von Funktionen gibt es *eigens für die Schaubilder ganzrationaler Funktionen* ein sehr einfaches Spezialkriterium:

Merke 3.2:
Das Schaubild einer ganzrationalen Funktion ist genau dann
symmetrisch zur y-Achse,   **punktsymmetrisch zum Koordinatenursprung,**
wenn der Funktionsterm nur x-Potenzen
mit geraden Exponenten   **mit ungeraden Exponenten**
enthält.
Dabei zählt der Teil der Funktion ohne die Variable x, auch *Absolutglied* des Funktionsterms genannt, zu den x-Potenzen mit geradem Exponenten.

Anmerkungen:
1) Für eine ganzrationale Funktion, z.B. 6. Grades, mit nur geraden Exponenten und Absolutglied, also für eine Funktion der Form $f: x \to ax^6 + bx^4 + cx^2 + d$, gilt $f(-x) = a(-x)^6 + b(-x)^4 + c(-x)^2 + d = ax^6 + bx^4 + cx^2 + d = f(x)$, woraus die Achsensymmetrie zur y-Achse ihres Schaubildes folgt. Daß das Absolutglied d keine Auswirkung auf die Symmetrie zur y-Achse zeigt, kann auch anschaulich begründet werden. Das Schaubild einer Funktion, das achsensymmetrisch zur y-Achse ist, behält bei einer Verschiebung nach oben oder unten die genannte Symmetrie bei.

2) Für eine Funktion, z.B. 5. Grades mit nur ungeraden Exponenten, also für eine Funktion der Form $f: x \to ax^5 + bx^3 + cx$, gilt:
$$f(-x) = a(-x)^5 + b(-x)^3 + c(-x) = -ax^5 - bx^3 - cx = -\left(ax^5 + bx^3 + cx\right) = -f(x)$$
Ihr Schaubild ist daher punktsymmetrisch zum Koordinatenursprung.
Das Schaubild der Funktion $g: x \to ax^5 + bx^3 + cx + d$ hingegen weist keine Punktsymmetrie zum Ursprung mehr auf, es ist vielmehr symmetrisch zum Punkt $P(0|d)$.

3.2 Die ganzrationalen Funktionen

Beispiele:

a) Die Funktion f mit $f: x \to \frac{1}{3}x^6 - x^4$ ist eine gerade Funktion, denn ihr Funktionsterm enthält nur x-Potenzen mit geraden Exponenten. Ihr Schaubild ist *achsensymmetrisch zur y-Achse*. Dasselbe gilt für die Funktion g mit $g: x \to 5 - x^4 + \frac{1}{3}x^6$, denn das Absolutglied wird zu den x-Potenzen mit geraden Exponenten gezählt.

b) Das Schaubild der Funktion f mit $f: x \to \frac{1}{4}x^3 - \sqrt{2}x$ ist *punktsymmetrisch zum Koordinatenursprung*. Ihr Funktionsterm enthält nur x-Potenzen mit ungeradem Exponenten.

c) Die Funktion f mit $f: x \to -2x^5 - \sqrt{2}x^4 + \frac{1}{4}x$ hingegen ist weder eine gerade noch eine ungerade Funktion, da ihr Funktionsterm x-Potenzen mit geraden und ungeraden Exponenten aufweist. Ihr Schaubild besitzt keine *einfache Symmetrie*.

Hinweis:
Bei den ganzrationalen Funktionen bietet sich bei der Symmetrieuntersuchung ihrer Schaubilder das Spezialkriterium an, bei allen übrigen Funktionen muß auf das allgemeine Kriterium zurückgegriffen werden.

Übungsaufgaben:

1. Ermitteln Sie die Koeffizienten und den Grad der folgenden (ganzrationalen) Funktionen:

   a) $f: x \to 4 - \frac{1}{3}x^3 + x^4$
   b) $f: x \to \frac{2x^3}{5} - \frac{x}{2} + \frac{2}{3}$
   c) $f: x \to \left(\frac{1}{5}x^3 - x\right)\left(1 - \sqrt{3}x\right)$
   d) $f: x \to \left(2x\sqrt{x} + \sqrt{x}\right)^2 \quad D = I\!\!R_0^+$

2. Gegeben seien die Funktionen g, h und i mit $g: x \to 2x^3 - 1$, $h: x \to 3 - x + \frac{1}{2}x^2$, $i: x \to \sqrt{3}$.
   Bestimmen Sie den Funktionsterm der folgenden Funktionen f. Welche dieser Funktionen sind ganzrational? Bestimmen Sie gegebenenfalls die Koeffizienten und den Grad.

   a) $f: x \to g(x) + h(x)$
   b) $f: x \to g(x) \cdot h(x)$
   c) $f: x \to \frac{g(x)}{h(x)}$ (mit $h(x) \neq 0$)
   d) $f: x \to h(x) + i(x)$
   e) $f: x \to h(x) \cdot i(x)$
   f) $f: x \to \frac{h(x)}{i(x)}$

3. Untersuchen Sie die Schaubilder der folgenden ganzrationalen Funktionen auf einfache Symmetrien:

   a) $f: x \to x^4 - 2x^2$
   b) $f: x \to -x^5 + x$
   c) $f: x \to \frac{1}{3}x^6 - x^4 + 1$
   d) $f: x \to -x^5 + x^3 - \frac{1}{3}$
   e) $f: x \to -x^2 + 2x$
   f) $f: x \to -x^3 + \frac{1}{5}x^2$
   g) $f: x \to x$
   h) $f: x \to 5$
   i) $f: x \to \frac{1}{3}x^6 - 2x^5$
   j) $f: x \to \frac{1}{5}x^4 - x^2 + \sqrt{3}$
   k) $f: x \to \sqrt{3}x^5 - 4x^3 + 1$
   l) $f: x \to \left(x^2 - 1\right)\left(\frac{1}{2}x^4 + 1\right)$

4. Bestimmen Sie den maximalen Definitionsbereich der folgenden Funktionen. Untersuchen Sie ihre Schaubilder auf einfache Symmetrien.

   a) $f: x \to \frac{1}{x^2 - 2}$
   b) $f: x \to \frac{1}{x^3}$
   c) $f: x \to \frac{x}{x^2 + 2}$

d) $f: x \to \sin x + \cos x$ e) $f: x \to \dfrac{1}{\tan x}$ f) $f: x \to \dfrac{1}{e^x + e^{-x}}$

g) $f: x \to \ln(x^2 - 3)$ h) $f: x \to \dfrac{1}{\cos x} + 1$ i) $f: x \to \sqrt{x^3 - x}$

5. Die beiden Funktionen g und h sind gerade (ungerade) Funktionen. Welche einfache Symmetrien weisen die Schaubilder der folgenden Funktionen f auf?

a) $f: x \to g(x) + h(x)$ b) $f: x \to g(x) - h(x)$

c) $f: x \to g(x) \cdot h(x)$ d) $f: x \to \dfrac{g(x)}{h(x)}$ (mit $h(x) \neq 0$)

3.2.3 Nullstellenbestimmung ganzrationaler Funktionen

Nullstellen einer Funktion f wurden schon im Zusammenhang mit linearen und quadratischen Funktionen ermittelt. Wir halten fest:

Definition 3.3:
Gilt für eine Zahl x_N aus dem Definitionsbereich der Funktion f die Bedingung $f(x_N) = 0$, so heißt x_N **Nullstelle** der Funktion f. Im Punkt P mit den Koordinaten $N(x_N | 0)$ schneidet das Schaubild der Funktion f die x-Achse.

Beispiel a)
Die Funktion f mit $f: x \to 2x^2 - x$ hat die beiden Nullstellen $x_1 = 0$ und $x_2 = 0{,}5$, denn es gilt einerseits $f(0) = 2 \cdot 0^2 - 0 = 0$
und andererseits ist
$f(0{,}5) = 2 \cdot 0{,}5^2 - 0{,}5 = 2 \cdot 0{,}25 - 0{,}5 = 0$.
Die Schnittpunkte des Schaubildes mit der x-Achse sind demnach $N_1(0|0)$ und $N_2(0{,}5|0)$.

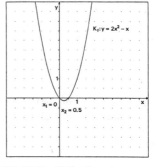

Bild 3.12: Nullstellen einer ganzrationalen Funktion

Beispiel b)
Die Nullstellen der Funktion f mit
$f: x \to \dfrac{1}{(x-1)^2} - 4$ lauten $x_1 = 0{,}5$ und $x_2 = 1{,}5$, denn es gilt $f(0{,}5) = 0$ und $f(1{,}5) = 0$.
Das Schaubild der Funktion f schneidet die x-Achse in den Punkten $N_1(0{,}5|0)$ und $N_2(1{,}5|0)$.

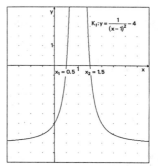

Bild 3.13: Nullstellen einer nicht ganzrationalen Funktion

3.2 Die ganzrationalen Funktionen

Hinweis:
Die Nullstellen ergeben sich rechnerisch als Lösung der Gleichung $f(x) = 0$.

Im folgenden werden wir uns mit den Nullstellen *ganzrationaler Funktionen* beschäftigen.

GRUNDAUFGABE 2:
Bestimmen Sie die Nullstellen der folgenden ganzrationalen Funktionen vom Grad 2.

a) $f: x \rightarrow \frac{1}{2}x^2 + x$ b) $f: x \rightarrow -\frac{1}{2}x^2 + 4x - 8$ c) $f: x \rightarrow 2x^2 + x + \frac{1}{2}$

Beispiel a)
Die Nullstellen ergeben sich als Lösung der Gleichung $0 = \frac{1}{2}x^2 + x \Leftrightarrow 0 = x\left(\frac{1}{2}x + 1\right)$. In dieser Form lassen sich die Nullstellen direkt ablesen: $x_1 = 0$ und $x_2 = -2$. Es handelt sich hier jeweils um zwei *einfache Nullstellen*. (Die Linearfaktoren x und $\left(\frac{1}{2}x + 1\right)$ kommen je einmal vor.)

Beispiel b)
Die entsprechende quadratische Gleichung läßt sich folgendermaßen vereinfachen:
$0 = -\frac{1}{2}x^2 + 4x - 8 \Leftrightarrow 0 = x^2 - 8x + 16 \Leftrightarrow 0 = (x-4)^2$. Sie besitzt genau eine Lösung $L = \{4\}$. Man bezeichnet die Nullstelle der quadratischen Funktion f als *doppelte Nullstelle* $x_{1,2} = 4$ (Der Linearfaktor $(x-4)$ kommt als Quadrat, also zweimal vor.)

Beispiel c)
Die Diskriminante der entsprechenden quadratischen Gleichung $0 = 2x^2 + x + \frac{1}{2}$ ist negativ: $D = 1^2 - 4 \cdot 2 \cdot \frac{1}{2} = -3 < 0$. Die Funktion f besitzt *keine Nullstelle*, das Schaubild der Funktion f demnach auch keinen Schnittpunkt mit der x-Achse.

Hinweis:
Ganzrationale Funktionen lassen sich, falls sie über Nullstellen verfügen, mit ihrer Hilfe in Linearfaktoren zerlegen:

zu a) $f(x) = \frac{1}{2}x^2 + x = \frac{1}{2}(x - \underline{0})(x - (\underline{-2}))$ (mit den Nullstellen $x_1 = 0 \; x_2 = -2$)

zu b) $f(x) = -\frac{1}{2}x^2 + 4x - 8 = -\frac{1}{2}(x - \underline{\underline{4}})^2$ (mit der Nullstelle $x_{1,2} = 4$)

Wir fassen zusammen:

Merke 3.3:
Hat eine ganzrationale Funktion f vom Grad 2 mit $f:x \rightarrow ax^2 + bx + c$ (wobei a, b, c $\in \mathbb{R}$ und $a \neq 0$) die beiden Nullstellen x_1 und x_2, so läßt sie sich darstellen in der Form $f(x) = a(x - x_1)(x - x_2)$. Für $x_1 \neq x_2$ besitzt die Funktion f zwei einfache Nullstellen, für $x_1 = x_2$ eine doppelte Nullstelle.

GRUNDAUFGABE 3:
Bestimmen Sie die Nullstellen der folgenden ganzrationalen Funktionen vom Grad 3.

a) $f:x \rightarrow x^3 - x^2 - 2x$

b) $f:x \rightarrow \frac{4}{3}x^3 + \frac{4}{3}x^2 - x$

c) $f:x \rightarrow x^3 - 6x^2 + 11x - 6$

d) $f:x \rightarrow 4x^3 - 4x^2 - 5x + 3$

Beispiel a)
Durch Ausklammern des Faktors x, die erste Nullstelle kann sofort abgelesen werden, ergeben sich die weiteren Nullstellen der Funktion f als Lösung der entstehenden quadratischen Gleichung (Satz von VIETA). $0 = x^3 - x^2 - 2x \Leftrightarrow 0 = x(x^2 - x - 2) \Leftrightarrow 0 = x(x - 2)(x + 1) \Rightarrow x_1 = 0$, $x_2 = 2$, $x_3 = -1$. Dabei findet der überaus wichtige *Satz des Nullproduktes* seine Anwendung:

Satz 3.1 (Satz des Nullproduktes):
Ein Produkt ist genau dann Null, wenn mindestens ein Faktor Null ist.

Die Funktion f läßt sich mit Hilfe ihrer Nullstellen faktorisieren.
Es gilt: $f(x) = x^3 - x^2 - 2x = x(x + 1)(x - 2)$

Beispiel b)
Mittels der Umformungen $0 = \frac{4}{3}x^3 + \frac{4}{3}x^2 - x \Leftrightarrow 0 = 4x^3 + 4x^2 - 3x \Leftrightarrow 0 = x(4x^2 + 4x - 3)$ erhält man wie im Beispiel a) die Nullstellen der Funktion f. Es sind $x_1 = 0$ und $x_{2,3} = \frac{-4 \pm \sqrt{16 - 4 \cdot 4 \cdot (-3)}}{8} = \frac{-4 \pm 8}{8}$ und damit $x_2 = \frac{1}{2}$ und $x_3 = -\frac{3}{2}$.

Es gilt: $f(x) = \frac{4}{3}(x - 0)\left(x - \frac{1}{2}\right)\left(x - \left(-\frac{3}{2}\right)\right) = \frac{4}{3}x\left(x - \frac{1}{2}\right)\left(x + \frac{3}{2}\right)$

Die Nullstellen der Funktionen in den Beispielen c) und d) lassen sich nicht so einfach bestimmen. Das Ausklammern des Faktors x ist nicht möglich, da die Funktionsterme über ein Absolutglied verfügen. Wir erinnern uns im folgenden aber daran, daß sich die Zerlegung des Funktionsterms in Linearfaktoren als praktisch erwiesen hat.

Beispiel c)
Um die Nullstellen der Funktion f mit $f:x \rightarrow x^3 - 6x^2 + 11x - 6$ zu bestimmen, muß die erste Nullstelle *erraten* werden. Verfügt im Idealfall die Funktion f über eine ganzzahlige Nullstelle, so ist diese Nullstelle ein *Teiler des Absolutgliedes* des Funktionsterms von f (vgl. Anmerkung 1 auf der Seite 148).
So stehen in diesem Beispiel die Zahlen 1, -1, 2, -2, 3, -3, 6 und -6 als Teiler des Absolutgliedes -6 zur Auswahl. Sogleich erkennt man $x_1 = 1$ als eine Nullstelle dieser Funktion f, denn

3.2 Die ganzrationalen Funktionen

es gilt $f(1) = 1^3 - 6 \cdot 1^2 + 11 \cdot 1 - 6 = 0$. Bei der Zerlegung des Funktionsterms in Linearfaktoren lautet der erste Linearfaktor zumindest $(x-1)$. Der restliche Faktor muß der Term einer quadratischen Funktion g mit $g: x \to x^2 + px + q$ sein, seine Koeffizienten sind jedoch noch unbekannt. Die Zerlegung hat bis jetzt also die (vorläufige) Darstellung:
$$f(x) = x^3 - 6x^2 + 11x - 6 = (x-1) \cdot (x^2 + px + q)$$
Es liegt nun nahe, mit Hilfe einer Division, auch *Polynomdivision* genannt, den quadratischen Teil der Funktion zu ermitteln: $(x^3 - 6x^2 + 11x - 6) : (x-1) = (x^2 + px + q)$
Sie geschieht - ähnlich der schriftlichen Division zweier Zahlen - nach dem folgenden Verfahren:

$(\underline{x}^3 - 6x^2 \underline{+11x} \underline{\underline{-6}}) : (\underline{x} - 1) = \underline{x}^2 - 5x - 6$	*Rechnerische Überlegungen:*
$-(x^3 - x^2)$	$\underline{x}^2 = \underline{x}^3 : \underline{x}$
$\overline{\quad -5x^2 + 11x}$	$x^3 - x^2 = x^2 \cdot (x-1)$
$-(-5x^2 + 5x)$	$-5x = -5x^2 : x$
$\overline{\quad 6x \underline{\underline{-6}}}$	$-5x^2 + 5x = -5x(x-1)$
$\quad 6x - 6$	$-6 = 6x : x$
$\overline{\quad\quad 0}$	$6x - 6 = 6(x-1)$

Damit sind die Koeffizienten der Funktion g ebenfalls bekannt. Die Funktion g lautet $g: x \to x^2 - 5x - 6$. Die Funktion f läßt sich sofort als Produkt aus dem Linearfaktor $(x-1)$ und der Funktion g schreiben, denn es gilt $f(x) = (x-1) \cdot g(x)$. So entsprechen in Anlehnung an den Satz des Nullproduktes die übrigen Nullstellen der Funktion f denen der Funktion g. Sie lassen sich z.B. mit Hilfe des Satzes von VIETA ermitteln. Schließlich gelingt die Zerlegung der Funktion f in Linearfaktoren, bei der alle Nullstellen direkt abgelesen werden können.
Es gilt: $f(x) = x^3 - 6x^2 + 11x - 6 = (x-1) \cdot g(x) = (x-1)(x^2 - 5x - 6) = (x-1)(x-2)(x-3)$
Die Nullstellen heißen $x_1 = 1$, $x_2 = 2$ und $x_3 = 3$.
Hätte man beim Erraten der Nullstellen sogleich zwei Nullstellen gefunden, z.B. $x_1 = 1$ und $x_2 = 3$, könnte der Funktionsterm $f(x) = x^3 - 6x^2 + 11x - 6$ schon durch den quadratischen Faktor $(x-1)(x-3)$ bzw. $(x^2 - 4x + 3)$ dividiert werden. Die Polynomdivision verkürzt sich dabei.

$(\underline{x}^3 - 6x^2 + 11x \underline{\underline{-6}}) : (\underline{x}^2 - 4x + 3) = \underline{x} - 2$	*Rechnerische Überlegungen:*
$-(x^3 - 4x^2 + 3x)$	$\underline{x} = \underline{x}^3 : \underline{x}^2$
$\overline{\quad -2x^2 + 8x \underline{\underline{-6}}}$	$x^3 - 4x^2 + 3x = x(x^2 - 4x + 3)$
$-(-2x^2 + 8x - 6)$	$-2 = -2x^2 : x^2$
$\overline{\quad\quad 0}$	$-2x^2 + 8x - 6 = -2(x^2 - 4x + 3)$

Die dritte Nullstelle, hier $x_3 = 2$, entspricht nun der Nullstelle der linearen Funktion h mit $h: x \to x - 2$. Es ergibt sich selbstverständlich dieselbe Zerlegung der Funktion f in Linearfaktoren wie oben bereits genannt.

Beispiel d)
Die erste Nullstelle der Funktion f mit $f:x \rightarrow 4x^3 - 4x^2 - 5x + 3$ ermittelt man durch Erraten. Dabei wird wieder unter den ganzzahligen Teilern des Absolutgliedes gesucht. Man erhält z.B. $x_1 = -1$. Die nachfolgende Polynomdivision ermöglicht die Bestimmung der übrigen Nullstellen.

	Rechnerische Überlegungen:
$(4x^3 - 4x^2 \underline{-5x} \underline{+3}) : (\underline{x} +1) = \underline{4x^2} - 8x + 3$	$4x^2 = 4x^3 : x$
$-(4x^3 + 4x^2)$	$4x^3 + 4x^2 = 4x^2(x+1)$
$\quad\quad -8x^2 \underline{-5x}$	
$\quad -(-8x^2 - 8x)$	$-8x = -8x^2 : x$
	$-8x^2 - 8x = -8x(x+1)$
$\quad\quad\quad\quad 3x \underline{+3}$	
$\quad\quad -(3x + 3)$	$3 = 3x : x$
$\quad\quad\quad\quad\quad 0$	$3x + 3 = 3(x+1)$

Nun gilt: $f(x) = (x+1)(4x^2 - 8x + 3) = (x+1) \cdot g(x)$ mit $g:x \rightarrow 4x^2 - 8x + 3$
Die restlichen Nullstellen der Funktion f entsprechen wiederum denen der Funktion g.

Mit Hilfe der MNF 2 folgt $x_{2,3} = \dfrac{8 \pm \sqrt{(-8)^2 - 4 \cdot 4 \cdot 3}}{2 \cdot 4} = \dfrac{8 \pm 4}{8}$ und damit $x_2 = \dfrac{3}{2}$ und $x_3 = \dfrac{1}{2}$.

Die Zerlegung der Funktion f lautet demnach $f(x) = 4(x+1)\left(x - \dfrac{3}{2}\right)\left(x - \dfrac{1}{2}\right)$.

Anmerkungen:
1) Daß, falls die Funktion f eine ganzzahlige Nullstelle besitzt, diese Nullstelle Teiler ihres Absolutgliedes sein muß, soll am Beispiel einer ganzrationalen Funktion f 3. Grades der Form $f:x \rightarrow x^3 + bx^2 + cx + d$ mit den drei Nullstellen $x_1 = p$, $x_2 = q$ und $x_3 = r$ mit p, q, $r \in /R$ erläutert werden. Die Funktion f läßt sich mit Hilfe ihrer Nullstellen in Linearfaktoren zerlegen mit $f(x) = (x-p)(x-q)(x-r)$. Werden diese Faktoren ausmultipliziert und nach fallenden x-Potenzen geordnet, so entsteht (nach einer etwas längeren Rechnung) $f(x) = x^3 - (p + q + r)x^2 + (pq + pr + qr)x - pqr$. Vergleicht man nun die Koeffizienten dieser Darstellung mit derjenigen von oben, so stellt man fest, daß das Absolutglied des Funktionstermes der Funktion f mit dem negativen Produkt aus den drei Nullstellen übereinstimmen muß. Hat also die Funktion f eine ganzzahlige Nullstelle, so muß diese Teiler des Absolutgliedes sein.
2) Für die Anzahl der Nullstellen *ganzrationaler Funktionen 2. Grades*, also bei den quadratischen Funktionen, gibt es die drei Möglichkeiten: Die Funktion besitzt entweder genau zwei (einfache) Nullstellen, oder genau eine (doppelte) Nullstelle oder keine Nullstelle. *Ganzrationale Funktionen 3. Grades* hingegen haben immer (wenigstens) eine Nullstelle. Dies läßt sich anschaulich begründen: Das Schaubild einer ganzrationalen Funktion verläuft durchgängig; man kann es sich ja mittels Ordinatenaddition bzw. Ordinatenmultiplikation aus den Schaubildern der bekannten Potenzfunktionen mit Exponent $n \in /N$ entstanden vorstellen. Setzt man nun für die Variable x zum einen eine genügend große positive zum anderen eine genügend große negative Zahl ein, stellt man fest, daß die Funktion im einen Fall positive, im anderen Fall negative y-Werte annimmt. Also muß das Schaubild der Funktion, da es kontinuierlich verläuft, mindestens einmal

3.2 Die ganzrationalen Funktionen

die x-Achse schneiden. Ob nun noch eine, keine oder zwei weitere Nullstellen vorliegen, entscheidet der beim Abspalten des ersten Linearfaktors entstehende quadratische Ausdruck. Ganzrationale Funktionen 3. Grades verfügen also entweder über genau eine oder zwei (eine davon ist doppelt) oder über drei (einfache) Nullstellen.

> **Merke 3.4:**
> Hat eine ganzrationale Funktion f vom Grad 3 mit $f:x \to ax^3 + bx^2 + cx + d$ (wobei a, b, c, $d \in$ /R und $a \neq 0$) die Nullstellen x_1, x_2 und x_3, so läßt sie sich darstellen in der Form $f(x) = a(x - x_1)(x - x_2)(x - x_3)$. Für $x_1 \neq x_2$, $x_1 \neq x_3$ und $x_2 \neq x_3$ besitzt die Funktion f drei einfache Nullstellen, für $x_1 = x_2 = x_3$ eine dreifache Nullstelle.

GRUNDAUFGABE 4:
Bestimmen Sie die Nullstellen der folgenden ganzrationalen Funktionen vom Grad 4.
a) $f:x \to x^4 - 5x^2 + 4$
b) $f:x \to -\frac{1}{2}x^4 + \frac{1}{2}x^2 + 1$
c) $f:x \to x^4 + x^3 - x^2 + x - 2$
d) $f:x \to \frac{1}{3}x^4 + x^3 - \frac{13}{3}x^2 - 9x + 12$

Beispiel a)
Die Nullstellen ergeben sich als Lösung der Gleichung $0 = x^4 - 5x^2 + 4$. Diese biquadratische Gleichung, also eine quadratische Gleichung in der Variablen (x^2) kann mittels der *Substitution* $u = x^2$ auf eine quadratische Gleichung zurückgeführt werden. Die Lösungen dieser quadratischen Gleichung lassen sich durch die folgenden Umformungen ermitteln (Satz von VIETA!):
$0 = x^4 - 5x^2 + 4 \Leftrightarrow 0 = u^2 - 5u + 4 \Leftrightarrow 0 = (u-1)(u-4) \Rightarrow u_1 = 1$, $u_2 = 4$. Um die Lösungen der biquadratischen Gleichung anzugeben, ist nur noch die entsprechende *Rücksubstitution* erforderlich: $u_1 = 1 = x^2 \Rightarrow x_{1,2} = \pm 1$, $u_2 = 4 = x^2 \Rightarrow x_{3,4} = \pm 2$. Die Zerlegung der folgenden Funktion besitzt also die folgende Form: $f(x) = (x-1)(x+1)(x-2)(x+2)$.

Beispiel b)
Wiederum erweist sich die *Substitution* $u = x^2$ für das Lösen der biquadratischen Gleichung $0 = -\frac{1}{2}x^4 + \frac{1}{2}x^2 + 1$ als sinnvoll. Es gilt:
$0 = -\frac{1}{2}x^4 + \frac{1}{2}x^2 + 1 \Leftrightarrow 0 = -\frac{1}{2}u^2 + \frac{1}{2}u + 1 \Leftrightarrow 0 = u^2 - u - 2 \Leftrightarrow 0 = (u+1)(u-2) \Rightarrow u_1 = -1$ und $u_2 = 2$. Die entsprechende *Rücksubstitution* führt bei $u_1 = -1 = x^2$ auf einen Widerspruch, bei $u_2 = 2$ dagegen ergibt sich $u_2 = 2 = x^2 \Rightarrow x_{1,2} = \pm\sqrt{2}$. Diese ganzrationale Funktion 4. Grades verfügt demnach lediglich über zwei Nullstellen.
Die Zerlegung in Faktoren lautet $f(x) = (x^2 + 1)(x - \sqrt{2})(x + \sqrt{2})$.

Beispiel c)
Die Bestimmung der Nullstellen der Funktion f mit $f:x \to x^4 + x^3 - x^2 + x - 2$ führt ebenfalls auf eine Gleichung 4. Grades. Es handelt sich hier allerdings nicht um eine biquadratische Gleichung, sie läßt sich also nicht mittels der Substitution $u = x^2$ lösen. Hier muß wiederum

mindestens eine Nullstelle (am besten gleich zwei Nullstellen) erraten werden. Es ergeben sich dabei z.B. $x_1 = 1$ und $x_2 = -2$. Es schließt sich die folgende Polynomdivision an:

$(x^4 + x^3 - x^2 + x - 2) : (x^2 + x - 2) = x^2 + 1$
$-(x^4 + x^3 - 2x^2)$
$ x^2 + x - 2$
$ -(x^2 + x - 2)$
$ 0$

Rechnerische Überlegungen:
$x^2 = x^4 : x^2$
$x^4 + x^3 - 2x^2 = x^2 \cdot (x^2 + x - 2)$

$1 = x^2 : x^2$
$x^2 + x - 1 = 1(x^2 + x - 1)$

Da die quadratische Gleichung $0 = x^2 + 1$ die leere Menge als Lösungsmenge besitzt, weist die Funktion f außer den bereits erratenen Nullstellen, nämlich $x_1 = 1$ und $x_2 = -2$, keine weiteren Schnittstellen mit der x-Achse auf.
Die Zerlegung der Funktion lautet also $f(x) = (x-1)(x+2)(x^2+1)$.

Beispiel d)

Durch Erraten findet man zwei Nullstellen der Funktion $f: x \rightarrow \frac{1}{3}x^4 + x^3 - \frac{13}{3}x^2 - 9x + 12$.
Sie lauten $x_1 = 1$ und $x_2 = -3$. Die anschließende Polynomdivision führt auf einen zweiten quadratischen Faktor der Funktion f.

$\left(\frac{1}{3}x^4 + x^3 - \frac{13}{3}x^2 - 9x + 12\right) : (x^2 + 2x - 3) = \frac{1}{3}x^2 + \frac{1}{3}x - 4$
$-\left(\frac{1}{3}x^4 + \frac{2}{3}x^3 - x^2\right)$
$ \frac{1}{3}x^3 - \frac{10}{3}x^2 - 9x$
$ -\left(\frac{1}{3}x^3 + \frac{2}{3}x^2 - x\right)$
$\phantom{-\Big(\frac{1}{3}x^3} -4x^2 - 8x + 12$
$\phantom{-\Big(\frac{1}{3}x^3} -(-4x^2 - 8x + 12)$
$\phantom{-\Big(\frac{1}{3}x^3 - 4x^2 - 8x} 0$

Die übrigen Nullstellen der Funktion f ergeben sich als die Lösungen der Gleichung
$0 = \frac{1}{3}x^2 + \frac{1}{3}x - 4 \Leftrightarrow 0 = x^2 + x - 12 \Leftrightarrow 0 = (x+4)(x-3)$. Sie heißen $x_3 = -4$ und $x_4 = 3$.
Damit ist die Funktion f in vier Linearfaktoren zu zerlegen.
Es gilt: $f(x) = \frac{1}{3}(x-1)(x+3)(x+4)(x-3)$

Wir fassen zusammen:

3.2 Die ganzrationalen Funktionen

Merke 3.5:
Hat eine ganzrationale Funktion f vom Grad 4 mit $f: x \to ax^4 + bx^3 + cx^2 + dx + e$ (wobei $a, b, c, d, e \in \mathbb{R}$ und $a \neq 0$) die Nullstellen x_1, x_2, x_3 und x_4, so läßt sie sich darstellen in der Form $f(x) = a(x - x_1)(x - x_2)(x - x_3)(x - x_4)$. Für $x_1 = x_2 = x_3 = x_4$ besitzt f eine vierfache Nullstelle.

Die Beispiele der letzten Grundaufgaben (vgl. GRUNDAUFGABEN 2 bis 4 auf den Seiten 145 bis 149) legen die folgende Verallgemeinerung nahe:

Satz 3.2:
Ist x_1 Nullstelle einer ganzrationalen Funktion f vom Grade n, dann läßt sie sich in der Form $f(x) = (x - x_1) \cdot g(x)$ darstellen, wobei die Funktion g eine ganzrationale Funktion vom Grad $n - 1$ ist.

Begründung:
Wir zeigen, daß die Polynomdivision von $f(x)$ durch $(x - x_1)$ aufgeht, daß also für den Rest der Division, abgekürzt mit R, gilt: $R = 0$
Die Polynomdivision $f(x) : (x - x_1) = g(x) + \dfrac{R}{x - x_1}$ läßt sich folgendermaßen umschreiben:
$f(x) = g(x) \cdot (x - x_1) + R$, wobei die Funktion g eine ganzrationale Funktion vom Grad $n - 1$ ist. Diese Gleichung gilt nun für alle x-Werte, also auch für $x = x_1$. Für $x = x_1$ wird die linke Seite Null, denn x_1 ist Nullstelle der Funktion f. Damit aber auch die rechte Seite Null wird - der Ausdruck $g(x) \cdot (x - x_1)$ ist für $x = x_1$ ebenfalls Null - , muß der Rest R Null ergeben, womit gezeigt ist, daß die Polynomdivision aufgehen muß.

Hinweis:
Um nachzuweisen, ob x_1 Nullstelle der Funktion f ist, gibt es also zwei Möglichkeiten: Entweder zeigt man die Gültigkeit von $f(x_1) = 0$ oder man bestätigt, daß die Polynomdivision $f(x) : (x - x_1)$ aufgeht. Die zweite etwas rechenaufwendigere Möglichkeit ist dann zu empfehlen, wenn die Polynomdivision für nachfolgende Überlegungen ohnehin notwendig wird, also wenn sich z.B. die Frage nach weiteren Nullstellen der Funktion anschließt.

Weiter können wir aufgrund der Zerlegung einer ganzrationalen Funktion f in Linearfaktoren folgern:

Satz 3.3:
Eine ganzrationale Funktion f vom Grad n mit $n \in \mathbb{N}$ hat höchstens n Nullstellen.

Übungsaufgaben:
1. Bestimmen Sie den maximalen Definitionsbereich und die Nullstellen der folgenden algebraischen bzw. transzendenten Funktionen:
    a) $f: x \to -4x + \dfrac{1}{2}$
    b) $f: x \to \dfrac{1}{3}(x-2)^2 - 1$
    c) $f: x \to 2{,}25 - \dfrac{1}{x^2}$
    d) $f: x \to 2\sqrt{x+1}$

e) $f: x \to 2\sin x + 1$
f) $f: x \to \sin x + \cos x$
g) $f: x \to \frac{1}{3}\ln(2x^2)$
h) $f: x \to e - e^{-3x}$

2. Bestimmen Sie alle Nullstellen der folgenden ganzrationalen Funktionen 2.Grades. Zerlegen Sie den Funktionsterm in Linearfaktoren:

a) $f: x \to -\frac{1}{2}x^2 - x + \frac{3}{2}$
b) $f: x \to -4x^2 + 12x - 9$
c) $f: x \to -x^2 + 2\sqrt{2}x$
d) $f: x \to \frac{1}{6}x^2 + \frac{1}{3}\sqrt{3}x + \frac{1}{2}$

3. a) Zeigen Sie: Ganzrationale Funktionen vom Grad 0 haben keine Nullstellen. Ganzrationale Funktionen vom Grad 1 haben genau eine Nullstelle.
b) Welche Forderungen sind an die Koeffizienten der ganzrationalen Funktion f vom Grad 2 mit $f: x \to ax^2 + bx + c$ zu stellen, damit die Funktion f keine, genau eine oder zwei Nullstellen besitzt?

4. Bestimmen Sie alle Nullstellen der folgenden Funktionen und zerlegen Sie ihre Terme in Linearfaktoren:

a) $f: x \to -\frac{1}{3}x^3 + \frac{1}{2}x^2 + \frac{1}{3}x$
b) $f: x \to \frac{1}{2}x^3 + x^2 + \frac{1}{2}x$
c) $f: x \to -4x^4 + 11x^3 + 3x^2$
d) $f: x \to \frac{5}{4}x^4 - \frac{3}{4}x^3 + \frac{1}{5}x^2$

5. Bestimmen Sie die Nullstellen der folgenden Funktionen gegebenenfalls durch geeignete Substitution:

a) $f: x \to 4x^4 - 20x^2 + 25$
b) $f: x \to -\frac{1}{3}x^4 + \frac{2}{3}x^2 + 1$
c) $f: x \to \frac{1}{5}x^5 - \frac{4}{5}x$
d) $f: x \to -2x^5 - 4x^3 - \frac{3}{2}x$

6. Überprüfen Sie, welche Teiler des Absolutgliedes der Funktion f Nullstellen sind. Bestimmen Sie alle weiteren Nullstellen der Funktion und zerlegen Sie diese in (Linear-) Faktoren:

a) $f: x \to x^3 + 2x^2 - 5x - 6$
b) $f: x \to \frac{1}{2}x^4 - 3x^3 + \frac{3}{2}x^2 + 13x - 12$
c) $f: x \to -x^4 - 4x^3 + 4x^2 - 4x + 5$
d) $f: x \to -2x^3 - 2x^2 - 8$
e) $f: x \to \frac{1}{8}x^4 - \frac{11}{8}x^3 + \frac{9}{2}x^2 - 2x - 8$
f) $f: x \to -\frac{1}{2}x^3 + 2x^2 - x - 2$

7. Bestimmen Sie alle Nullstellen der folgenden Funktionen und zerlegen Sie ihre Terme in (Linear-) Faktoren:

a) $f: x \to 2x^3 - 18x^2 + 4x - 36$
b) $f: x \to \frac{1}{4}x^5 - x^3 - \frac{5}{4}x$
c) $f: x \to \frac{1}{2}x^5 - 3x^4 + 5{,}5x^3 - x^2 - 6x + 4$
d) $f: x \to 9x^4 - 87x^3 + 181x^2 - 93x + 14$
e) $f: x \to 6x^5 + 11x^4 - 21x^3 + x^2 + 3x$
f) $f: x \to \frac{50}{3}x^3 + 65x^2 + \frac{169}{3}x - 14$

8. Zeigen Sie, daß x_1 Nullstelle der Funktion f ist. Bestimmen Sie die weiteren Nullstellen.

a) $f: x \to 2x^3 - \frac{1}{2}x^2 - \frac{4}{9}x + \frac{1}{9}$ $x_1 = \frac{1}{4}$
b) $f: x \to -\frac{3}{2}x^3 + 2x^2 + \frac{7}{2}x + 1$ $x_1 = 1 + \sqrt{2}$

9. Eine ganzrationale Funktion f der Form $f: x \to x^3 + x^2 + cx + d$ besitze die Nullstelle $x_1 = 1$. Geben Sie Bedingungen für die Koeffizienten c und d an, sodaß die Funktion f keine (eine, zwei) weitere Nullstellen besitzt.

3.2 Die ganzrationalen Funktionen

10. Treffen Sie eine Aussage über die mögliche Anzahl der Nullstellen einer ganzrationalen Funktion der Ordnung 4 (der Ordnung 5).

11. Die Schaubilder der Funktionen f und g besitzen gemeinsame Punkte. Bestimmen Sie die Koordinaten dieser Punkte. Bestimmen Sie ihre Koordinaten. Überprüfen Sie die Rechnung durch eine Zeichnung.

a) $f: x \to \dfrac{1}{3}x^3$ $\qquad$ $g: x \to \dfrac{1}{3}x^2 + 3x - 3$

b) $f: x \to x^4$ $\qquad$ $g: x \to -\dfrac{11}{3}x^2 + \dfrac{4}{3}$

c) $f: x \to \dfrac{2}{5}x^3$ $\qquad$ $g: x \to 2x + \dfrac{4}{5}$

4 Einführung in die Differentialrechnung

4.1 Das Tangentenproblem

4.1.1 Problemstellung

Beispiel:
An Hand eines Wege-Zeit-Diagrammes läßt sich die Fahrweise zweier Fahrzeuge, die dieselbe Durchschnittsgeschwindigkeit aufweisen, vergleichen:

Fahrzeug A beschleunigt beispielsweise während der gesamten Fahrt gleichmäßig, Fahrzeug B dagegen legt hierbei nach Ablauf von ca. zwei Minuten eine fünf Minuten dauernde Pause ein. Je steiler die Kurve an einer bestimmten Stelle verläuft, desto höher ist in diesem Augenblick die Geschwindigkeit, mit der sich das Fahrzeug fortbewegt. Ein waagerechter Kurvenverlauf drückt aus, daß das Fahrzeug stillsteht.
So wird in diesem Beispiel die Geschwindigkeit der beiden Fahrzeuge zu einem bestimmten Zeitpunkt (auch *Momentangeschwindigkeit* genannt) durch die *Steigung* der entsprechenden Kurve aufgezeigt.

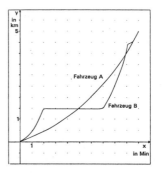

Bild 4.1: Beispiel aus dem Straßenverkehr

Unter der *Steigung* einer Kurve in einem ihrer Punkte P versteht man also die *Steigung der Tangente*, die an die Kurve im Punkt P gelegt werden kann.

Angesprochen ist damit das seit Jahrhunderten vieldiskutierte und nicht immer unumstrittene **Tangentenproblem**, das erst mit Isaac NEWTON (1642-1727) und Gottfried Wilhelm LEIBNIZ (1646-1716) auch methodisch zufriedenstellend gelöst werden konnte: 'Gesucht ist die (Gleichung der) Tangente an eine gegebene Kurve in einem gegebenen Kurvenpunkt P.'

4.1.2 Verallgemeinerung des Tangentenbegriffes

Geometrisch konstruktiv kann z.B. die Tangente in einem Punkt an einen Kreis oder eine Ellipse gefunden werden. Aus diesem Zusammenhang muß der Begriff **Tangente** (*tangere* (lat.): berühren) nun aber gelöst und neu, allgemeiner formuliert werden, um Tangenten auch algebraisch rechnerisch zu ermitteln.

4.1 Das Tangentenproblem

Beispiele und Gegenbeispiele für Tangenten an eine Kurve in einem Kurvenpunkt P, mögen diesen Begriff zunächst auf anschauliche Weise anreißen.

Beispiel a)   **Beispiel b)**   **Beispiel c)**

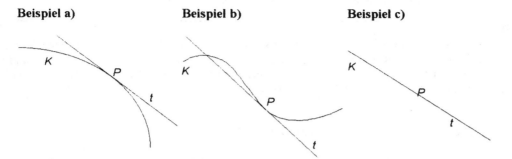

Bild 4.2: Beispiele für Tangenten an eine Kurve in einem Kurvenpunkt P

Beispiel d)   **Beispiel e)**   **Beispiel f)**

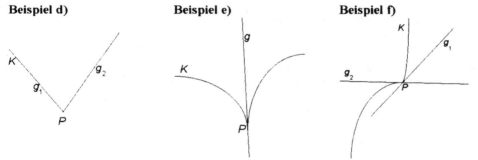

Bild 4.3: Beispiele für Geraden, welche die Kurve in einem Kurvenpunkt P *nicht berühren*.

Anmerkungen:
Die Beispiele a) bis c) zeigen, daß Tangenten außer dem gemeinsamen Punkt P weitere gemeinsame Punkte, ja sogar unendlich viele gemeinsame Punkte mit der Kurve besitzen dürfen. Eine Tangente kann die Kurve also durchaus 'durchsetzen'. Die Kurven in den Beispielen d) bis f) weisen im Punkt P Knickstellen auf. Eine eindeutige Lage der Tangente ist nicht zu finden. Eine Gerade g, welche die Kurve im gegebenen Kurvenpunkt P berührt, gibt es daher nicht.

Der mathematisch präzisen Definition einer Tangente möge eine anschaulich überzeugende Erklärung vorangestellt werden, mit der die oben genannten Beispiele von den Gegenbeispielen abgrenzt werden können:

> Rückt ein beliebiger Kurvenpunkt $Q \neq P$ in Richtung P und strebt dabei die Gerade (PQ) gegen **eine** Grenzlage, eine Gerade t, so nennt man t die **Tangente an die Kurve im Kurvenpunkt** P.

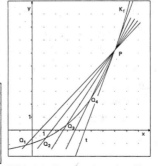

Bild 4.4: Tangente an eine Kurve in einem Kurvenpunkt P

Die nachfolgende Definition der *Tangente* setzt den bereits erwähnten Begriff der *Steigung einer Kurve* voraus. Ihm möge das nachfolgende Kapitel gewidmet sein.

Definition 4.1:
Eine **Tangente an eine Kurve im Punkt P** ist eine Gerade, welche die Kurve im Punkt P berührt. Das bedeutet, daß zum einen der Punkt P ein gemeinsamer Punkt von Tangente und Kurve ist, zum andern, daß im Punkt P die Steigung der Kurve mit der Steigung der Geraden übereinstimmt. Dabei wird der Punkt P *Berührpunkt* genannt.

4.1.3 Die Ableitung einer Funktion an einer Stelle

Um die *Steigung einer Kurve*, also die Steigung der Tangente an die Kurve in einem Kurvenpunkt formal zu bestimmen, werfen wir das folgende Problem erneut auf:

Gegeben ist das Schaubild einer beliebigen Funktion f. Ihr Schaubild heißt K_f.

Gesucht ist die **Steigung der Tangente** t an K_f in einem beliebigen Kurvenpunkt $P(x_P | y_P)$.

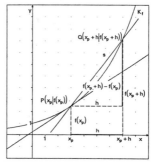

Bild 4.5: Tangente an das Schaubild K_f einer Funktion f im Punkt $P \in K_f$

Um dieses Problem zu lösen, verfährt man am einfachsten schrittweise:

1. Schritt:
Der Punkt P als Punkt des Schaubildes der Funktion f hat die Koordinaten $P(x_P | f(x_P))$. Entsprechend der aus der Anschauung gewonnen Erklärung für die Tangente an das Schaubild einer Funktion in einem seiner Punkte, wählt man nun einen beliebigen Kurvenpunkt $Q \neq P$, auch Nachbarpunkt von P genannt. Bezeichnet man seine Abszisse mit $x_Q = x_P + h$, - dabei ist h die Abszissendifferenz der beiden Punkte P und Q -, lassen sich die Koordinaten des Punktes $Q(x_Q | y_Q)$ als Punkt des Schaubildes der Funktion f in der Form $Q(x_P + h | f(x_P + h))$ schreiben. Die Gerade $g = (PQ)$, also die Gerade, die durch die beiden Punkte P und Q verläuft, wird mit **Sekante** (*secare* (lat.): schneiden) bezeichnet, da sie in den meisten Fällen das Schaubild K_f durchschneidet. Ihre Steigung, mit m_s abgekürzt, läßt sich mit Hilfe der längst bekannten Formel für die Steigung der Geraden, die durch zwei ihrer Punkte gegeben ist, berechnen. Es gilt $m_s = \dfrac{y_Q - y_P}{x_Q - x_P} = \dfrac{f(x_P + h) - f(x_P)}{x_P + h - x_P} = \dfrac{f(x_P + h) - f(x_P)}{h}$.

Dieser Ausdruck erfährt die folgende Bezeichnung:

4.1 Das Tangentenproblem

Definition 4.2:
Es sei f eine beliebige Funktion und x_P ein beliebiger x-Wert aus dem Definitionsbereich der Funktion f, also $x_P \in D_f$. Dann heißt für $h \neq 0$ der Quotient $\dfrac{f(x_P + h) - f(x_P)}{h}$ **Differenzenquotient der Funktion f an der Stelle** x_P.

Der Differenzenquotient der Funktion f an der Stelle x_P läßt sich anschaulich als die Steigung der oben genannten Sekante, der Geraden $g = (PQ)$, deuten.

2. Schritt:
Damit nun der Punkt Q auf dem Schaubild der Funktion in Richtung P rückt, muß sich seine Abszisse $x_P + h$ der Abszisse x_P des Punktes P annähern, also h gegen Null streben. Gleichzeitig streben die dabei entstehenden Sekanten gegen die gemeinsame Grenzgerade, nämlich die Tangente t. Die Werte der entsprechenden Sekantensteigungen m_s gehen für h gegen Null in den der Tangentensteigung, mit m_t abgekürzt, über. Wir bilden den *Grenzwert* des Differenzenquotienten für h gegen Null. Auch dieser Grenzwert erhält eigens die folgende Bezeichnung:

Definition 4.3:
Es sei f eine beliebige Funktion und $x_P \in D_f$. Besitzt nun der Differenzenquotient der Funktion f an der Stelle x_P für h gegen Null einen Grenzwert, so nennt man diesen Grenzwert **Differentialquotient der Funktion f an der Stelle** x_P, oder auch die **1. Ableitung der Funktion f an der Stelle** x_P. Er wird bezeichnet mit $\lim\limits_{h \to 0} \dfrac{f(x_P + h) - f(x_P)}{h}$.

Anmerkungen:

1) Der Ausdruck '$\lim\limits_{h \to 0} \dfrac{f(x_P + h) - f(x_P)}{h}$' wird folgendermaßen ausgesprochen: 'limes $\dfrac{f(x_P + h) - f(x_P)}{h}$ für h gegen Null'

2) Für '$\lim\limits_{h \to 0} \dfrac{f(x_P + h) - f(x_P)}{h}$' wird auch häufig die Kurzform $f'(x_P)$ verwendet.

3) Wie der *Grenzwert* des Differenzenquotienten ermittelt wird, möge an konkreten Beispielen gezeigt werden. Wir verzichten an dieser Stelle auf einen formalen Aufbau des Grenzwertbegriffes, auch die Frage nach der Existenz eines solchen Grenzwertes lassen wir beiseite. Wir versuchen diesen Grenzwert durch Überlegung zu bestimmen.

Beispiel a)

Gegeben ist die Funktion f mit $f: x \to 0,5x^2 - 2$. Ihr Schaubild heißt K_f.

Gesucht ist die Gleichung der Tangente t an K_f in dem Punkt P mit der Abszisse $x_P = -2$.

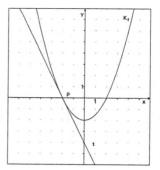

Bild 4.6: Tangente an das Schaubild der Funktion $f: x \to 0,5x^2 - 2$ im Punkt P.

zu a)
Zunächst wird der Differenzenquotient der Funktion f an der Stelle $x_P = -2$ bestimmt:

$$m_s = \frac{f(x_P + h) - f(x_P)}{h} = \frac{f(-2+h) - f(-2)}{h} = \frac{\left(0,5(-2+h)^2 - 2\right) - \left(0,5 \cdot (-2)^2 - 2\right)}{h}$$

$$= \frac{0,5(4 - 4h + h^2) - 2 - 0}{h} = \frac{2 - 2h + 0,5 \cdot h^2 - 2}{h} = \frac{-2h + 0,5 \cdot h^2}{h} = \frac{h(-2 + 0,5 \cdot h)}{h} = -2 + 0,5 \cdot h$$

Um vom Differenzenquotienten zum Differentialquotienten der Funktion f an der Stelle $x_P = -2$ zu gelangen, steht nun der Grenzübergang für $h \to 0$ an: Da für $h \to 0$ der Ausdruck $0,5 \cdot h$ ebenfalls gegen Null geht, strebt der gesamte Ausdruck für $h \to 0$ gegen die Zahl -2. Da h nun nicht mehr im Nenner des Bruches steht, ist der Grenzwert auf diese Art und Weise verhältnismäßig einfach zu bestimmen. Es gilt $m_t = \lim_{h \to 0}(-2 + 0,5 \cdot h) = -2$.

Die Steigung der gesuchten Tangente ist demnach $m_t = -2$, die Ordinate des Punktes P, als gemeinsamer Punkt von Tangente und Kurve wurde bei der Berechnung des Differenzenquotienten schon bestimmt, nämlich $y_P = f(-2) = 0$. Die Gleichung einer Geraden, von der ein Punkt und die Steigung bekannt sind, läßt sich z.B. mit Hilfe der Punktsteigungsform einer Geraden bestimmen. Die Gleichung der Tangente t lautet also: $t: y = -2x - 4$

Beispiel b)

Gegeben ist die Funktion $f: x \to \dfrac{1}{x+1,5} - 1$ mit ihrem Definitionsbereich $D = \mathbb{R} \setminus \{-1,5\}$. Ihr Schaubild heißt K_f.

Gesucht ist die Gleichung der Tangente t an K_f in dem Punkt P mit der Abszisse $x_P = 0,5$.

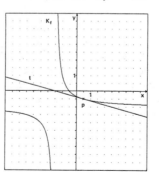

Bild 4.7: Tangente an das Schaubild der Funktion $f: x \to \dfrac{1}{x+1,5} - 1$ im Punkt P.

4.1 Das Tangentenproblem

zu b)
Zunächst wird der Differenzenquotient der Funktion f an der Stelle $x_P = 0,5$ berechnet:

$$m_s = \frac{f(x_P + h) - f(x_P)}{h} = \frac{f(0,5 + h) - f(0,5)}{h} = \frac{\left(\frac{1}{0,5 + h + 1,5} - 1\right) - \left(\frac{1}{0,5 + 1,5} - 1\right)}{h}$$

$$= \frac{\frac{1}{2+h} - 1 - \left(\frac{1}{2} - 1\right)}{h} = \frac{\frac{1}{2+h} - \frac{1}{2}}{h} = \frac{\frac{2-(2+h)}{2(2+h)}}{h} = \frac{\frac{-h}{4+2h}}{h} = \frac{-h}{4+2h} \cdot \frac{1}{h} = \frac{-1}{4+2h}$$

Obwohl die Zahl h immer noch im Nenner steht, läßt sich der nachfolgende Grenzübergang führen. Aufgrund des Summanden 4 wird der Nenner dennoch nicht Null. Der Differentialquotient der Funktion f an der Stelle $x_P = 0,5$ lautet $m_t = \lim_{h \to 0} \frac{-1}{4+2h} = -\frac{1}{4}$.

Mit der Steigung der gesuchten Tangente, nämlich $m_t = -\frac{1}{4}$ und dem Punkt $P(0,5|-0,5)$ ist die Gleichung der Tangente t zu bestimmen. Es gilt $t: y = -\frac{1}{4}x - \frac{3}{8}$.

So läßt sich die Tangente an das Schaubild einer Funktion f und die Normale in einem Punkt P des Schaubildes der Funktion folgendermaßen beschreiben:

Merke 4.1:
Eine Gerade durch den Punkt $P(x_P|y_P)$ des Schaubildes einer Funktion f heißt **Tangente** t **in** P, wenn für ihre Steigung m_t gilt: $\boxed{m_t = f'(x_P)}$
Die zur Tangente t orthogonale Gerade durch den Punkt P wird **Normale in** P genannt.

Hinweise:
1) Für die Steigung der Normalen (bezeichnet mit n) in P gilt also $m_n = -\frac{1}{f'(x_P)}$.
2) Die Gleichung der Normalen im Punkt $P(0,5|-0,5)$ des Schaubildes der Funktion $f: x \to \frac{1}{x+1,5} - 1$ (vgl. Beispiel b)) heißt $n: y = 4x - 2,5$. (Der Leser wird gebeten, dieses Ergebnis sowohl rechnerisch als auch zeichnerisch zu überprüfen.)

Übungsaufgaben:
1. Geben Sie den Definitionsbereich der folgenden Funktionen an. Bestimmen Sie jeweils den Differenzen- und den Differentialquotient der Funktion f an der Stelle x_P. Ermitteln Sie damit die Gleichung der Tangente und die der Normalen im Punkt P mit der Abszisse x_P. Überprüfen Sie ihre Rechnung durch eine Zeichnung:

   a) $f: x \to x^2 + 2x - 2$ $\quad x_P = 2$ $\qquad$ b) $f: x \to \frac{1}{4}x^2 + 1$ $\quad x_P = -2$

   c) $f: x \to 2x^2 - 2$ $\quad x_P = 0$ $\qquad$ d) $f: x \to (x+3)^2 - 1$ $\quad x_P = -1$

   e) $f: x \to \frac{1}{x-1} + 1$ $\quad x_P = -1$ $\qquad$ f) $f: x \to \frac{1}{3}x^3 - 5$ $\quad x_P = 3$

   g) $f: x \to \frac{x-1}{x+2}$ $\quad x_P = -3$ $\qquad$ h) $f: x \to \frac{2x+1}{2-x}$ $\quad x_P = 0$

2. Zeigen Sie, daß die Gerade g Tangente an das Schaubild der Funktion f ist. Geben Sie die Koordinaten des Berührpunktes an. Ermitteln Sie die Gleichung der zugehörigen Normalen:

a) $f: x \to \frac{1}{4}x^2 + 2x - 1$ \qquad $g: y = 3x - 2$

b) $f: x \to \frac{1}{3x+1}$ mit $D = {/\!R} \setminus \left\{-\frac{1}{3}\right\}$ \qquad $g: y = -\frac{3}{4}x + \frac{3}{4}$

4.1.4 Die Ableitungsfunktion

GRUNDAUFGABE 1:
Bestimmen Sie für die folgenden Funktionen f die 1. Ableitung an der Stelle $x_P = a$:

a) $f: x \to \frac{1}{3}x^2 - 1$ \qquad $D = {/\!R}$ \qquad b) $f: x \to \frac{1}{x-2}$ \qquad $D = {/\!R} \setminus \{2\}$

Zeichnen Sie Schaubilder.

zu a)
Der *Differenzenquotient* der Funktion f an der Stelle $x_P = a$ lautet:

$$m_s = \frac{f(x_P + h) - f(x_P)}{h} = \frac{f(a+h) - f(a)}{h}$$

$$= \frac{\frac{1}{3}(a+h)^2 - 1 - \left(\frac{1}{3}a^2 - 1\right)}{h}$$

$$= \frac{\frac{1}{3}(a^2 + 2ah + h^2 - a^2)}{h} = \frac{1}{3}(2a + h).$$

Für den *Differentialquotient* der Funktion f an der Stelle $x_P = a$ gilt dann

$$f'(a) = \lim_{h \to 0} \frac{1}{3}(2a + h) = \frac{2}{3}a.$$

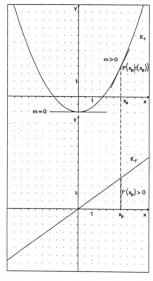

Bild 4.8: Schaubild der Funktion $f: x \to \frac{1}{3}x^2 - 1$ und das ihrer 1. Ableitungsfunktion..

Mit Hilfe der 1. Ableitungsfunktion an der noch variablen Stelle a läßt sich für jeden Punkt des Schaubildes der Funktion f die Steigung der entsprechenden Tangente an das Schaubild von f im Punkt P sofort ermitteln. Die Ergebnisse sind in der folgenden Tabelle zusammengefaßt:

4.1 Das Tangentenproblem

a	± 4	± 3	± 2	± 1	$\pm 0,5$	0
$f(a)$	$4\frac{1}{3}$	2	$\frac{1}{3}$	$-\frac{2}{3}$	$-\frac{11}{12}$	-1
$f'(a)$	$\pm\frac{8}{3}$	± 2	$\pm\frac{4}{3}$	$\pm\frac{2}{3}$	$\pm\frac{1}{3}$	0

Ordnet man den x-Werten (hier mit a bezeichnet) nun die entsprechenden Werte der 1. Ableitung $f'(a)$ zu, entsteht eine neue Funktion, nämlich f'. Ihr Schaubild ergibt in diesem Beispiel eine Gerade (vgl. **Bild 4.8**, unteres Koordinatensystem). Während die Funktion f den Abszissen eines Punktes des Schaubildes K_f die Ordinaten zuweist, drückt der y-Wert der Funktion f' die Steigung der Tangente in dem entsprechenden Punkt P des Schaubildes K_f aus. In unserem Beispiel schneidet das Schaubild der Funktion f' an der Stelle $x = 0$ die x-Achse, die 1. Ableitung der Funktion f nimmt also an der Stelle $x = 0$ den Wert Null an. Für das Schaubild der Funktion f bedeutet das, daß die Tangente im Punkt P mit der Abszisse $x_P = 0$ die Steigung Null hat, daß die Tangente also waagerecht verläuft. Betrachtet man die Punkte des Schaubildes K_f mit positiver Abszisse (vgl. **Bild 4.8**, oberes Koordinatensystem), so stellt man fest, daß in diesen Punkten die Steigung der Tangenten an das Schaubild jeweils positiv sein muß. Tatsächlich nimmt die 1. Ableitungsfunktion für x-Werte mit $x > 0$ positive Funktionswerte an, ihr Schaubild verläuft in diesem Bereich oberhalb der x-Achse (vgl. **Bild 4.8**, unteres Koordinatensystem). So lassen sich ausgehend von der Funktion f Rückschlüsse auf die Funktion f' ziehen und umgekehrt. Dasselbe gilt für die entsprechenden Schaubilder K_f und $K_{f'}$.

zu b)
Der *Differenzenquotient* der Funktion f an der Stelle $x_P = a$ lautet:

$$m_s = \frac{f(x_P + h) - f(x_P)}{h} = \frac{f(a+h) - f(a)}{h}$$

$$= \frac{\frac{1}{a+h-2} - \frac{1}{a-2}}{h} = \frac{\frac{a - 2 - (a+h-2)}{(a+h-2)(a-2)}}{h}$$

$$= \frac{-h}{(a+h-2)(a-2)} \cdot \frac{1}{h} = \frac{-1}{(a+h-2)(a-2)}.$$

Für den *Differentialquotient* der Funktion f an der Stelle $x_P = a$ gilt dann

$$f'(a) = \lim_{h\to 0} \frac{-1}{(a+h-2)(a-2)}$$

$$= \frac{-1}{(a-2)(a-2)} = -\frac{1}{(a-2)^2}.$$

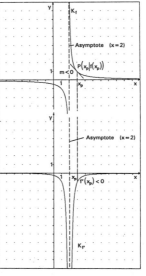

Bild 4.9: Schaubild der Funktion $f: x \to \dfrac{1}{x-2}$ und das ihrer 1. Ableitungsfunktion.

Das Schaubild der Funktion f' mit $f':x \to -\dfrac{1}{(x-2)^2}$ stellt eine Hyperbel 2. Ordnung dar. Die y-Werte der Funktion f' bringen die Steigungswerte der Tangente an das Schaubild der Funktion f im Punkt P mit den Koordinaten $P(x|f(x))$ zum Ausdruck.

Wir fassen zusammen:

Definition 4.4:
Die Funktion f' mit $f':x \to f'(x)$, die jeder Stelle $x \in D_f$, also jeder Stelle x aus der Definitionsmenge der Funktion f, den Wert der 1. Ableitung zuordnet, heißt **1. Ableitungsfunktion der Funktion** f.

Im folgenden Kapitel sollen die Ableitungsfunktionen der bekannten Grundfunktionen erarbeitet und zusammengestellt werden. Sodann lassen sich Regeln entwerfen, womit sich die Berechnung der Ableitungsfunktion f' einer aus Grundfunktionen zusammengesetzten Funktion f vereinfacht.

4.1.5 Zusammenstellung der wichtigsten Ableitungsfunktionen

Die Ableitungsfunktionen der bekannten Grundfunktionen sind in der folgenden Tabelle zusammengestellt. Die Ableitungsfunktionen der algebraischen Funktionen werden anschließend rechnerisch hergeleitet. Für die Ableitungsfunktionen transzendenter Funktionen möge eine anschauliche Begründung genügen.

	Funktionsterm der Funktion f:	Definitionsbereich der Funktion f:	Funktionsterm der Ableitungsfunktion der Funktion f:	Definitionsbereich der Funktion f':
a)	$f:x \to c$ mit $c \in {/\!R}$	$D_f = {/\!R}$	$f':x \to 0$	$D_{f'} = {/\!R}$
b)	$f:x \to x$	$D_f = {/\!R}$	$f':x \to 1$	$D_{f'} = {/\!R}$
c)	$f:x \to x^2$	$D_f = {/\!R}$	$f':x \to 2x$	$D_{f'} = {/\!R}$
d)	$f:x \to x^3$	$D_f = {/\!R}$	$f':x \to 3x^2$	$D_{f'} = {/\!R}$
e)	$f:x \to x^4$	$D_f = {/\!R}$	$f':x \to 4x^3$	$D_{f'} = {/\!R}$
f)	$f:x \to x^n$ mit $n \in {/\!N}$	$D_f = {/\!R}$	$f':x \to nx^{n-1}$ mit $n \in {/\!N}$	$D_{f'} = {/\!R}$
g)	$f:x \to \dfrac{1}{x}$	$D_f = {/\!R} \setminus \{0\}$	$f':x \to -\dfrac{1}{x^2}$	$D_{f'} = {/\!R} \setminus \{0\}$
h)	$f:x \to \sqrt{x}$	$D_f = {/\!R}_0^+$	$f':x \to \dfrac{1}{2\sqrt{x}}$	$D_{f'} = {/\!R}^+$

4.1 Das Tangentenproblem

i)	$f:x \to e^x$	$D_f = {I\!R}$	$f':x \to e^x$	$D_{f'} = {I\!R}$
j)	$f:x \to \ln x$	$D_f = {I\!R}^+$	$f':x \to \dfrac{1}{x}$	$D_{f'} = {I\!R}^+$
k)	$f:x \to \sin x$	$D_f = {I\!R}$	$f':x \to \cos x$	$D_{f'} = {I\!R}$
l)	$f:x \to \cos x$	$D_f = {I\!R}$	$f':x \to -\sin x$	$D_{f'} = {I\!R}$

Anmerkungen:

zu a)

$$f'(x) = \lim_{h \to 0} \frac{f(x+h)-f(x)}{h} = \lim_{h \to 0} \frac{c-c}{h} = \lim_{h \to 0} \frac{0}{h} = \lim_{h \to 0} 0 = 0$$

Das Ergebnis überrascht deshalb nicht, da das Schaubild der Funktion f eine Parallele zur x-Achse darstellt. Parallelen zur x-Achse haben in jedem ihrer Punkte die Steigung $m_t = 0$.

zu b)

$$f'(x) = \lim_{h \to 0} \frac{f(x+h)-f(x)}{h} = \lim_{h \to 0} \frac{x+h-x}{h} = \lim_{h \to 0} \frac{h}{h} = \lim_{h \to 0} 1 = 1$$

Die erste Winkelhalbierende als Schaubild der Funktion f hat in jedem Punkt die Steigung $m_t = 1$.

zu c)

$$f'(x) = \lim_{h \to 0} \frac{f(x+h)-f(x)}{h} = \lim_{h \to 0} \frac{(x+h)^2 - x^2}{h} = \lim_{h \to 0} \frac{x^2+2xh+h^2-x^2}{h} = \lim_{h \to 0} \frac{2xh+h^2}{h}$$

$$= \lim_{h \to 0} \frac{h(2x+h)}{h} = \lim_{h \to 0} (2x+h) = 2x$$

zu d)

$$f'(x) = \lim_{h \to 0} \frac{f(x+h)-f(x)}{h} = \lim_{h \to 0} \frac{(x+h)^3 - x^3}{h} = \lim_{h \to 0} \frac{x^3+3x^2h+3xh^2+h^3-x^3}{h}$$

$$= \lim_{h \to 0} \frac{3x^2h+3xh^2+h^3}{h} = \lim_{h \to 0} \frac{h(3x^2+3xh+h^2)}{h} = \lim_{h \to 0}(3x^2+3xh+h^2) = 3x^2$$

zu e)

$$f'(x) = \lim_{h \to 0} \frac{f(x+h)-f(x)}{h} = \lim_{h \to 0} \frac{(x+h)^4 - x^4}{h}$$

$$= \lim_{h \to 0} \frac{x^4+4x^3h+6x^2h^2+4xh^3+h^4-x^4}{h} = \lim_{h \to 0} \frac{4x^3h+6x^2h^2+4xh^3+h^4}{h}$$

$$= \lim_{h \to 0} \frac{h(4x^3+6x^2h+4xh^2+h^3)}{h} = \lim_{h \to 0}(4x^3+6x^2h+4xh^2+h^3) = 4x^3$$

zu f)

Die vorangehenden Beispiele lassen für die Ableitungsfunktion der Funktion $f: x \to x^n$ die Darstellung $f': x \to nx^{n-1}$ vermuten. Sie ist wie die genannten Beispiele auch nachzurechnen. Dazu ist die Fortsetzung des PASCALschen Dreiecks für beliebiges n erforderlich:

$$\begin{array}{ccccccccccc}
 & & & & & 1 & 1 & & & & \\
 & & & & 1 & 2 & 1 & & & & \\
 & & & 1 & 3 & 3 & 1 & & & & \\
 & & 1 & 4 & 6 & 4 & 1 & & & & \\
 & 1 & 5 & 10 & 10 & 5 & 1 & & & & \\
1 & 6 & 15 & 20 & 15 & 6 & 1 & & & & \\
1 & 7 & 21 & 35 & 35 & 21 & 7 & 1 & & &
\end{array}$$

$$1 \quad n \quad \frac{n \cdot (n-1)}{2} \quad \cdots \quad \frac{n \cdot (n-1)}{2} \quad n \quad 1$$

Damit ist nun

$$(a+b)^n = a^n + na^{n-1}b + \frac{n \cdot (n-1)}{2} a^{n-2}b^2 + \ldots + \frac{n \cdot (n-1)}{2} a^2 b^{n-2} + nab^{n-1} + b^n.$$

Die Ableitungsfunktion f' der Funktion $f: x \to x^n$ läßt sich nun berechnen:

$$f'(x) = \lim_{h \to 0} \frac{f(x+h) - f(x)}{h} = \lim_{h \to 0} \frac{(x+h)^n - x^n}{h}$$

$$= \lim_{h \to 0} \frac{x^n + nx^{n-1}h + \frac{n \cdot (n-1)}{2} x^{n-2}h^2 + \ldots + \frac{n \cdot (n-1)}{2} x^2 h^{n-2} + nxh^{n-1} + h^n - x^n}{h}$$

$$= \lim_{h \to 0} \frac{nx^{n-1}h + \frac{n \cdot (n-1)}{2} x^{n-2}h^2 + \ldots + \frac{n \cdot (n-1)}{2} x^2 h^{n-2} + nxh^{n-1} + h^n}{h}$$

$$= \lim_{h \to 0} \frac{h \left(nx^{n-1} + \frac{n \cdot (n-1)}{2} x^{n-2}h + \ldots + \frac{n \cdot (n-1)}{2} x^2 h^{n-3} + nxh^{n-2} + h^{n-1} \right)}{h}$$

$$= \lim_{h \to 0} \left(nx^{n-1} + \frac{n \cdot (n-1)}{2} x^{n-2}h + \ldots + \frac{n \cdot (n-1)}{2} x^2 h^{n-3} + nxh^{n-2} + h^{n-1} \right) = nx^{n-1}$$

Die Ableitungsfunktion f' der Funktion f mit $f: x \to x^n$ ist die Verallgemeinerung der in a) bis e) ermittelten Ableitungsfunktionen. Für $n = 1, 2, 3, 4$ ergeben sich die entsprechenden Ableitungsfunktionen f'.

zu g)

$$f'(x) = \lim_{h \to 0} \frac{f(x+h) - f(x)}{h} = \lim_{h \to 0} \frac{\frac{1}{x+h} - \frac{1}{x}}{h} = \lim_{h \to 0} \frac{\frac{x - (x+h)}{(x+h)x}}{h} = \lim_{h \to 0} \frac{\frac{-h}{(x+h)x}}{h}$$

$$= \lim_{h \to 0} \frac{-h}{(x+h)x} \cdot \frac{1}{h} = \lim_{h \to 0} \frac{-1}{(x+h)x} = \frac{-1}{x \cdot x} = -\frac{1}{x^2}$$

4.1 Das Tangentenproblem

zu h)

$$f'(x) = \lim_{h \to 0} \frac{f(x+h) - f(x)}{h} = \lim_{h \to 0} \frac{\sqrt{x+h} - \sqrt{x}}{h} = \lim_{h \to 0} \frac{\left(\sqrt{x+h} - \sqrt{x}\right)\left(\sqrt{x+h} + \sqrt{x}\right)}{h\left(\sqrt{x+h} + \sqrt{x}\right)}$$

$$= \lim_{h \to 0} \frac{\left(\sqrt{x+h}\right)^2 - \left(\sqrt{x}\right)^2}{h\left(\sqrt{x+h} + \sqrt{x}\right)} = \lim_{h \to 0} \frac{x+h-x}{h\left(\sqrt{x+h} + \sqrt{x}\right)} = \lim_{h \to 0} \frac{h}{h\left(\sqrt{x+h} + \sqrt{x}\right)}$$

$$= \lim_{h \to 0} \frac{1}{\sqrt{x+h} + \sqrt{x}} = \frac{1}{\sqrt{x} + \sqrt{x}} = \frac{1}{2\sqrt{x}}$$

Die Erweiterung des Ausdrucks '$\frac{\sqrt{x+h} - \sqrt{x}}{h}$' mit '$\left(\sqrt{x+h} + \sqrt{x}\right)$' hat sich hier als sinnvoll erwiesen. Ähnlichen Umformungen begegnet man auch beim *Rationalmachen des Nenners eines Bruches*.

zu i)

$$f'(x) = \lim_{h \to 0} \frac{f(x+h) - f(x)}{h} = \lim_{h \to 0} \frac{e^{x+h} - e^x}{h} = \lim_{h \to 0} \frac{e^x \cdot e^h - e^x}{h} = \lim_{h \to 0} \frac{e^x(e^h - 1)}{h}$$

$$= \lim_{h \to 0} e^x \cdot \frac{e^h - 1}{h} = e^x \cdot \lim_{h \to 0} \frac{e^h - 1}{h} = e^x \cdot 1 = e^x$$

Die Bildung des Grenzwertes $\lim_{h \to 0} \frac{e^h - 1}{h} = 1$ bedarf einiger Zwischenschritte:

Zunächst setzt man $h = \frac{1}{n}$, um auf den bereits bekannten Grenzwert $\lim_{n \to \infty}\left(1 + \frac{1}{n}\right)^n = e = 2{,}71828182846\ldots$ zurückgreifen zu können. Strebt nun $h \to 0$, muß auch $\frac{1}{n} \to 0$ streben, was für $n \to \infty$ erreicht wird. Unter der Voraussetzung, daß die folgenden Ausrücke existieren, also z.B. nicht 'über alle Grenzen' wachsen, gelingen formal die weiteren Umformungen:

$$\lim_{h \to 0} \frac{e^h - 1}{h} = \lim_{\frac{1}{n} \to 0} \frac{e^{\frac{1}{n}} - 1}{\frac{1}{n}} = \lim_{n \to \infty} \frac{e^{\frac{1}{n}} - 1}{\frac{1}{n}} = \lim_{n \to \infty} n\left(e^{\frac{1}{n}} - 1\right) = \lim_{n \to \infty} n\left(\left(\left(1 + \frac{1}{n}\right)^n\right)^{\frac{1}{n}} - 1\right)$$

$$= \lim_{n \to \infty} n\left(\left(1 + \frac{1}{n}\right) - 1\right) = \lim_{n \to \infty} n\left(1 + \frac{1}{n} - 1\right) = \lim_{n \to \infty} n \cdot \frac{1}{n} = \lim_{n \to \infty} 1 = 1.$$

Dabei ist im besonderen hervorzuheben, daß die natürliche Exponentialfunktion als einzige Funktion mit ihrer Ableitungsfunktion übereinstimmt.

zu j)

Deutet man die Funktion $f : x \to \ln x$ als Umkehrfunktion der Funktion $f : x \to e^x$, kann die Ableitungsfunktion von $f : x \to \ln x$ anschaulich ermittelt werden:

Es sei t_1 die Tangente an das Schaubild der Funktion f im Punkt $P(a|b)$, t_2 sei die Tangente an das Schaubild der Funktion $\overline{f}$ im Punkt $Q(b|a)$.
Der Vergleich des Steigungsdreiecks $\triangle APB_1$ von t_1 mit dem Steigungsdreieck $\triangle AB_2Q$ von t_2 läßt nun Rückschlüsse auf die entsprechenden Tangentensteigungen ziehen (Punkt A ist der Schnittpunkt der beiden Tangenten t_1 und t_2):

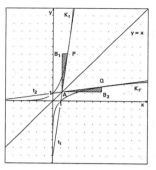

Bild 4.10: Tangente an das Schaubild der Funktion f im Punkt $P(a|b)$ und die an das Schaubild ihrer Umkehrfunktion $\overline{f}$ im Punkt $Q(b|a)$.

Zunächst ist zu bemerken, daß die beiden Steigungsdreiecke, wie auch die Punkte P und Q, durch Spiegelung an der 1. Wh auseinander hervorgehen, die Dreiecke also kongruent sind. Bezeichnet man nun die längere Kathete der Dreiecke mit l, die kürzere mit k, so gilt für die entsprechenden Tangentensteigungen einerseits $m_{t_1} = \dfrac{l}{k}$, andererseits ist $m_{t_2} = \dfrac{k}{l}$. Die Tangentensteigung im Punkt P an das Schaubild der Funktion f entspricht demnach dem Kehrwert der Tangentensteigung im Punkt Q an das Schaubild der Funktion $\overline{f}$.

Es gilt also $\overline{f}'(b) = \dfrac{1}{f'(a)}$, ein Zusammenhang, der zwischen der Ableitungsfunktion jeder Funktion und der entsprechenden Umkehrfunktion besteht.

In unserem Spezialfall hat die Funktion f die Darstellung $f: x \to e^x$, ihre Umkehrfunktion ist $\overline{f}: x \to \ln x$. Nun gilt $\overline{f}'(b) = \dfrac{1}{f'(a)} = \dfrac{1}{(e^a)'} = \dfrac{1}{e^a} = \dfrac{1}{b}$. Da die Stelle b ein beliebiger Wert aus dem Definitionsbereich der Funktion $\overline{f}$ ist, können wir schreiben: $\overline{f}'(x) = \dfrac{1}{x}$ mit $x > 0$.

zu k)

Die Ableitungsfunktionen der trigonometrischen Funktionen gewinnen wir durch *graphisches Differenzieren*. Gewiß entgehen wir dabei einer exakten rechnerischen Herleitung, da Skizzen in keiner Weise beweiskräftig sind. Das *graphische Differenzieren* gibt in diesem Fall jedoch konkrete Hinweise darauf, wie das Ergebnis auszuschauen hat.

Am Beispiel der Funktion $f: x \to \sin x$ soll dieses Verfahren beleuchtet werden:

4.1 Das Tangentenproblem

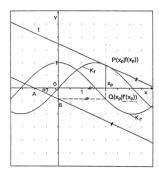

Bild 4.11: Graphische Ableitung der Sinusfunktion

Gegeben ist das Schaubild der Funktion $f: x \to \sin x$. Zunächst zeichnet man nach Augenmaß die Tangente t in einem Kurvenpunkt P ein. Man kann sich dabei über den Umweg der Normalen mit einem kleinen Taschenspiegel behelfen. Legt man den Spiegel - rechtwinklig zur vermuteten Tangente - so an, daß sich die Kurve ohne Knick durch den Spiegel fortsetzt, so beschreibt er den Verlauf der Normalen. Rechtwinklig dazu läßt sich der Verlauf der Tangente ermitteln. Um die Steigung der Tangente zu bestimmen, zeichnet man nun die Parallele zu dieser Tangente durch den Punkt $A(-1|0)$ ein. Diese Parallele schneidet die y-Achse im Punkt B. Im rechtwinkligen Dreieck ΔBOA erkennt man den Steigungswinkel der Tangente, den Winkel $\alpha = \angle OAB$, für die Steigung der Tangente gilt $m_t = \tan \alpha = \dfrac{\overline{OB}}{\overline{AO}} = \dfrac{\overline{OB}}{|-1|} = \overline{OB}$. Der Wert der Steigung stimmt dabei mit dem Wert der Ordinate des Punktes B überein; er kann an der entsprechenden Stelle abgetragen werden: Die Parallele zur x-Achse durch den Punkt B und die Parallele zur y-Achse durch den Punkt P schneiden sich in einem Punkt Q, einem Punkt des Schaubildes der Ableitungsfunktion der Funktion f. Wird dieses Verfahren genügend oft angewandt, erhält man für die Funktion f mit $f: x \to \sin x$ ihre Ableitungsfunktion f' der Form $f': x \to \cos x$.

zu l)

Die Ermittlung der Ableitungsfunktionen der Funktion f mit $f: x \to \cos x$ mit Hilfe des graphischen Differenzierens bleibt dem Leser überlassen. Es entsteht dabei die an der x-Achse gespiegelte Sinuskurve mit dem entsprechenden Funktionsterm $f': x \to -\sin x$.

4.1.6 Drei wichtige Ableitungsregeln

Um auch die Ableitungsfunktion der Funktionen bestimmen zu können, deren Schaubilder durch Stauchung oder Streckung senkrecht zur y- oder zur x-Achse, durch Verschiebung längs der Koordinatenachsen aus den Schaubildern der Grundfunktionen hervorgehen oder die durch Addition zweier Grundfunktionen entstehen, sind die folgenden drei Ableitungsregeln hilfreich.

4.1.6.1 Die Faktorregel

GRUNDAUFGABE 2:
Bestimmen Sie mittels ausführlichem Grenzübergang (vgl. GRUNDAUFGABE 1, Seite 160) die Ableitungsfunktionen folgender Funktionen. (Hinweis: Die Differenzen- und Differentialquotienten bekannter Grundfunktionen dürfen selbstverständlich mitverwendet werden.)

a) $f:x \rightarrow -\frac{1}{2}x^3$ b) $f:x \rightarrow \frac{1}{3x}$ c) $f:x \rightarrow \frac{5}{2}\sin x$

Anmerkungen:
zu a)

$$f'(x) = \lim_{h \to 0} \frac{f(x+h)-f(x)}{h} = \lim_{h \to 0} \frac{-\frac{1}{2}(x+h)^3 - \left(-\frac{1}{2}x^3\right)}{h}$$

$$= \lim_{h \to 0} \frac{-\frac{1}{2}(x^3 + 3x^2h + 3xh^2 + h^3) + \frac{1}{2}x^3}{h} = \lim_{h \to 0} \frac{-\frac{1}{2}x^3 - \frac{3}{2}x^2h - \frac{3}{2}xh^2 - \frac{1}{2}h^3 + \frac{1}{2}x^3}{h}$$

$$= \lim_{h \to 0} \frac{-\frac{3}{2}x^2h - \frac{3}{2}xh^2 - \frac{1}{2}h^3}{h} = \lim_{h \to 0} \frac{h\left(-\frac{3}{2}x^2 - \frac{3}{2}xh - \frac{1}{2}h^2\right)}{h} = \lim_{h \to 0}\left(-\frac{3}{2}x^2 - \frac{3}{2}xh - \frac{1}{2}h^2\right)$$

$$= -\frac{3}{2}x^2$$

(oder: $f'(x) = \lim_{h \to 0} \frac{f(x+h)-f(x)}{h} = \lim_{h \to 0} \frac{-\frac{1}{2}(x+h)^3 - \left(-\frac{1}{2}x^3\right)}{h} = \lim_{h \to 0} \frac{-\frac{1}{2}\left((x+h)^3 - x^3\right)}{h}$

$= -\frac{1}{2}\lim_{h \to 0} \frac{(x+h)^3 - x^3}{h} = -\frac{1}{2} \cdot 3x^2 = -\frac{3}{2}x^2$)

zu b) Kontrollergebnis: $f'(x) = -\frac{1}{3x^2}$

zu c)

$$f'(x) = \lim_{h \to 0} \frac{f(x+h)-f(x)}{h} = \lim_{h \to 0} \frac{\frac{5}{2}\sin(x+h) - \frac{5}{2}\sin(x)}{h} = \lim_{h \to 0} \frac{\frac{5}{2}(\sin(x+h) - \sin(x))}{h}$$

$$= \lim_{h \to 0} \frac{5}{2} \cdot \frac{(\sin(x+h) - \sin(x))}{h} = \frac{5}{2} \cdot \lim_{h \to 0} \frac{(\sin(x+h) - \sin(x))}{h} = \frac{5}{2}\cos x$$

Wir verallgemeinern:

> **Satz 4.1: (Faktorregel)**
> Für die Funktion f mit $f:x \rightarrow c \cdot u(x)$ (wobei $c \in /R$) hat die Ableitungsfunktion f' die Form $f':x \rightarrow c \cdot u'(x)$ oder (in Worten): *Ein konstanter Faktor bleibt beim Ableiten erhalten.*
> Kurz: $\boxed{f':x \rightarrow (c \cdot u(x))' = c \cdot u'(x)}$

4.1 Das Tangentenproblem

Nachweis:

$$f'(x) = \lim_{h \to 0} \frac{f(x+h) - f(x)}{h} = \lim_{h \to 0} \frac{c \cdot u(x+h) - c \cdot u(x)}{h} = \lim_{h \to 0} \frac{c(u(x+h) - u(x))}{h}$$

$$= \lim_{h \to 0} c \cdot \frac{u(x+h) - u(x)}{h} = c \cdot \lim_{h \to 0} \frac{u(x+h) - u(x)}{h} = c \cdot u'(x)$$

Weitere Beispiele:

a) Die Ableitungsfunktion der Funktion f mit $f: x \to 2 \cdot \ln x$ lautet $f': x \to 2 \cdot \frac{1}{x} = \frac{2}{x}$.

b) Für f mit $f: x \to \frac{1}{5} e^x$ hat die Ableitungsfunktion f' ebenfalls die Darstellung $f': x \to \frac{1}{5} e^x$

4.1.6.2 Die Summenregel

GRUNDAUFGABE 3:
Bestimmen Sie mittels ausführlichem Grenzübergang und unter Verwendung der bisherigen Ableitungsfunktionen die Ableitungsfunktionen folgender Funktionen.

a) $f: x \to -\frac{1}{2} x^3 + 2x$
b) $f: x \to \sqrt{x} + \sin x$ $D_f = I\!R_0^+$

Anmerkungen:
zu a)

$$f'(x) = \lim_{h \to 0} \frac{f(x+h) - f(x)}{h} = \lim_{h \to 0} \frac{-\frac{1}{2}(x+h)^3 + 2(x+h) - \left(-\frac{1}{2} x^3 + 2x\right)}{h}$$

$$= \lim_{h \to 0} \frac{-\frac{1}{2}x^3 - \frac{3}{2}x^2 h - \frac{3}{2}xh^2 - \frac{1}{2}h^3 + 2x + 2h + \frac{1}{2}x^3 - 2x}{h} = \lim_{h \to 0} \frac{-\frac{3}{2}x^2 h - \frac{3}{2}xh^2 - \frac{1}{2}h^3 + 2h}{h}$$

$$= \lim_{h \to 0} \frac{h\left(-\frac{3}{2}x^2 - \frac{3}{2}xh - \frac{1}{2}h^2 + 2\right)}{h} = \lim_{h \to 0} \left(-\frac{3}{2}x^2 - \frac{3}{2}xh - \frac{1}{2}h^2 + 2\right) = -\frac{3}{2}x^2 + 2$$

zu b)

$$f'(x) = \lim_{h \to 0} \frac{f(x+h) - f(x)}{h} = \lim_{h \to 0} \frac{\sqrt{x+h} + \sin(x+h) - \left(\sqrt{x} + \sin x\right)}{h}$$

$$= \lim_{h \to 0} \frac{\sqrt{x+h} + \sin(x+h) - \sqrt{x} - \sin x}{h} = \lim_{h \to 0} \frac{\sqrt{x+h} - \sqrt{x} + \sin(x+h) - \sin x}{h}$$

$$= \lim_{h \to 0} \left(\frac{\sqrt{x+h} - \sqrt{x}}{h} + \frac{\sin(x+h) - \sin x}{h}\right) = \lim_{h \to 0} \frac{\sqrt{x+h} - \sqrt{x}}{h} + \lim_{h \to 0} \frac{\sin(x+h) - \sin x}{h}$$

$$= \frac{1}{2\sqrt{x}} + \cos x$$

Wir verallgemeinern:

Satz 4.2: (Summenregel)
Für die Funktion f mit $f:x \to u(x)+v(x)$ hat die Ableitungsfunktion f' die Form $f':x \to u'(x)+v'(x)$ oder (in Worten): *Funktionen, die aus der Summe zweier (oder mehrerer) Einzelfunktionen zusammengesetzt sind, können 'summandenweise' abgeleitet werden.*
Kurz: $\boxed{f'x: \to (u(x)+v(x))' = u'(x)+v'(x)}$

Nachweis:

$$f'(x) = \lim_{h \to 0} \frac{f(x+h)-f(x)}{h} = \lim_{h \to 0} \frac{u(x+h)+v(x+h)-(u(x)+v(x))}{h}$$

$$= \lim_{h \to 0} \frac{u(x+h)+v(x+h)-u(x)-v(x)}{h} = \lim_{h \to 0} \frac{u(x+h)-u(x)+v(x+h)-v(x)}{h}$$

$$= \lim_{h \to 0} \left(\frac{u(x+h)-u(x)}{h} + \frac{v(x+h)-v(x)}{h} \right) = \lim_{h \to 0} \frac{u(x+h)-u(x)}{h} + \lim_{h \to 0} \frac{v(x+h)-v(x)}{h}$$

$$= u'(x) + v'(x)$$

Weitere Beispiele:

a) Die Ableitungsfunktion der Funktion f mit $f:x \to x^2 + \ln x$ lautet $f':x \to 2x + \frac{1}{x}$.

b) Für die Funktion f mit $f:x \to e^x + \cos x$ hat die Ableitungsfunktion f' die Darstellung $f':x \to e^x - \sin x$.

Hinweis:
Mit Hilfe dieser beiden Regeln, der Faktor- und der Summenregel, lassen sich sämtliche ganzrationalen Funktionen ableiten, außerdem aber auch alle Funktionen, die als Linearkombination von Grundfunktionen darstellbar sind.

4.1.6.3 Die vereinfachte Kettenregel

GRUNDAUFGABE 4:
Bestimmen Sie mittels ausführlichem Grenzübergang und unter Verwendung der bisherigen Ableitungsfunktionen und Ableitungsregeln die Ableitungsfunktionen folgender Funktionen:

a) $f:x \to \dfrac{1}{2x-1}$
b) $f:x \to (\sqrt{2}x+2)^3$

Anmerkungen:
zu a)

$$f'(x) = \lim_{h \to 0} \frac{f(x+h)-f(x)}{h} = \lim_{h \to 0} \frac{\frac{1}{2(x+h)-1} - \frac{1}{2x-1}}{h} = \lim_{h \to 0} \frac{\frac{2x-1-(2(x+h)-1)}{(2(x+h)-1)(2x-1)}}{h}$$

$$= \lim_{h \to 0} \frac{\frac{2x-1-2x-2h+1}{(2(x+h)-1)(2x-1)}}{h} = \lim_{h \to 0} \frac{\frac{-2h}{(2(x+h)-1)(2x-1)}}{h} = \lim_{h \to 0} \frac{-2}{(2(x+h)-1)(2x-1)} = \frac{-2}{(2x-1)^2}$$

4.1 Das Tangentenproblem

zu b)
Wird der Funktionsterm ausmultipliziert, läßt sich die Ableitungsfunktion hier auch mittels der Faktor- und der Summenregel ermitteln:
$$f(x) = \left(\sqrt{2}x+2\right)^3 = \left(\sqrt{2}x\right)^3 + 3\cdot\left(\sqrt{2}\right)^2\cdot x^2\cdot 2 + 3\cdot\sqrt{2}x\cdot 2^2 + 2^3 = 2\sqrt{2}x^3 + 12x^2 + 12\sqrt{2}x + 8$$
Damit erhält man die Ableitungsfunktion f' der Form $f':x \rightarrow 6\sqrt{2}x^2 + 24x + 12\sqrt{2}$.

Vergleicht man den Term der Ableitungsfunktion mit dem Funktionsterm der Ausgangsfunktion, so stellt man nach einer mehr oder weniger langen Überlegung folgende Gesetzmäßigkeit fest:

	Ausgangsfunktion f	Ableitungsfunktion f'
a)	$f:x \rightarrow \dfrac{1}{2x-1}$	$f':x \rightarrow \dfrac{-2}{(2x-1)^2} = 2\cdot\dfrac{-1}{(2x-1)^2}$
b)	$f:x \rightarrow 2\sqrt{2}x^3 + 12x^2 + 12\sqrt{2}x + 8$ $= \left(\sqrt{2}x+2\right)^3$	$f':x \rightarrow 6\sqrt{2}x^2 + 24x + 12\sqrt{2}$ $= \sqrt{2}\cdot 3\left(\sqrt{2}x^2 + 4\sqrt{2}x + 4\right) = \sqrt{2}\cdot 3\left(\sqrt{2}x+2\right)^2$

Wählt man im Beispiel a) die Substitution $u(x) = 2x-1$, faßt man also die Funktion f als *Verkettung* zweier Funktionen, der Funktion u mit $u(x) = 2x-1$ und der Funktion f mit $f(u) = \dfrac{1}{u}$ auf, so erkennt man im Term der Ableitungsfunktion f' die Ableitung der Funktion $f(u)$, nämlich $f'(u) = -\dfrac{1}{u^2}$, bis auf den Faktor 2 wieder. Im Beispiel b) führt die Substitution $u(x) = \sqrt{2}x + 2$ zu ähnlichen Schlußfolgerungen: Die Ableitung der Funktion f, aufgefaßt als *Verkettung* der Funktion u mit $u(x) = \sqrt{2}x + 2$ und der Funktion f mit $f(u) = u^3$ entspricht der Ableitung der Funktion $f(u)$, und zwar $f'(u) = 3u^2$, bis auf den Faktor $\sqrt{2}$. Die Faktoren 2 bzw. $\sqrt{2}$ entsprechen jeweils dem Wert der Ableitung der Funktion u, oder - anders ausgedrückt - dem Koeffizienten vor dem linearen Glied x in der Funktion u.

Wir fassen zusammen:

Satz 4.3: (Vereinfachte Kettenregel)
Läßt sich die Funktion f als *Verkettung* einer linearen Funktion u mit $u(x) = ax+b$ und einer Grundfunktion $f(u)$ auffassen, also $f(x) = f(u(x))$, so hat ihre Ableitungsfunktion f' die Darstellung $f':x \rightarrow a\cdot f'(u(x))$ mit $u(x) = ax + b$.
Kurz:
$\boxed{f':x \rightarrow \left(f(u(x))\right)' = a\cdot f'(u(x))}$ mit $u(x) = ax+b$ bzw. $\boxed{f':x \rightarrow \left(f(ax+b)\right)' = a\cdot f'(ax+b)}$

Weitere Beispiele:
a) Die Funktion $f:x \rightarrow \sqrt{3x + \dfrac{1}{2}}$ mit $x \geq -\dfrac{1}{6}$ möge als *Verkettung* der Funktion u mit $u(x) = 3x + \dfrac{1}{2}$ und der Funktion f mit $f(u) = \sqrt{u}$ begriffen werden.

Zum einen gilt nun $a = (u'(x)) = 3$, zum andern $f'(u) = \dfrac{1}{2\sqrt{u}}$.

Nun ist $f'(x) = a \cdot f'(u(x)) = 3 \cdot \dfrac{1}{2\sqrt{u(x)}} = \dfrac{3}{2\sqrt{3x+\dfrac{1}{2}}}$.

Die Ableitungsfunktion f' lautet also $f': x \to \dfrac{3}{2\sqrt{3x+\dfrac{1}{2}}}$.

b) Die Funktion f mit $f: x \to \dfrac{1}{3}\sin\left(2\left(x+\dfrac{\pi}{2}\right)\right)$ läßt sich als *Verkettung* der beiden Funktionen u mit $u(x) = 2\left(x+\dfrac{\pi}{2}\right) = 2x + \pi$ und der Funktion f mit $f(u) = \dfrac{1}{3}\sin u$ deuten.

Es ist $u'(x) = 2$ und $f'(u) = \dfrac{1}{3}\cos u$.

Für die Ableitungsfunktion f' gilt demnach $f': x \to \dfrac{2}{3}\cos\left(2\left(x+\dfrac{\pi}{2}\right)\right)$.

Nachweis:
Der Nachweis dieses Satzes ist formal etwas aufwendiger. Dennoch möge er hier erläutert werden: Die Funktion f soll als Verkettung der Funktionen u mit $u(x) = ax + b$ und der Funktion $f(x) = f(u(x))$ aufgefaßt werden. Für die Ableitungsfunktion gilt nun:

$f'(x) = \lim\limits_{h \to 0} \dfrac{f(x+h) - f(x)}{h} = \lim\limits_{h \to 0} \dfrac{f(u(x+h)) - f(u(x))}{h} = \lim\limits_{h \to 0} \dfrac{f(a(x+h)+b) - f(ax+b)}{h}$

$= \lim\limits_{h \to 0} \dfrac{f(ax + ah + b) - f(ax + b)}{h} = \lim\limits_{h \to 0} \dfrac{f(ax + b + ah) - f(ax + b)}{h}$

$= \lim\limits_{h \to 0} \dfrac{f(ax + b + ah) - f(ax + b)}{ah} \cdot a = \lim\limits_{\overline{h} \to 0} \dfrac{f(\overline{x} + \overline{h}) - f(\overline{x})}{\overline{h}} \cdot a = f'(\overline{x}) \cdot a = f'(ax+b) \cdot a$

$= f'(u(x)) \cdot a$.

(In der vorletzten Zeile wurde der Übersichtlichkeit halber der Ausdruck $ax + b$ mit $\overline{x}$, der Ausdruck ah mit $\overline{h}$ abgekürzt. Mit $h \to 0$ strebt selbstverständlich auch $ah \to 0$ und damit $\overline{h} \to 0$.)

Hinweis:
Die allgemeine Form der Kettenregel für Funktionen f, die als Verkettung der Funktionen u und $f(u)$ gedeutet werden können, lautet $f'(x) = (f(u(x)))' = f'(u(x)) \cdot u'(x)$. Für den Spezialfall, daß u eine lineare Funktion ist, die sich also in der Form $u(x) = ax + b$ schreiben läßt und damit die Ableitungsfunktion $u'(x) = a$ hat, ergibt sich die oben genannte vereinfachte Kettenregel.

4.1 Das Tangentenproblem

Übungsaufgaben:

1. Geben Sie den maximalen Definitionsbereich D_f der folgenden Funktionen f an. Bestimmen Sie mit Hilfe der wichtigsten Ableitungsfunktionen und der wichtigsten Ableitungsregeln die jeweilige Ableitungsfunktion f' mit dem Definitionsbereich $D_{f'}$.

a) $f: x \to \frac{1}{2}x$

b) $f: x \to -\frac{1}{6}x^3$

c) $f: x \to \frac{1}{3}x^2$

d) $f: x \to \frac{1}{3}x^2 - x$

e) $f: x \to \frac{2}{x} + \frac{1}{3}$

f) $f: x \to \frac{1}{3}\sqrt{x}$

g) $f: x \to 3 - \sqrt{x}$

h) $f: x \to \frac{1}{2}\sqrt{x} + 2x^3$

i) $f: x \to \frac{1}{4x} + x$

j) $f: x \to \sqrt{\frac{1}{2}x - \frac{1}{x}}$

k) $f: x \to \frac{1}{6}x^2 + \frac{1}{2}x - 4$

l) $f: x \to (3x + 5)^2$

m) $f: x \to \left(\frac{1}{2}x - 5\right)^2$

n) $f: x \to (x + \sqrt{2})^3$

o) $f: x \to \left(4 - \frac{1}{3}x\right)^4$

p) $f: x \to (\sqrt{3}x + 1)^7$

q) $f: x \to \frac{1}{2}\ln x$

r) $f: x \to e^{4x+1}$

s) $f: x \to \cos(2x + \pi)$

t) $f: x \to \frac{1}{5}\sin(3x - 1)$

u) $f: x \to \frac{1}{2}\sqrt{4x + 16}$

v) $f: x \to \frac{1}{\frac{1}{4}x + 7}$

w) $f: x \to (18x + 7)^{87}$

x) $f: x \to 4\ln\left(3 - \frac{1}{2}x\right)$

y) $f: x \to \left(\frac{1}{3}x - 5\right)^n + e^{nx-1} + n$ (mit $n \in I\!N$)

z) $f: x \to \frac{1}{x+2} - \frac{1}{3}\ln\sqrt{x - 5}$

2. Welche der nachfolgenden Funktionen lassen sich mit Hilfe der drei wichtigsten Ableitungsregeln ableiten? Bestimmen Sie für diese Funktionen nach diesen Regeln die jeweilige Ableitungsfunktion. Geben Sie die Definitionsbereiche D_f und $D_{f'}$. Versuchen Sie dann für die übrigen Funktionen, die Ableitungsfunktion mittels ausführlichem Grenzvorgang unter Verwendung der bisherigen Ableitungen zu bestimmen. Geben Sie ebenfalls D_f und $D_{f'}$ an.

a) $f: x \to \frac{5}{6}x^3 - \frac{1}{7}x^2 + \frac{2}{5}x$

b) $f: x \to -\frac{5}{x+1} + 3x$

c) $f: x \to \sqrt{1 - 2x}$

d) $f: x \to \frac{1}{\ln(x+1)}$

e) $f: x \to 2\sin\left(\frac{1}{2}\pi - x\right)$

f) $f: x \to \frac{1}{3}e^{kx-b} + k$ (mit $k, b \in I\!R$)

g) $f: x \to 6\left(\frac{1}{2}x + 1\right)^{n-1}$ (mit $n \in I\!N$)

h) $f: x \to 2 \cdot \ln\left(\frac{1}{4}x^2\right)$

i) $f: x \to \left(\frac{1}{2}x + 1\right)(x - 3)^2$

j) $f: x \to \frac{6x^5 - 4x^3 + 2x}{a}$ (mit $a \neq 0$)

k) $f: x \to 2e^{\sqrt{2}(x-1)}$

l) $f: x \to e^{x \cdot \ln 4} + e$

m) $f: x \to \frac{1}{\cos x}$

n) $f: x \to x \cdot \ln(ax - 1)$ (mit $a \in I\!R$)

3. Bestimmen Sie die Steigung der Tangenten t an das Schaubild der Funktion f im Punkt $P(x_0|f(x_0))$. Geben Sie die Gleichung der Tangente t und die der Normalen n im Punkt P an.

a) $f: x \to \frac{1}{4}x^3 \qquad x_0 = -2$
b) $f: x \to \frac{1}{3x-1} \qquad x_0 = 1$

c) $f: x \to \ln(4x+1) \qquad x_0 = \frac{1}{4}$
d) $f: x \to \sin\left(\frac{1}{2}x + \pi\right) \qquad x_0 = -\frac{\pi}{3}$

e) $f: x \to e^{2x - \frac{1}{3}} \qquad x_0 = -\frac{1}{12}$
f) $f: x \to 5\sqrt{1 - \frac{1}{4}x} \qquad x_0 = -4$

4. Bestimmen Sie die Koordinaten des Punktes P (bzw. der Punkte P) des Schaubildes der Funktion f, in dem die Tangente t die Steigung m besitzt.

a) $f: x \to \frac{1}{8}x^3 + 2 \qquad m = 1$
b) $f: x \to \frac{1}{2}e^{3x-1} \qquad m = \frac{3}{2}$

c) $f: x \to \frac{1}{4-3x} \qquad m = 3$
   $D = \mathbb{R} \setminus \left\{\frac{4}{3}\right\}$
d) $f: x \to 2\sin(4x - 1) \qquad m = 0$

5. Bestimmen Sie die Koordinaten des Punktes P (der Punkte P) des Schaubildes der Funktion f, in dem (in denen) die Tangente t an das Schaubild der Funktion f den Steigungswinkel α besitzt.

a) $f: x \to (2x+2)(3x-1) \qquad \alpha = 45°$
b) $f: x \to 2\sqrt{3}\ln(x+1) \qquad \alpha = 60°$

6. Wo und unter welchem Winkel schneiden sich die Schaubilder der Funktionen f und g?
(*Hinweis:* Unter dem Schnittwinkel zweier Schaubilder versteht man den Winkel unter dem sich die Tangenten an die beiden Schaubilder im Punkt P schneiden.)

a) $f: x \to x^2 + 2$
   $g: x \to -\frac{1}{3}x^2 + 3$
b) $f: x \to \frac{1}{x} \qquad D = \mathbb{R} \setminus \{0\}$
   $g: x \to -\frac{1}{8}x^2$

7. Bestimmen Sie die Gleichung der zur Geraden g parallel verlaufenden Tangente t an das Schaubild der Funktion f.

a) $f: x \to x^4 - 1$
   $g: y = \frac{1}{2}x + 2$
b) $f: x \to \frac{1}{3}e^x - 1$
   $g: y = \frac{1}{3}x - e$

8. Vom Koordinatenursprung aus sollen Tangenten an das Schaubild der Funktion f gelegt werden. Bestimmen Sie die Gleichung dieser Tangenten und die Koordinaten der Berührpunkte.

a) $f: x \to x^2 + 6x + 2$
b) $f: x \to \frac{2}{x-1} - 2 \qquad D = \mathbb{R} \setminus \{1\}$

9. Vom Punkt Q aus sollen Tangenten an das Schaubild der Funktion f gelegt werden. Bestimmen Sie die Gleichung dieser Tangenten. Geben Sie die Koordinaten der Berührpunkte an.

a) $f: x \to -x^2 + 7x - 10 \qquad Q(1|-3)$
b) $f: x \to \frac{4}{3}(x-3)^4 + 3 \qquad Q(3|-1)$

10. Gegeben sei die Funktion f mit $f: x \to e^x + e^{-x}$. Ihr Schaubild heißt K_f.

a) Zeichnen Sie ausgehend vom Schaubild der Funktion g mit $g: x \to e^x$ das Schaubild der Funktion f und das ihrer 1. Ableitungsfunktion f', genannt $K_{f'}$, in ein gemeinsames Koordinatensystem.

b) Untersuchen Sie K_f und $K_{f'}$ auf einfache Symmetrien.

c) In welchem Punkt P hat K_f eine waagerechte Tangente?

d) Bestimmen Sie die Gleichung der Tangente und die der Normalen im Punkt $Q(1|f(1))$ des Schaubildes K_f.

e) Bestimmen Sie den Punkt (die Punkte) von K_f, wo die Tangentensteigung den Wert $m = 2$ annimmt.

11. Gegeben sei die Funktion f mit $f: x \to -\dfrac{3x+1}{x+1}$ mit $D = I\!R \setminus \{-1\}$. Ihr Schaubild heißt K_f.

a) Zeigen Sie rechnerisch, daß sich die Funktion f auch in der Form $f: x \to \dfrac{2}{x+1} - 3$ schreiben läßt. Wie geht demnach K_f aus dem Schaubild der entsprechenden Grundfunktion hervor? Bestimmen Sie Schnittpunkte von K_f mit den Koordinatenachsen und skizzieren Sie K_f? Geben Sie die Gleichungen der beiden Asymptoten an.

b) Bestimmen Sie die Schnittpunkte von K_f mit der 1. Winkelhalbierenden. Unter welchem Winkel schneidet K_f die 1. Winkelhalbierende?

c) Bestimmen Sie die Gleichung der Geraden g mit $P(-1|-3) \in g$, die das Schaubild K_f rechtwinklig schneidet. Bestimmen Sie die Koordinaten der Schnittpunkte.

12. Gegeben sei die Funktion f mit $f: x \to 2 \cdot \ln\left(\dfrac{1}{4}x^2\right)$. Ihr Schaubild heißt K_f.

a) Bestimmen Sie den maximalen Definitionsbereich dieser Funktion. Begründen Sie, warum K_f achsensymmetrisch bezüglich der y-Achse ist. Bestimmen Sie die Schnittpunkte von K_f mit der x-Achse.

b) Geben Sie für $x > 0$ die erste Ableitungsfunktion an
 (*Hinweis:* Schreiben Sie den Funktionsterm als Summe).

c) Vom Koordinatenursprung aus werden Tangenten an K_f gelegt. Ermitteln Sie ihre Gleichungen.

d) Wie geht K_f aus der Logarithmenkurve $y = \ln x$ hervor? (Beachten Sie dabei den *Hinweis*!) Skizzieren Sie nun das komplette Schaubild der Funktion f.

e) Bestimmen Sie rechnerisch für $x > 0$ die Umkehrfunktion von f. (Warum muß hier der Definitionsbereich eingeschränkt werden?) Zeichnen Sie.

4.2 Näherungsweise Bestimmung von Nullstellen: Das NEWTON-Verfahren

4.2.1 Vorbemerkung

Nullstellen einer Funktion f sind bekanntlich die Stellen, in denen das Schaubild der Funktion f die x-Achse schneidet (oder auch berührt). Das Bestimmen der Nullstellen führt je nach Funktionstyp auf eine lineare oder (bi)quadratische Gleichung, auf eine Wurzelgleichung oder eine Bruchgleichung, auf eine trigonometrische Gleichung, eine Exponential- oder auch auf eine Logarithmengleichung. Bei den ganzrationalen Funktionen vereinfachte oftmals ihre Zerlegung in Linearfaktoren (mittels Polynomdivision) die Bestimmung der Nullstellen. Die Beispiele der nachfolgenden Grundaufgabe mögen die längst vertrauten Verfahren wiederholen.

GRUNDAUFGABE 5:
Bestimmen Sie rechnerisch die Nullstellen der folgenden Funktionen. Zeichnen Sie Schaubilder.

a) $f : x \rightarrow 3x - 1$

b) $f : x \rightarrow -\frac{1}{2}x^2 + 3x - \frac{7}{2}$

c) $f : x \rightarrow \frac{2}{x-1} + 4$ (mit $x \neq 1$)

d) $f : x \rightarrow \frac{1}{3}x^4 - x^2 + \frac{2}{3}$

e) $f : x \rightarrow 2\sqrt{3x-1}$ (mit $x \geq \frac{1}{3}$)

f) $f : x \rightarrow -\frac{1}{2}x^4 + \frac{1}{2}x^3 - x^2 + x$

g) $f : x \rightarrow \frac{1}{\sqrt{e}} e^{x-3} - 1$

h) $f : x \rightarrow \frac{1}{3}\sqrt{3}x^4 + (\sqrt{3}+1)x^3 + 3x^2 - \frac{4}{3}\sqrt{3}x - 4$

i) $f : x \rightarrow 3 \cdot \ln(1-2x)$ (mit $x < \frac{1}{2}$)

j) $f : x \rightarrow \sin x + \cos x$

k) $f : x \rightarrow \frac{3}{2}\sin\left(\frac{1}{2}x+2\right)$

l) $f : x \rightarrow \frac{1}{\cos x} + 1$ (mit $x \neq \frac{2k+1}{2} \cdot \pi$ und $k \in /Z$)

Anmerkungen: (Kontrollergebnisse)

zu a) $x = \frac{1}{3}$ zu b) $x_{1,2} = 3 \pm \sqrt{2}$ zu c) $x = \frac{1}{2}$

zu d) $x_{1,2} = \pm 1$ $x_{3,4} = \pm\sqrt{2}$ zu e) $x = \frac{1}{3}$ zu f) $x_1 = 0$ $x_2 = 1$

zu g) $x = \frac{7}{2}$ zu h) $x_{1,2} = -2$ $x_3 = -\sqrt{3}$ $x_4 = 1$ zu i) $x = 0$

zu j) $x = \frac{\pi(4k-1)}{4}$ zu k) $x = 2k\pi - 4$ zu l) $x = (1+2k)\pi$

Um auch die Nullstellen solcher Funktionen zu bestimmen, die sich weder auf eine Gleichung der oben genannten Art überführen noch mit Hilfe der Polynomdivision ermitteln lassen, ist das folgende Verfahren hilfreich. Es ist ein Verfahren, mit dem die Nullstellen wenigstens näherungsweise angegeben werden können. Eine Methode, die Nullstellen direkt zu berechnen, bleibt uns hier vorenthalten.

4.2.2 Das NEWTON-Verfahren

Beispiel a)

Gegeben ist die Funktion f mit $f: x \to e^x + x$. Ihr Schaubild heißt K_f.

Gesucht ist die Stelle, an der das Schaubild der Funktion f die x-Achse schneidet.
In der nebenstehenden Abbildung (vgl. **Bild 4.12**) ist diese Stelle mit $\bar{x}$ bezeichnet.

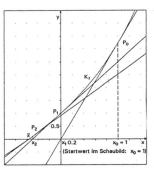

Bild 4.12: Schaubild zu Beispiel a) (Nullstellenbestimmung nach dem NEWTON-Verfahren)

Verfahren:
Das Verfahren (benannt nach Isaak NEWTON (1642-1727)) soll vorerst in Worten beschrieben werden:
Man wählt zunächst einen beliebigen Wert x_0 in nicht allzu weiter Entfernung von der vermuteten Nullstelle $\bar{x}$. (Dieser Wert x_0, auch Startwert genannt, kann z. B. aus dem Schaubild entnommen werden.). Die Tangente an K_f im Kurvenpunkt $P_0(x_0 | f(x_0))$ schneidet die x-Achse in einem Punkt S_1. Die Abszisse dieses Schnittpunktes S_1 werde mit x_1 bezeichnet. Seine Koordinaten lauten demnach $S_1(x_1 | 0)$. Nun wird im Kurvenpunkt $P_1(x_1 | f(x_1))$ die Tangente an K_f gelegt. Diese Tangente schneidet die x-Achse in einem weiteren Punkt, genannt $S_2(x_2 | 0)$. Das beschriebene Vorgehen wiederholt sich nun immer wieder: Die Tangente an K_f im Kurvenpunkt $P_2(x_2 | f(x_2))$ schneidet die x-Achse im Punkt $S_3(x_3 | 0)$, die Tangente an K_f im Kurvenpunkt $P_3(x_3 | f(x_3))$ schneidet die x-Achse im Punkt $S_4(x_4 | 0)$ ... .
Verfolgt man dieses Verfahren am Schaubild der Funktion f, so kann man erkennen, daß sich die Abszissen der x-Achsenschnittpunkte $S_1, S_2, S_3, S_4, ...$, also die x-Werte (x_0), $x_1, x_2, x_3, x_4, ...$, mit wachsendem n der gesuchten Nullstelle $\bar{x}$ annähern.
Die sich anschließende Rechnung geht davon aus, daß der x-Wert, nämlich x_n (für beliebiges $n \in I\!N$), bekannt ist und zeigt nun auf, wie die Stelle x_{n+1} zu ermitteln ist. Dabei wird wiederum benutzt, daß die Tangente t_n an K_f im Kurvenpunkt $P_n(x_n | f(x_n))$ die x-Achse im Punkt $S_{n+1}(x_{n+1} | 0)$, also an der Stelle x_{n+1} schneidet:
Von der Tangente t_n an K_f im Punkt P_n ist zum einen der Punkt P_n, der nicht nur Kurvenpunkt sondern auch zugleich Punkt der Tangente ist, zum andern ihre Steigung, die mit der Steigung der Kurve K_f im Punkt P_n übereinstimmt, nämlich $m = f'(x_n)$, bekannt. So läßt sich die Gleichung dieser Tangente wie folgt bestimmen:
Ansatz: $y = mx + b$
Punktprobe mit Punkt $P_n(x_n | f(x_n))$ liefert:
$f(x_n) = \underbrace{f'(x_n)}_{m} \cdot x_n + b \Longrightarrow b = f(x_n) - f'(x_n) \cdot x_n$.

Ergebnis: $y = \underbrace{f'(x_n)}_{m} \cdot x + \underbrace{f(x_n) - f'(x_n) \cdot x_n}_{b}$

Nun wird die Schnittstelle dieser Tangente mit der x-Achse bestimmt:
Wir setzen $y = 0$ und lösen nach x auf:

$0 = f'(x_n) \cdot x + f(x_n) - f'(x_n) \cdot x_n \Leftrightarrow -f'(x_n) \cdot x = f(x_n) - f'(x_n) \cdot x_n$

$\Leftrightarrow x = \dfrac{f(x_n) - f'(x_n) \cdot x_n}{-f'(x_n)} \Leftrightarrow x = \dfrac{-f(x_n) + f'(x_n) \cdot x_n}{f'(x_n)} \Leftrightarrow x = \dfrac{-f(x_n)}{f'(x_n)} + x_n \Leftrightarrow x = x_n - \dfrac{f(x_n)}{f'(x_n)}$

Da der ermittelte x-Wert der Stelle x_{n+1} entspricht, gilt nun $x_{n+1} = x_n - \dfrac{f(x_n)}{f'(x_n)}$ (♦).

zu Beispiel a)
Nun verfolgen wir dieses Verfahren am anfangs gestellten Beispiel:
Als Startwert wählen wir (entnommen aus dem Schaubild der Funktion f) $x_0 = -0,5$.
Um die nächsten x-Werte berechnen zu können, benötigen wir neben der Gleichung der Funktion f, nämlich $f(x) = e^x + x$, auch die ihrer 1. Ableitung: $f'(x) = e^x + 1$.
Wir wenden nun der Reihe nach die Formel (♦) an.
Für $n = 1$ gilt

$$x_1 = x_0 - \dfrac{f(x_0)}{f'(x_0)} = -0,5 - \dfrac{f(-0,5)}{f'(-0,5)} = -0,5 - \dfrac{e^{-0,5} - 0,5}{e^{-0,5} + 1} \approx -0,566311,$$

für $n = 2$ nun

$$x_2 = x_1 - \dfrac{f(x_1)}{f'(x_1)} \approx -0,566311 - \dfrac{e^{-0,566311} - 0,566311}{e^{-0,566311} + 1} \approx -0,567143,$$

für $n = 3$ ist wiederum

$$x_3 = x_2 - \dfrac{f(x_2)}{f'(x_2)} \approx -0,567143 - \dfrac{e^{-0,567143} - 0,567143}{e^{-0,567143} + 1} \approx -0,567143.$$

Die gesuchte Nullstelle der Funktion f lautet demnach $\bar{x} \approx -0,567143$.

Als praktisch erweist sich beim Berechnen der Nullstelle mittels des NEWTON-Verfahrens die folgende Tabelle:

n	x_n	$f(x_n)$	$f'(x_n)$	$\dfrac{f(x_n)}{f'(x_n)}$	x_{n+1}
0	-0,5	0,106530...	1,606530...	0,066311...	-0,566311...
1	-0,566311...	0,001304...	1,567615...	0,000832...	-0,567143...
2	-0,567134...	0,0000001...	1,5671433...	$1,2... \cdot 10^{-7}$	-0,5671432...

Hinweis:
Liegt der Startwert x_0 nicht allzuweit von der zu errechnenden Nullstelle $\bar{x}$ entfernt, so liefert das Verfahren verhältnismäßig rasch eine gute Annäherung für die Nullstelle. So konnte beim

4.2 Näherungsweise Bestimmung von Nullstellen: Das Newton-Verfahren

Beispiel a) die Nullstelle $\bar{x}$ nach nur dreimaligem Anwenden des NEWTON-Verfahrens schon auf 6 Dezimalen genau angegeben werden.

Wir fassen zusammen:

Merke 4.2:
Die Nullstelle $\bar{x}$ einer Funktion f läßt sich bei günstiger Wahl eines Startwertes x_0 näherungsweise mittels des NEWTON-Verfahrens bestimmen. Für $n = 1, 2, 3, ...$ mit
$$x_{n+1} = x_n - \frac{f(x_n)}{f'(x_n)}$$
nähern sich die x-Werte, nämlich $x_1, x_2, x_3, ...$ für wachsendes n immer mehr der Nullstelle $\bar{x}$ an.

Beispiel b)

Gegeben ist die Funktion f mit $f: x \rightarrow \cos x - x$. Ihr Schaubild heißt K_f.

Gesucht ist die Stelle, an der das Schaubild der Funktion f die x-Achse schneidet.

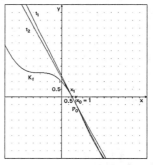

Bild 4.13: Schaubild zu Beispiel b) (Nullstellenbestimmung nach dem NEWTON-Verfahren)

zu Beispiel b)
Als Startwert ist z.B. $x_0 = 1$ denkbar. Die Ableitungsfunktion der Funktion f lautet $f': x \rightarrow -\sin x - 1$. Für die Bestimmung der Nullstelle $\bar{x}$ legen wir die folgende Tabelle an:

n	x_n	$f(x_n)$	$f'(x_n)$	$\frac{f(x_n)}{f'(x_n)}$	x_{n+1}
0	1	$-0{,}459697...$	$-1{,}841470...$	$0{,}249636...$	$0{,}750363...$
1	$0{,}750363...$	$-0{,}018923...$	$-1{,}681904...$	$0{,}011250...$	$0{,}739112...$
2	$0{,}739112...$	$-0{,}000046...$	$-1{,}673632...$	$0{,}000027...$	$0{,}739085...$
3	$0{,}739085...$	$-2{,}86... \cdot 10^{-10}$	$-1{,}673612...$	$1{,}7... \cdot 10^{-10}$	$0{,}7390851...$

Die Nullstelle $\bar{x}$, auf 6 Dezimalen genau gerundet, lautet $\bar{x} \approx 0{,}739085$.

Anmerkungen:

1) Um einen Startwert ohne Zuhilfenahme einer Schaubildskizze zu ermitteln, versucht man - gegebenenfalls über eine Wertetabelle der Funktion - ein möglichst enges Intervall zu finden, innerhalb dem die Funktionswerte der Funktion f ihr Vorzeichen wechseln.

Wertetabelle zu a)

x	-3	-2	-1	-0,5	0	0,5	1	2
$y = e^x + x$	-2,95	-1,86	-0,63	0,11	1	2,15	3,72	9,39

Innerhalb des Intervalls $[-1; -0,5]$ wechseln die Funktionswerte der Funktion f ihr Vorzeichen, denn zum einen ist $f(-1) \approx -0,63 < 0$, zum andern $f(-0,5) \approx 0,11 > 0$. Für die zu ermittelnde Nullstelle muß also gelten: $-1 < \bar{x} < -0,5$. Mögliche Startwerte sind somit $x_0 = -1$ oder auch $x_0 = -0,5$.

2) Wechselt die Funktion f innerhalb eines Intervalls ihr Vorzeichen (ob von − nach + wie im Beispiel a) oder von + nach −), so läßt sich, vorausgesetzt ihr Schaubild verläuft in diesem Bereich durchgehend, zeigen, daß sie dort mindestens eine Nullstelle besitzen muß. Dieser Nachweis ist deshalb vor der Verwendung des NEWTON-Verfahrens zu empfehlen, um sicherzugehen, daß sich das zwar praktische aber doch recht aufwendige Verfahren lohnt.

Übungsaufgaben:

1. Die folgenden Funktionen haben jeweils genau eine Nullstelle. Bestimmen Sie diese Nullstelle nach dem NEWTON-Verfahren. Brechen Sie das Verfahren ab, wenn sich die sechste Stelle hinter dem Komma nicht mehr ändert. Runden Sie dann sinnvoll.

   a) $f: x \to x^3 + 2x - 1$ \qquad b) $f: x \to \frac{1}{3}x^3 + x - 2$

   c) $f: x \to -x^3 - 3x^2 + 8$ \qquad d) $f: x \to 2\cos x - x$

   e) $f: x \to x^3 - \cos x$ \qquad f) $f: x \to \sqrt[3]{x+1} - x$

2. Gegeben sei die Funktion f mit $f: x \to 4\sin x - x$. Ihr Schaubild heißt K_f.

   a) Zeigen Sie, daß f im Intervall $[2; 3]$ eine Nullstelle hat. Berechnen Sie für diese Nullstelle einen Näherungswert. Geben Sie diese Nullstelle auf vier Stellen hinter dem Komma gerundet an.

   b) Bestimmen Sie nun - unter Berücksichtigung der Symmetrie des Schaubildes K_f - alle Nullstellen der Funktion f.

   c) Skizzieren Sie K_f mittels bekannter Verfahren in ein Koordinatensystem.

3. Bestimmen Sie alle Nullstellen der folgenden Funktionen:

   a) $f: x \to \frac{1}{3}x^3 + x^2 - 1$ \qquad b) $f: x \to -\frac{1}{4}x^4 + x^2 - \frac{3}{4}$

   c) $f: x \to \ln x^2 + x$ \qquad d) $f: x \to e^x - x^3$

4.3 Hoch-, Tief- und Wendepunkte des Schaubildes einer Funktion

4.3.1 Extremstellen und Extremwerte einer Funktion

GRUNDAUFGABE 6:
Zeichnen Sie die Schaubilder der folgenden Funktionen in jeweils ein Koordinatensystem:

a) $f: x \to -\frac{1}{2}x^2 - x + 3{,}5$ b) $f: x \to \frac{3}{8}(x-4)^2 + 2$ c) $f: x \to \frac{1}{3}(x-1)^3 + 2$

zu a)
Das Schaubild der Funktion f, eine nach unten geöffnete und mit dem Faktor $k = \frac{1}{2}$ gestauchte Normalparabel 2. Ordnung mit dem Scheitel $S(-1|4)$, besitzt an der Stelle $x_0 = -1$ seinen höchsten Punkt. Er wird *Hochpunkt* genannt. Die Stelle $x_0 = -1$ heißt *Extremstelle* der Funktion f, der Funktionswert $f(-1) = 4$ wird als *Extremwert*, speziell als *Maximum* der Funktion f bezeichnet.

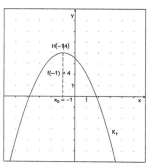

Bild 4.14: Schaubild einer Funktion, das einen Hochpunkt besitzt

zu b)
Der Scheitel der um vier Einheiten nach rechts und um 2 Einheiten nach oben verschobenen und mit dem Faktor $k = \frac{3}{8}$ gestauchten Normalparabel 2. Ordnung erweist sich als *Tiefpunkt* des Schaubildes der Funktion f. Die Funktion f besitzt also einen Extremwert, diesmal an der Stelle $x_0 = 4$. Der Extremwert, hier $f(4) = 2$, heißt *Minimum* der Funktion f.

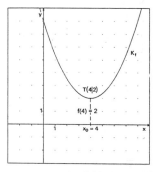

Bild 4.15: Schaubild einer Funktion, das einen Tiefpunkt besitzt

Auffallend bei den Schaubildern der Beispiele a) und b) ist ihre waagerechte Tangente im Hoch- bzw. Tiefpunkt. Doch gibt es durchaus Schaubilder, die trotz waagerechter Tangente in einem ihrer Punkte weder einen Hoch- noch einen Tiefpunkt aufweisen. Das Schaubild des folgenden Beispiels c) verdeutlicht diesen Sachverhalt:

zu c)
Das Schaubild dieser Funktion, eine um eine Einheit nach rechts und zwei Einheiten nach oben verschobene Normalparabel 3. Ordnung, haben wir bereits als Wendeparabel kennengelernt. Punkt $P(1|2)$ ist weder Hoch- noch Tiefpunkt des Schaubildes der Funktion f. Er wird hier Wendepunkt genannt und speziell, da eine waagerechte Tangente vorliegt, *Terrassen-* oder auch *Sattelpunkt*.

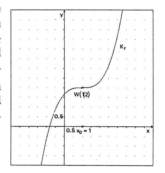

Bild 4.16: Schaubild einer Funktion, das einen Wendepunkt besitzt

Die Existenz einer Extremstelle x_0 ist eine *lokale Eigenschaft* der Funktion f, also eine Eigenschaft, die sich nur auf einen Teilbereich des Definitionsbereiches der Funktion f in der Umgebung der Stelle x_0 bezieht. So kann eine Funktion f auch mehrere Extremstellen besitzen, ihr Schaubild also auch mehrere Hoch- und Tiefpunkte aufweisen, was im folgenden Beispiel zum Ausdruck kommen soll:

Beispiel d)
Die Stellen x_0, x_1, x_2, x_3 und x_4 sind Extremstellen der Funktion f. Sie besitzt dort Extremwerte, speziell lokale Maxima an den Stellen x_0, x_2 und x_4, lokale Minima an den Stellen x_1 und x_3. Der Extremwert $f(x_0)$ wird, da er sämtliche Funktionswerte der Funktion f übersteigt, auch *globales Maximum* genannt. Ein *globales Minimum* besitzt diese Funktion f nicht.

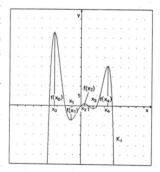

Bild 4.17: Lokale (globale) Maxima (Minima) einer Funktion f

Wir fassen zusammen:

Definition 4.5:
Gilt für beliebig nahe Nachbarwerte von x_0 aus dem Definitionsbereich einer Funktion f, also für $x_0 \in D_f$, die Bedingung $\begin{array}{l} f(x_0) \geq f(x) \\ f(x_0) \leq f(x) \end{array}$ dann heißt $f(x_0)$ $\begin{array}{l} \text{lokales Maximum} \\ \text{lokales Minimum} \end{array}$ von f.
Gilt diese Bedingung sogar für alle x-Werte aus dem Definitionsbereich von f, dann nennt man $f(x_0)$ ein **globales Maximum** bzw. ein **globales Minimum** von f. Den Punkt $P(x_0|f(x_0))$ bezeichnet man mit *Hochpunkt* bzw. *Tiefpunkt* des Schaubildes der Funktion f.

Hinweis:
Man sagt: Die Funktion f hat an der Stelle x_0 ein lokales (globales) Maximum bzw. Minimum. Ist der Funktionswert $f(x_0)$ ein Maximum oder ein Minimum, so nennt man ihn auch **Extremwert**, die Stelle x_0 **Extremstelle** der Funktion f.

Im folgenden mögen Verfahren aufgezeigt werden, mit denen man Extremstellen einer gegebenen Funktion bzw. Hoch- und Tiefpunkte ihres Schaubildes ermitteln kann.

4.3.2 Zwei Kriterien zur Ermittlung von Hoch- und Tiefpunkten

GRUNDAUFGABE 7:
Zeichnen Sie in die Koordinatensysteme der Schaubilder der Funktionen f aus den Beispielen a) und b) der vorhergehenden GRUNDAUFGABE (vgl. GRUNDAUFGABE 6, Seite 181) das Schaubild ihrer jeweiligen Ableitungsfunktion f' mit ein.

zu a)
Verfolgt man die Funktionswerte der 1. Ableitungsfunktion der Funktion f in der näheren Umgebung der Stelle $x_0 = -1$, so wechseln diese Werte, von links nach rechts betrachtet, von positiven Werten zu negativen Werten, sie ändern also ihr *Vorzeichen* von + nach −. An der Stelle $x_0 = -1$ hat die Ableitungsfunktion den Wert $f'(-1) = 0$.

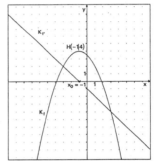

Bild 4.18: Schaubild der Funktion f, das einen Hochpunkt aufweist, und das ihrer 1. Ableitungsfunktion f'

zu b)
Wiederum hat die 1. Ableitungsfunktion der Funktion f an der Stelle $x_0 = 4$ den Wert $f'(4) = 0$. (Die Tangente an das Schaubild der Funktion f im Punkt $P(4|2)$ verläuft ja waagerecht.) Vergleicht man jedoch die Werte der 1. Ableitungsfunktion in der Umgebung der Stelle $x_0 = 4$, so wechseln sie hier ihr *Vorzeichen* von − nach +.

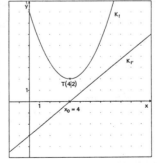

Bild 4.19: Schaubild der Funktion f, das einen Tiefpunkt aufweist, und das ihrer 1. Ableitungsfunktion f'

Mit Hilfe der 1. Ableitungsfunktion läßt sich nun ein Kriterium aufstellen, mit dem Extremstellen einer Funktion f ermittelt werden können und mit dem es gelingen wird, ihre Extremwerte nach Maxima und Minima zu unterscheiden.

Merke 4.3: (1. Kriterium für Extremstellen einer Funktion f)
Ist $\boxed{f'(x_0) = 0}$ und *wechselt* $f'(x)$ für zunehmende x-Werte an der Stelle x_0
$\boxed{\text{von positiven zu negativen}}$ Werten, so hat f an der Stelle x_0 ein $\boxed{\text{lokales Maximum}}$
$\boxed{\text{von negativen zu positiven}}$ $\boxed{\text{lokales Minimum}}$.

Hinweis:
Statt '$f'(x)$ wechselt für zunehmende x-Werte an der Stelle x_0 von positiven zu negativen Werten bzw. von negativen Werten zu positiven Werten' sagt man kurz: '$f'(x)$ hat an der Stelle x_0 einen Vorzeichenwechsel (abgekürzt: VZW) von + nach − bzw. von − nach +'.

Beispiel:
Mit Hilfe dieses Kriteriums läßt sich nachweisen, daß die Funktion f mit $f: x \to \frac{1}{4}x^4 - \frac{1}{3}x^3 - x^2$ an den Stellen $x_1 = -1$ und $x_3 = 2$ lokale Minima, an der Stelle $x_2 = 0$ ein lokales Maximum besitzt:

Zuvor wird ihre *Ableitungsfunktion f'* bestimmt, sie lautet: $f': x \to x^3 - x^2 - 2x$

Untersuchung der Funktion an der Stelle $x_1 = -1$:
Es ist $f'(-1) = (-1)^3 - (-1)^2 - 2(-1) = 0$, an der Stelle $x_1 = -1$ hat die 1. Ableitungsfunktion darüber hinaus einen Vorzeichenwechsel von − nach +, denn es gilt $f'(-1^-) < 0$ und $f'(-1^+) > 0$. Die Funktion besitzt also an der Stelle $x_1 = -1$ ein lokales Minimum, ihr Schaubild einen Tiefpunkt mit den Koordinaten $T_1\left(-1 \Big| -\frac{5}{12}\right)$.

Untersuchung der Funktion an der Stelle $x_2 = 0$:
Wiederum ist $f'(0) = (0)^3 - (0)^2 - 2(0) = 0$, an der Stelle $x_2 = 0$ weist die 1. Ableitungsfunktion f' einen Vorzeichenwechsel von + nach − auf, es gilt nämlich $f'(0^-) > 0$ und $f'(0^+) < 0$. Die Funktion besitzt an der Stelle $x_2 = 0$ ein lokales Maximum, ihr Schaubild dort also einen Hochpunkt mit den Koordinaten $H(0|0)$.

Untersuchung der Funktion an der Stelle $x_3 = 2$:
Es gilt $f'(2) = (2)^3 - (2)^2 - 2(2) = 0$, weiterhin ist $f'(2^-) < 0$ und $f'(2^+) > 0$, die Funktion f besitzt demnach ein lokales Minimum an der Stelle $x_3 = 2$, ihr Schaubild einen weiteren Tiefpunkt mit den Koordinaten $T_2\left(2 \Big| -\frac{8}{3}\right)$.

4.3 Hoch-, Tief- und Wendepunkte des Schaubildes einer Funktion

Hinweis:
Unter der Schreibweise $f'(x_0^-)$ versteht man den Funktionswert der ersten Ableitungsfunktion an einer beliebigen Nachbarstelle x 'links' von dem x-Wert x_0, also für $x < x_0$, entsprechend ist mit $f'(x_0^+)$ der Funktionswert der 1. Ableitungsfunktion an einer beliebigen Nachbarstelle x 'rechts' von x_0 gemeint, also für $x > x_0$.

GRUNDAUFGABE 8:
Zeichnen Sie zu den Schaubildern der Funktionen f aus den Beispielen a) und b) der beiden letztgenannten GRUNDAUFGABEN (vgl. GRUNDAUFGABEN 6 und 7 auf den Seiten 181 und 183) jeweils das Schaubild der 2. Ableitungsfunktion mit ein.

Bemerkung:
Die zweite Ableitungsfunktion einer Funktion f ist die Ableitungsfunktion ihrer 1. Ableitungsfunktion: Sie wird mit f'' abgekürzt.
Für die Funktionen dieser GRUNDAUFGABEN gilt demnach:

	Funktion f	1. Ableitungsfunktion f'	2. Ableitungsfunktion f''
a)	$f: x \to -\frac{1}{2}x^2 - x + 3{,}5$	$f': x \to -x - 1$	$f'': x \to -1$
b)	$f: x \to \frac{3}{8}(x-4)^2 + 2$	$f': x \to \frac{3}{4}(x-4)$	$f'': x \to \frac{3}{4}$
c)	$f: x \to \frac{1}{3}(x-1)^3 + 2$	$f': x \to (x-1)^2$	$f'': x \to 2(x-1)$

zu a)
In dem Bereich, wo die 1. Ableitungsfunktion f' einen Vorzeichenwechsel von + nach − aufweist, nämlich an der Stelle $x_0 = -1$, besitzt die zweite Ableitungsfunktion f'' negative Werte (vgl. BILD 4.20). Es gilt also $f''(4) < 0$. Die Funktionswerte der 1. Ableitungsfunktion müssen nämlich bei einem Vorzeichenwechsel von + nach − an der betrachteten Stelle zwangsläufig kleiner werden, die entsprechende Steigung der Tangente an das Schaubild der Funktion f' im Punkt $\overline{H}(-1 | f'(-1))$ also einen negativen Wert aufzeigen.

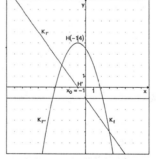

Bild 4.20: Schaubild der Funktion f, das einen Hochpunkt besitzt, und die Schaubilder ihrer 1. und 2. Ableitungsfunktion f' und f''

zu b)

Auch in diesem Beispiel wirkt sich der Vorzeichenwechsel der Ableitungsfunktion f' an der Stelle $x_0 = 4$ auf das Vorzeichen der zweiten Ableitungsfunktion an der betrachteten Stelle $x_0 = 4$ aus (vgl. **Bild 4.21**). Es gilt $f''(4) > 0$. Wechselt nämlich die 1. Ableitungsfunktion an der Stelle $x_0 = 4$ ihr Vorzeichen von − nach +, muß die Steigung der Tangente an das Schaubild der Funktion f' im Punkt $\overline{T}(4|f'(4))$ positiv sein.

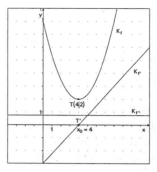

Bild 4.21: Schaubild der Funktion f, das einen Tiefpunkt besitzt, und die Schaubilder ihrer 1. und 2. Ableitungsfunktion f' und f''

Damit läßt sich ein zweites Kriterium zur Ermittlung von Extremstellen einer Funktion f aufstellen:

Merke 4.4: (2. Kriterium für Extremstellen einer Funktion f)

Ist $\boxed{f'(x_0) = 0}$ und $\begin{array}{l} f''(x_0) < 0 \\ f''(x_0) > 0 \end{array}$, dann hat f an der Stelle x_0 ein $\begin{array}{l} \text{lokales Maximum} \\ \text{lokales Minimum} \end{array}$

Beispiel:
Dieses zweite Kriterium vereinfacht das Aufsuchen von Extremstellen einer Funktion, was an einem bereits bekannten Beispiel verdeutlicht werden soll. Wiederum zeigen wir, daß die Funktion f mit $f: x \to \frac{1}{4}x^4 - \frac{1}{3}x^3 - x^2$ an den Stellen $x_1 = -1$ und $x_3 = 2$ lokale Minima, an der Stelle $x_2 = 0$ ein lokales Maximum besitzt. Zusätzlich zur 1. Ableitungsfunktion f' mit $f': x \to x^3 - x^2 - 2x$ ist auch der Term der zweiten Ableitungsfunktion f'' mit $f'': x \to 3x^2 - 2x - 2$ erforderlich.

Untersuchung der Funktion an der Stelle $x_1 = -1$:
Es gilt nun $f'(-1) = 0$ und $f''(-1) = 3 > 0$. Der Nachweis des lokalen Minimums an der Stelle $x_1 = -1$ ist damit erbracht. Der Tiefpunkt lautet - wie oben bereits errechnet - $T_1\left(-1\left|-\frac{5}{12}\right.\right)$.

Untersuchung der Funktion an der Stelle $x_2 = 0$:
Da $f'(0) = 0$ und $f''(0) = -2 < 0$ ist, besitzt f an der Stelle $x_2 = 0$ ein lokales Maximum. Ihr Schaubild also einen Hochpunkt mit den Koordinaten $H(0|0)$.

Untersuchung der Funktion an der Stelle $x_3 = 2$:
Wiederum gilt $f'(2) = 0$ und $f''(2) = 6 > 0$, somit besitzt f an der Stelle $x_3 = 2$ ein lokales Minimum, das Schaubild von f einen Tiefpunkt mit den Koordinaten $T_2\left(2\left|-\frac{8}{3}\right.\right)$.

4.3 Hoch-, Tief- und Wendepunkte des Schaubildes einer Funktion

Anmerkungen:

1) Das zweite Kriterium ist rechnerisch einfacher zu handhaben, doch gibt es Fälle, in denen das zweite Kriterium versagt. So besitzt beispielsweise das Schaubild der Funktion $f: x \to (x-1)^4 + 2$ durchaus einen Tiefpunkt $T(1|2)$. Es entsteht ja aus dem Schaubild der Normalparabel 4. Ordnung durch Verschiebung um eine Einheit nach rechts und zwei Einheiten nach oben. Dieser Tiefpunkt läßt sich dennoch nicht mit dem zweiten Kriterium ermitteln: Da der Term der ersten Ableitungsfunktion die Darstellung $f': x \to 4(x-1)^3$ hat, gilt zwar $f'(1) = 0$; für den Wert der zweiten Ableitung an der Stelle $x_0 = 1$ gilt jedoch $f''(1) = 0$, denn die zweite Ableitungsfunktion lautet $f'': x \to 12(x-1)^2$. Eine Unterscheidung, ob ein Hoch-, Tiefpunkt oder nur ein Terrassenpunkt vorliegt, ist also mit diesem Kriterium nicht zu treffen. Mit Hilfe des ersten Kriteriums läßt sich jedoch dieser zu erwartende Tiefpunkt auch rechnerisch ermitteln: Es gilt zum einen $f'(1) = 0$, zum andern besitzt f' an der Stelle $x_0 = 1$ einen Vorzeichenwechsel von – nach +, denn es ist $f'(1^-) < 0$ und $f'(1^+) > 0$. Die Funktion besitzt also an der Stelle $x_0 = 1$ ein lokales Minimum.

2) In sehr seltenen Fällen versagen sogar beide Kriterien. So hat z. B. die Funktion der Form $f: x \to 2$ an jeder Stelle x_0 ihres Definitionsbereiches ein lokales Maximum (und zugleich ein lokales Minimum), denn es gilt $f(x_0) \geq f(x) = 2$ (und genauso $f(x_0) \leq f(x) = 2$), da ja die Funktion an jeder Stelle x ihres Definitionsbereiches den Wert $f(x) = 2$ annimmt. Darüber hinaus verfügen sowohl ihre erste als auch ihre zweite Ableitungsfunktion über dieselbe Funktionsgleichung, nämlich $f'(x) = f''(x) = 0$. Damit ist das zweite Kriterium, bei dem die zweite Ableitung der Funktion an der zu untersuchenden Stelle entweder positiv oder negativ sein müßte, schon nicht aussagekräftig. Ferner wechselt aber auch die erste Ableitungsfunktion an jeder beliebigen Stelle x_0 ihr Vorzeichen nicht. Mit Hilfe beider Kriterien läßt sich demnach die Existenz der lokalen Maxima bzw. Minima nicht beweisen.

3) So gestatten die beiden Kriterien lediglich, Extremstellen einer Funktion zu ermitteln, bzw. zu zeigen, daß die Funktion Extremstellen besitzt. Ein Nachweis, daß eine Funktion keine Extremstelle aufweist bzw. ihr Schaubild weder über Hoch- noch über Tiefpunkte verfügt, läßt sich nur damit begründen, daß sie keine Stellen mit waagerechter Tangente besitzt. Für die Funktionen, deren Schaubilder zwar Stellen x_0 mit waagerechter Tangente aufweisen, bei denen jedoch kein Vorzeichenwechsel ihrer ersten Ableitungsfunktion an der Stelle x_0 stattfindet, ist keine Aussage auf rechnerischem Wege möglich.

Für die Praxis der Ermittlung von Hoch- oder Tiefpunkten des Schaubildes einer Funktion ist nun das folgende Vorgehen zu empfehlen:

(1)	Wie oft läßt sich die Funktion f mittels der bisherigen Regeln ableiten?	
	Mehr als einmal?	*Höchstens einmal?*
	Bilde die ersten zwei Ableitungen der Funktion f: $\boxed{f'(x) = \ldots}$ $\boxed{f''(x) = \ldots}$	Bilde die erste Ableitung der Funktion f: $\boxed{f'(x) = \ldots}$

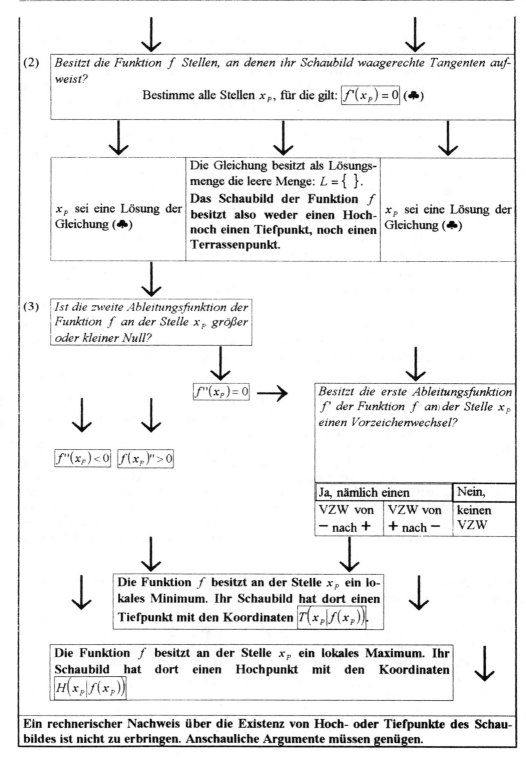

4.3 Hoch-, Tief- und Wendepunkte des Schaubildes einer Funktion

Beispiele:
Untersuchen Sie die Schaubilder der folgenden Funktionen auf Hoch- und Tiefpunkte:

a) $f: x \to 2 + x - \frac{1}{2}x^2$

b) $f: x \to \frac{1}{2}(x-2)^2 - 1{,}5$

c) $f: x \to -\frac{1}{8}x^3 + \frac{3}{4}x^2 - 3$

d) $f: x \to \frac{1}{3}x^4 - 2x^2 + \frac{1}{3}$

e) $f: x \to -2(x+1)^4 + 1$

f) $f: x \to \frac{1}{4}(x-1)^5 + 2$

g) $f: x \to \frac{1}{4}(e^x - 1)$

h) $f: x \to x - 2\sin x$ mit $D = [-\pi; 2\pi]$

zu c)

(1) *Ableitungen:* $f'(x) = -\frac{3}{8}x^2 + \frac{3}{2}x$; $f''(x) = -\frac{3}{4}x + \frac{3}{2}$

(2) *Forderung:* $f'(x) = 0$
(Wir bestimmen die Stellen der Funktion f, an denen ihr Schaubild waagerechte Tangenten aufweist, also die Stellen, an denen das Schaubild entweder einen Hoch-, oder einen Tief- oder einen Terrassenpunkt besitzt.):
$0 = -\frac{3}{8}x^2 + \frac{3}{2}x \Leftrightarrow 0 = x^2 - 4x \Leftrightarrow 0 = x(x-4) \Rightarrow x_1 = 0; \; x_2 = 4$

(3) *Test:*
(Wir überprüfen, ob die errechneten x-Werte Extremstellen der Funktion f sind, ob ihr Schaubild also einen Hoch- oder einen Tiefpunkt besitzt.)
Für $\boxed{x_1 = 0}$ gilt: $f''(0) = -\frac{3}{4} \cdot 0 + \frac{3}{2} = \frac{3}{2} > 0 \Rightarrow f$ besitzt an der Stelle $x_1 = 0$ ein lokales Minimum; ihr Schaubild hat einen Tiefpunkt mit den Koordinaten $T(0|-3)$.
(Die Ordinate y_T des Punktes T läßt sich mit Hilfe der Gleichung der Funktion f ermitteln, es gilt $y_T = f(0) = -3$)
Für $\boxed{x_2 = 4}$ gilt: $f''(4) = -\frac{3}{4} \cdot 4 + \frac{3}{2} = -\frac{3}{2} < 0 \Rightarrow f$ besitzt an der Stelle $x_2 = 4$ ein lokales Maximum; ihr Schaubild hat einen Hochpunkt mit den Koordinaten $H(4|1)$.
(Für die Ordinate y_H des Punktes H gilt wiederum $y_H = f(4) = 1$.)

zu g)

(1) *Ableitungen:* $f'(x) = \frac{1}{4}e^x$; $f''(x) = \frac{1}{4}e^x$

(2) *Forderung:* $f'(x) = 0$
$0 = \frac{1}{4}e^x \Leftrightarrow 0 = e^x$
Diese Gleichung besitzt keine (reelle) Lösung, da für den Wertebereich der natürlichen Exponentialfunktion $W = I\!R^+$ gilt.
Die Lösungsmenge ist die leere Menge: $L = \{\,\}$
Das Schaubild besitzt demnach keine Punkte, in denen die Tangentensteigung waagerecht verläuft, damit weist sie auch keine Extrempunkte auf.

Weitere Kontrollergebnisse:

zu a)
$H(1|2,5)$

zu b)
$T(2|-1,5)$

zu d)
$T_{1,2}\left(\mp\sqrt{3}\left|-\frac{8}{3}\right.\right); H\left(0\left|\frac{1}{3}\right.\right)$

zu e)
$H(-1|1)$

zu f)
keine Aussage möglich

zu h)
$H_1\left(-\frac{\pi}{3}\left|\sqrt{3}-\frac{\pi}{3}\right.\right); T_1\left(\frac{\pi}{3}\left|\frac{\pi}{3}-\sqrt{3}\right.\right); H_2\left(\frac{5\pi}{3}\left|\sqrt{3}+\frac{5\pi}{3}\right.\right)$

Hinweis zu f)

Daß das Schaubild der Funktion f mit $f: x \to 0,25 \cdot (x-1)^5 + 2$ weder einen Hoch- noch einen Tiefpunkt besitzt, läßt sich nur anschaulich begründen. Ihr Schaubild entsteht aus der um den Faktor $k = 0,25$ gestauchten und um eine Einheit nach rechts und zwei Einheiten nach oben verschobene Normalparabel 5. Ordnung. Der Punkt $P(1|2)$ ist demnach ein Wendepunkt, speziell ein Terrassenpunkt.

4.3.3. Wendestellen einer Funktion

Die Normalparabeln n-ter Ordnung wurden, für den Fall, daß n ungerade ist, bereits unter der Bezeichnung Wendeparabeln angesprochen. Sie tragen deshalb den Namen Wendeparabeln, weil sie im Koordinatenursprung, ihrem Wendepunkt, ihre Orientierung ändern: An der Stelle $x_0 = 0$, auch Wendestelle genannt, geht das Schaubild von einer *Links-* in eine *Rechtskurve* über. Im folgenden sollen die Begriffe *Wendestelle* und *Wendepunkt* erläutert und zugleich verallgemeinert werden.

Die aus der Anschauung gewonnenen Begriffe *Links-* bzw. *Rechtskurve* mögen zunächst eine formale Deutung erfahren:

Das Schaubild der Funktion f (vgl. **Bild 4.22**) beschreibe eine Linkskurve. Betrachtet man die Funktionswerte ihrer ersten Ableitungsfunktion f', so stellt man fest, daß ihre Werte für wachsende x-Werte immer größer werden. Die Funktionswerte der Funktion g' hingegen, - das Schaubild der Funktion g (vgl. **Bild 4.23**) beschreibt eine Rechtskurve -, nehmen für wachsende x-Werte ab.

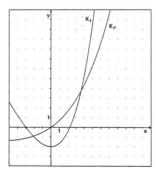

Bild 4.22: Schaubild einer Funktion f, das eine Linkskurve beschreibt, und das ihrer 1. Ableitungsfunktion

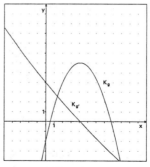

Bild 4.23: Schaubild einer Funktion g, das eine Rechtskurve beschreibt, und das ihrer 1. Ableitungsfunktion

4.3 Hoch-, Tief- und Wendepunkte des Schaubildes einer Funktion

Wir halten fest:

Definition 4.6:
Werden die Funktionswerte der *ersten Ableitungsfunktion* f' innerhalb eines Intervalls des Definitionsbereiches der Funktion f für *wachsende x-Werte* immer $\begin{array}{c}\text{größer}\\\text{kleiner}\end{array}$, so nennt man das Schaubild von f innerhalb dieses Intervalls eine $\begin{array}{c}\text{Linkskurve}\\\text{Rechtskurve}\end{array}$.

Damit lassen sich auch die Begriffe *Wendepunkt* und *Wendestelle* erklären:

Definition 4.7:
Ein Punkt $P(x_P | f(x_P))$, in dem das Schaubild einer Funktion f *von einer Linkskurve in eine Rechtskurve* übergeht, oder umgekehrt *von einer Rechtskurve in eine Linkskurve*, heißt **Wendepunkt** des Schaubildes der Funktion f, die Stelle x_P heißt **Wendestelle** der Funktion f.

Hinweis:
Im Wendepunkt einer Normalparabel n-ter Ordnung (für n ungerade) weist die Tangente einen besonderen Verlauf auf, nämlich waagerecht. Solche Wendepunkte heißen bekanntlich *Terrassenpunkte*. Selbstverständlich kann die Tangentensteigung in einem Wendepunkt auch jeden beliebigen Wert annehmen, wie in der folgenden Abbildung gezeigt werden soll (vgl. **Bild 4.24**).

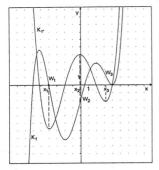

Bild 4.24: Schaubild einer Funktion f, das mehrere Wendepunkte aufweist, und das ihrer ersten Ableitungsfunktion

4.3.4 Zwei Kriterien zur Ermittlung von Wendepunkten

Die rechnerische Ermittlung der Wendestellen einer Funktion f bedarf nur noch der folgenden Überlegung, bei der erneut die erste Ableitungsfunktion der Funktion f, nämlich f', in Betracht gezogen wird: Verfolgt man den Verlauf des Schaubildes von f' (vgl. **Bild 4.24**), so fällt auf, daß beim Übergang von einer Linkskurve in eine Rechtskurve die Tangentensteigungen von zunehmenden Werten zu abnehmenden Werten übergehen. Daher muß die Tangentensteigung an einer solchen Übergangsstelle ein *lokales Maximum von* f' sein. Beim Übergang von einer Rechtskurve in eine Linkskurve gehen entsprechend die Tangentensteigungen von abnehmenden Werten zu zunehmenden Werten über. Hier muß die Tangentensteigung ein *lokales Minimum von f'* sein. Also stimmen die *Wendestellen einer Funktion f* mit den *Extremstellen ihrer ersten Ableitungsfunktion f'* überein und lassen sich als solche ermitteln.

Entsprechend der Kriterien zur Ermittlung der Extremstellen einer Funktion f lassen sich die Kriterien zur Ermittlung ihrer Wendestellen formulieren:

> **Merke 4.5: (1. Kriterium für Wendestellen einer Funktion f)**
> Ist $f''(x_0) = 0$ und hat $f''(x)$ an der Stelle x_0 einen *Vorzeichenwechsel*, dann ist x_0 eine **Wendestelle** der Funktion f. Ihr Schaubild besitzt einen **Wendepunkt** mit den Koordinaten $W(x_0 | f(x_0))$.

Daraus folgt sogleich:

> **Merke 4.6: (2. Kriterium für Wendestellen einer Funktion f)**
> Ist $f''(x_0) = 0$ und $f'''(x_0) \neq 0$, dann hat f an der Stelle x_0 eine **Wendestelle**, ihr Schaubild besitzt den **Wendepunkt** $W(x_0 | f(x_0))$.

Anmerkung:
Mit diesen beiden Kriterien lassen sich also die Wendestellen einer Funktion f und damit auch die Wendepunkte ihres Schaubildes rechnerisch ermitteln. Um auch die Unterscheidung treffen zu können, ob das Schaubild im Wendepunkt von einer Linkskurve in eine Rechtskurve (oder umgekehrt) übergeht, müssen die beiden Kriterien noch enger gefaßt werden.

Das erste Kriterium muß dann lauten:
    Ist $f''(x_0) = 0$ und hat $f''(x)$ an der Stelle x_0 einen **Vorzeichenwechsel von + nach −** (bzw. **einen Vorzeichenwechsel von − nach +**), dann ist x_0 eine Wendestelle der Funktion f. Im Wendepunkt $W(x_0 | f(x_0))$ geht das Schaubild der Funktion von einer *Linkskurve in eine Rechtskurve* (bzw. von einer *Rechtskurve in eine Linkskurve*) über.

Entsprechendes gilt für das zweite Kriterium:
    Ist $f''(x_0) = 0$ und $f'''(x_0) < 0$ (bzw. $f'''(x_0) > 0$), dann besitzt das Schaubild der Funktion f einen Wendepunkt, in dem es von einer *Linkskurve in eine Rechtskurve* (bzw. von einer *Rechtskurve in eine Linkskurve*) übergeht.

Hinweis:
Voraussetzung der beiden Kriterien ist, daß die Funktion f, deren Wendestellen zu bestimmen sind, mindestens zweimal ableitbar ist. Wie bei der Ermittlung der Extremstellen einer Funktion f können auch hier Probleme auftreten, die - jedoch in seltenen Fällen - eine rechnerische Ermittlung erschweren oder sogar verhindern. So erweist sich wiederum ein Vorgehen nach dem folgenden Muster als sinnvoll.

4.3 Hoch-, Tief- und Wendepunkte des Schaubildes einer Funktion

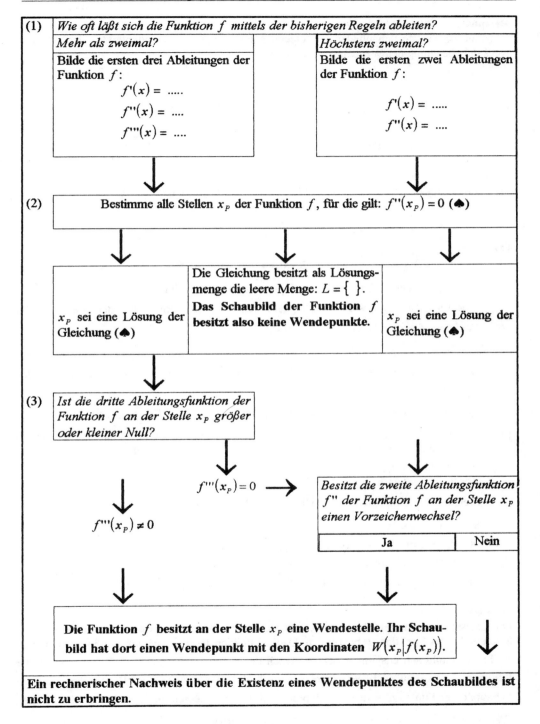

Beispiele:
Untersuchen Sie die Schaubilder der folgenden Funktionen auf Wendepunkte. Geben Sie jeweils die Gleichung der Wendetangente an:

a) $f: x \rightarrow x^2 - \frac{1}{3}x^3$

b) $f: x \rightarrow \frac{1}{4}x^2(x^2 - 12)$

c) $f: x \rightarrow 2 - \frac{1}{2}x^2$

d) $f: x \rightarrow \frac{1}{2}(e^x - e^{-x})$

e) $f: x \rightarrow x - \ln x$ mit $D = I\!R^+$

f) $f: x \rightarrow \cos x + \frac{x}{2}$ mit $D = [0; 2\pi]$

zu b)

(1) *Ableitungen:* $f'(x) = x^3 - 6x$; $f''(x) = 3x^2 - 6$; $f'''(x) = 6x$

(2) *Forderung:* $f''(x) = 0$

$0 = 3x^2 - 6 \Leftrightarrow 0 = x^2 - 2 \Leftrightarrow x^2 = 2 \Rightarrow x_{1,2} = \pm\sqrt{2}$

(3) *Test:*
Für $\boxed{x_1 = \sqrt{2}}$ gilt: $f'''(\sqrt{2}) = 6\sqrt{2} \neq 0 \Rightarrow f$ besitzt an der Stelle $x_1 = \sqrt{2}$ eine Wendestelle; ihr Schaubild hat einen Wendepunkt mit den Koordinaten $W_1(\sqrt{2}|-5)$.
(Die Ordinate y_{W_1} des Punktes W_1 läßt sich bekanntlich mit Hilfe der Gleichung der Funktion f ermitteln, es gilt $y_{W_1} = f(\sqrt{2}) = -5$)
Für $\boxed{x_2 = -\sqrt{2}}$ gilt: $f'''(-\sqrt{2}) = -6\sqrt{2} \neq 0 \Rightarrow f$ besitzt an der Stelle $x_2 = -\sqrt{2}$ eine weitere Wendestelle; ihr Schaubild hat einen Wendepunkt mit den Koordinaten $W_2(-\sqrt{2}|-5)$.
(Für die Ordinate y_{W_2} des Punktes W_2 gilt wiederum $y_{W_2} = f(-\sqrt{2}) = -5$.)

(4) Die Gleichungen der Wendetangenten, also der Tangenten an das Schaubild der Funktion f in den Punkten W_1 bzw. W_2 lassen sich wie gewohnt ermitteln:
Wendetangente t_1:
Ansatz: $y = mx + b$
Steigung der Tangente t_1: $m = f'(\sqrt{2}) = (\sqrt{2})^3 - 6\sqrt{2} = 2\sqrt{2} - 6\sqrt{2} = -4\sqrt{2}$
Setze: $y = -4\sqrt{2}x + b$
Punktprobe mit W_1: $-5 = -4\sqrt{2} \cdot \sqrt{2} + b \Rightarrow b = -5 + 4\sqrt{2} \cdot \sqrt{2} = 3$
Ergebnis: Wendetangente $t_1: y = -4\sqrt{2}x + 3$
Entsprechend ergibt sich für die zweite *Wendetangente* $t_2: y = 4\sqrt{2}x + 3$

Hinweis
Die Existenz der zweiten Wendestelle läßt sich auch über eine Symmetrieuntersuchung des Schaubildes der Funktion f begründen: Da ihr Funktionsterm nur gerade Exponenten enthält, ist ihr Schaubild achsensymmetrisch bezüglich der y-Achse. Ist also $x_1 = \sqrt{2}$ Wendestelle der Funktion f, so muß auch die Stelle $x_2 = -\sqrt{2}$ eine Wendestelle sein. Besitzt demnach das Schaubild der Funktion f den Wendepunkt $W_1(\sqrt{2}|-5)$, müssen die Koordinaten des zweiten Wendepunktes $W_2(-\sqrt{2}|-5)$ lauten. Ähnliche Überlegungen lassen sich auch bei der Ermittlung der zweiten Wendetangente anstellen: Die y-Achsenabschnitte der beiden Tangenten

müssen sich entsprechen, die Steigungen haben sich nur durch ihr Vorzeichen zu unterscheiden.

zu c)
(1) *Ableitungen:* $f'(x) = -x$; $f''(x) = -1$; $f'''(x) = 0$
(2) *Forderung:* $f''(x) = 0$
Dieser Forderung kann nicht entsprochen werden, da für die 2. Ableitung durchweg gilt $f''(x) = -1 < 0$
Das Schaubild besitzt demnach keine Wendepunkte.

zu f)
(1) *Ableitungen:* $f'(x) = -\sin x + \frac{1}{2}$; $f''(x) = -\cos x$; $f'''(x) = \sin x$
(2) *Forderung:* $f''(x) = 0$
$$0 = -\cos x \Leftrightarrow 0 = \cos x \Rightarrow x_1 = \frac{\pi}{2}, \; x_2 = \frac{3\pi}{2}$$
(3) *Test:*
Für $x_1 = \frac{\pi}{2}$ gilt: $f'''\left(\frac{\pi}{2}\right) = \sin\frac{\pi}{2} = 1 \neq 0 \Rightarrow f$ besitzt an der Stelle $x_1 = \frac{\pi}{2}$ eine Wendestelle; ihr Schaubild hat einen Wendepunkt mit den Koordinaten $W_1\left(\frac{\pi}{2}\Big|\frac{\pi}{4}\right)$.

Für $x_2 = \frac{3\pi}{2}$ gilt: $f'''\left(\frac{3\pi}{2}\right) = \sin\frac{3\pi}{2} = -1 \neq 0 \Rightarrow f$ besitzt an der Stelle $x_2 = \frac{3\pi}{2}$ eine weitere Wendestelle; ihr Schaubild hat einen Wendepunkt mit den Koordinaten $W_2\left(\frac{3\pi}{2}\Big|\frac{3\pi}{4}\right)$.

(4) Die Gleichungen der Wendetangenten lauten (Die Rechnung bleibt dem Leser überlassen.):
Wendetangente $t_1: y = -\frac{1}{2}x + \frac{\pi}{2}$; *Wendetangente* $t_2: y = \frac{3}{2}x - \frac{3\pi}{2}$

Weitere Kontrollergebnisse:

zu a) $W\left(1\Big|\frac{2}{3}\right)$ $\quad t: y = x - \frac{1}{3}$ $\qquad$ zu c) Es liegen keine Wendepunkten vor.

zu d) $W(0|0)$ $\quad t: y = x$ $\qquad$ zu e) Es liegen keine Wendepunkten vor.

4.4 Das Verfahren einer vollständigen Funktionsuntersuchung

4.4.1 Der Acht-Punkte-Katalog

Die bisherigen Überlegungen ermöglichen - ohne vorhergehende Zuhilfenahme einer Wertetabelle -, Voraussagen über den Verlauf des Schaubildes einer Funktion und ferner über deren charakteristische Eigenschaften zu treffen. Das Verfahren einer *vollständigen Funktionsuntersuchung* bringt diese Überlegungen in eine sinnvolle Reihenfolge und faßt sie zusammen:

1. **Bestimmung der Ableitungsfunktionen der Funktion f:**
   Die ersten drei Ableitungsfunktionen der Funktion f haben wir als Hilfsmittel zur Bestimmung der Extremstellen und der Wendestellen einer Funktion f und zur Ermittlung der Tangentensteigungen ihres Schaubildes kennengelernt.)

2. **Symmetrieuntersuchung des Schaubildes der Funktion f:**
   *Um das Schaubild einer **beliebigen** Funktion f auf einfache Symmetrien, also auf Punktsymmetrie zum Koordinatenursprung bzw. Achsensymmetrie zur y-Achse zu untersuchen, beantworten wir die folgenden Fragen:*

   Gilt $\boxed{f(x) = f(-x)}$ für alle $x \in D_f$, ist das Schaubild der Funktion f also *symmetrisch zur y-Achse* oder gilt $\boxed{f(x) = -f(-x)}$ für alle $x \in D_f$, ist das Schaubild der Funktion f also *symmetrisch zum Koordinatenursprung?*

   *Speziell bei **ganzrationalen** Funktionen läßt sich die Symmetrieuntersuchung sogar vereinfachen:*

   Enthält der Funktionsterm der Funktion nur x-Potenzen mit **geraden Exponenten** (dabei ist auch ein Absolutglied erlaubt); ist das Schaubild also *achsensymmetrisch zur y-Achse* oder enthält das Schaubild nur x-Potenzen mit **ungeraden Exponenten**, ist das Schaubild also *punktsymmetrisch zum Koordinatenursprung?*

   In allen anderen Fällen verfügt das Schaubild über keine einfachen Symmetrien. (Dabei sind selbstverständlich andere Symmetrien, z.B. Symmetrien zu Punkten ungleich dem Koordinatenursprung oder zu Parallelen zur y-Achse ungleich der y-Achse selbst nicht ausgeschlossen.)

3. **Bestimmung der gemeinsamen Punkte des Schaubildes der Funktion mit den Koordinatenachsen:**
   a) Gemeinsame Punkte mit der x-Achse:
   Dazu werden die Nullstellen der Funktion mit Hilfe der Bedingung: $\boxed{f(x_N) = 0}$ *bestimmt. Die Koordinaten der x-Achsenschnittpunkte lauten dann:* $N_1(x_1|0); N_2(x_2|0); N_3(x_3|0); N_4(x_4|0);...$

   b) Schnittpunkt mit der y-Achse:
   Für die Abszisse des Schnittpunktes mit der y-Achse gilt $\boxed{x_M = 0}$. *Damit läßt sich seine Ordinate errechnen:* $y_M = f(0)$. *Seine Koordinaten lauten* $M(0|y_M)$. *Bekanntlich kann das Schaubild einer Funktion über mehrere gemeinsame Punkte mit der x-Achse verfügen, es besitzt jedoch höchstens einen Schnittpunkt mit der y-Achse.*

4. **Bestimmung der Hoch- und Tiefpunkte des Schaubildes der Funktion:**
   Es werden dabei die Extremstellen der Funktion f ermittelt, also die Stellen an denen sie lokale Maxima bzw. lokale Minima annimmt. Die entsprechenden Kriterien wurden im vorhergehenden Kapitel erläutert.

4.4 Das Verfahren einer vollständigen Funktionsuntersuchung

5. **Bestimmung der Wendepunkte des Schaubildes der Funktion und die Gleichung der entsprechenden Wendetangenten:**
   Für die Bestimmung der Wendestellen einer Funktion gelten ebenfalls zwei Kriterien. Mit ihrer Hilfe lassen sich die Koordinaten der Wendepunkte berechnen. Die Gleichungen der Tangenten in diesen Wendepunkten an das Schaubild der Funktion lassen sich wie gewohnt ermitteln.

6. **Verhalten der Funktion für $\boxed{x \to \infty}$ bzw. für $\boxed{x \to -\infty}$:**
   Das Verhalten der Funktion f für $x \to \infty$ bzw. für $x \to -\infty$ läßt sich anhand folgender Fragen klären: Was geschieht mit den Funktionswerten der Funktion f für sehr große negative bzw. sehr große positive x-Werte? Wachsen diese z. B. über jede positive, oder unterschreiten sie jede negative reelle Zahl?

   Gilt $\boxed{f(x) \to \infty}$ für $x \to \infty$ bzw. $x \to -\infty$ oder gilt $\boxed{f(x) \to -\infty}$ für $x \to \infty$ bzw. $x \to -\infty$?

7. **Wertetabelle:**
   Erst zu diesem Zeitpunkt ist das Erstellen einer Wertetabelle sinnvoll. Die bereits ermittelten Punkte können übersichtshalber in der Wertetabelle mit aufgenommen werden. Darüber hinaus überlege man sich, welche Punkte noch interessant sein mögen, um das Schaubild der Funktion f einigermaßen lückenlos zeichnen zu können. Auch hier kann die Symmetrie des Schaubildes beachtet werden. Werden in der Wertetabelle auch die Werte der 1. Ableitungsfunktion aufgeführt und anschließend auch beachtet, läßt sich der Verlauf des Schaubildes der Funktion in der näheren Umgebung der entsprechenden x-Werte deutlich nachvollziehen.

8. **Schaubild:**
   Als Abschluß wird das Schaubild der Funktion gezeichnet. Es sollen dabei alle bisherigen Ergebnisse der Funktionsuntersuchung berücksichtigt und sichtbar gemacht werden.

In den beiden nachfolgenden Kapiteln möge die Funktionsuntersuchung bei verschiedenen Beispielen ihre Anwendung finden.

4.4.2 Die Funktionsuntersuchung am Beispiel ganzrationaler Funktionen

GRUNDAUFGABE 9:
Führen Sie bei den folgenden Funktionen eine vollständige Funktionsuntersuchung durch. Zeichnen Sie ihr Schaubild.

a) $f(x) = \frac{1}{3}x^3 - 3x$

b) $f(x) = \frac{3}{2}x^2 - \frac{1}{16}x^4$

c) $f(x) = \frac{3}{5}x^3 + 3x^2 + \frac{9}{5}x - \frac{27}{5}$

d) $f(x) = -\frac{1}{2}x^4 + 2,5x^3 - 3x^2 - 2x + 4$

zu a) $f(x) = \dfrac{1}{3}x^3 - 3x$

1. **Bestimmung der Ableitungsfunktionen der Funktion f:**
   $f'(x) = x^2 - 3;\ f''(x) = 2x;\ f'''(x) = 2$

2. **Symmetrieuntersuchung des Schaubildes der Funktion f:**
   Da der Funktionsterm der Funktion f nur x-Potenzen mit ungeraden Exponenten enthält, ist das Schaubild der Funktion f punktsymmetrisch zum Koordinatenursprung.

3. **Bestimmung der gemeinsamen Punkte des Schaubildes der Funktion mit den Koordinatenachsen:**
   a) Gemeinsame Punkte mit der x-Achse:
   Forderung: $f(x) = 0$
   Es gilt $0 = \dfrac{1}{3}x^3 - 3x \Leftrightarrow 0 = x^3 - 9x \Leftrightarrow 0 = x(x^2 - 9) \Leftrightarrow 0 = x(x-3)(x+3) \Rightarrow x_1 = 0$, $x_{2,3} = \pm 3$. Die Koordinaten der gemeinsamen Punkte mit der x-Achse lauten demnach:
   $N_1(0|0)$, $N_{2,3}(\pm 3|0)$

   b) **Schnittpunkt mit der y-Achse:**
   Punkt $N_1(0|0) = M$ ist zugleich der gemeinsame Punkt mit der y-Achse.

4. **Bestimmung der Hoch- und Tiefpunkte des Schaubildes der Funktion:**
   Forderung: $f'(x) = 0$
   $0 = x^2 - 3 \Leftrightarrow 0 = (x + \sqrt{3})(x - \sqrt{3}) \Rightarrow x_4 = -\sqrt{3},\ x_5 = \sqrt{3}$
   Test:
   Für $x_4 = -\sqrt{3}$ gilt: $f''(-\sqrt{3}) = 2 \cdot (-\sqrt{3}) = -2\sqrt{3} < 0 \Rightarrow f$ besitzt an der Stelle $x_4 = -\sqrt{3}$ ein lokales Maximum; ihr Schaubild hat einen Hochpunkt mit den Koordinaten $H(-\sqrt{3}|2\sqrt{3})$. Die Symmetrie des Schaubildes bezüglich des Koordinatenursprunges läßt sofort auf einen Tiefpunkt mit den Koordinaten $T(\sqrt{3}|-2\sqrt{3})$ schließen.

5. **Bestimmung der Wendepunkte des Schaubildes der Funktion und die Gleichung der entsprechenden Wendetangenten:**
   Forderung: $f''(x) = 0$
   $0 = 2x \Leftrightarrow 0 = x \Rightarrow x_6 = 0$
   Test:
   Für $x_6 = 0$ gilt: $f'''(0) = 2 \neq 0 \Rightarrow f$ besitzt an der Stelle $x_6 = 0$ eine Wendestelle; ihr Schaubild hat einen Wendepunkt mit den Koordinaten $W(0|0) = N_1 = M$. Mit Hilfe der Steigung der Tangente an das Schaubild der Funktion im Punkt W, nämlich $m_t = f'(0) = -3$, läßt sich die Gleichung der Wendetangente bestimmen: $t: y = -3x$

6. **Verhalten der Funktion für $x \to \infty$ bzw. für $x \to -\infty$:**
   Für $x \to \infty$ streben die Funktionswerte der Funktion f über alle Grenzen. Es gilt $f(x) \to \infty$ für $x \to \infty$. Aufgrund der Symmetrie des Schaubildes bezüglich des Koordinatenursprunges gilt sofort: $f(x) \to -\infty$ für $x \to -\infty$.

7. **Wertetabelle:**

x	± 4	$\pm 3,5$	± 3	$\pm 2,5$	± 2	$\pm\sqrt{3}$	$\pm 1,5$	± 1	$\pm 0,5$	0
$f(x)$	$\pm 9\frac{1}{3}$	$\pm 3\frac{19}{24}$	0	$\mp 2\frac{7}{24}$	$\mp 3\frac{1}{3}$	$\mp 2\sqrt{3}$	$\mp 3\frac{3}{8}$	$\mp 2\frac{2}{3}$	$\mp 1\frac{11}{24}$	0
$f'(x)$	13	$9\frac{1}{4}$	6	$3\frac{1}{4}$	1	0	$-\frac{3}{4}$	-2	$-2\frac{3}{4}$	-3

8. **Schaubild:**

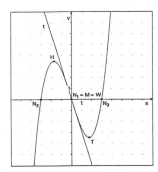

Bild 4.25: Schaubild zu Beispiel a)

zu d) $f(x) = -\frac{1}{2}x^4 + 2,5x^3 - 3x^2 - 2x + 4$

1. **Bestimmung der Ableitungsfunktionen der Funktion f:**
   $f'(x) = -2x^3 + 7,5x^2 - 6x - 2$, $f''(x) = -6x^2 + 15x - 6$, $f'''(x) = -12x + 15$

2. **Symmetrieuntersuchung des Schaubildes der Funktion f:**
   Da der Funktionsterm der Funktion f sowohl x-Potenzen mit ungeraden als auch geraden Exponenten enthält, weist das Schaubild der Funktion f keine einfache Symmetrie auf.

3. **Bestimmung der gemeinsamen Punkte des Schaubildes der Funktion mit den Koordinatenachsen:**
   a) Gemeinsame Punkte mit der x-Achse:
   Forderung: $f(x) = 0$

   $0 = -\frac{1}{2}x^4 + 2,5x^3 - 3x^2 - 2x + 4 \Leftrightarrow 0 = x^4 - 5x^3 + 6x^2 + 4x - 8.$

   Die beiden ersten Nullstellen der Funktion f erhält man durch Erraten: $x_1 = -1$, $x_2 = 2$. Die nachfolgende Polynomdivision (- ihre Ausführung bleibt dem Leser überlassen -) $(x^4 - 5x^3 + 6x^2 + 4x - 8) : (x^2 - x - 2) = x^2 - 4x + 4 = (x-2)^2$ zeigt auf, daß es sich bei

der Nullstelle $x_2 = 2$ um eine dreifache Nullstelle handelt: $x_{2;3;4} = 2$. Die Koordinaten der gemeinsamen Punkte lauten demnach: $N_1(-1|0)$, $N_{2;3;4}(2|0)$

b) Schnittpunkt mit der y-Achse:
Es gilt $f(0) = 4$, damit ist der Punkt $M(0|4)$ der Schnittpunkt des Schaubildes der Funktion f mit der y-Achse.

4. **Bestimmung der Hoch- und Tiefpunkte des Schaubildes der Funktion:**
   Forderung: $f'(x) = 0$
   $0 = -2x^3 + 7{,}5x^2 - 6x - 2 \Leftrightarrow 0 = 4x^3 - 15x^2 + 12x + 4$. Da $x_2 = 2$ eine dreifache Nullstelle der Funktion f ist, muß $x_{5;6} = 2$ eine doppelte Nullstelle der 1. Ableitungsfunktion sein. Die weitere Nullstelle der 1. Ableitungsfunktion errechnet sich wiederum über die Polynomdivision $(4x^3 - 15x^2 + 12x + 4) : (x-2)^2 = 4x + 1$, damit ist $x_7 = -\dfrac{1}{4}$.
   Test:
   Für $\boxed{x_7 = -\dfrac{1}{4}}$ gilt: $f''\left(-\dfrac{1}{4}\right) = -\dfrac{2187}{1024} < 0 \Rightarrow f$ besitzt an der Stelle $x_4 = -\sqrt{3}$ ein lokales Maximum; ihr Schaubild hat einen Hochpunkt mit den Koordinaten $H\left(-\dfrac{1}{4}\bigg|4\dfrac{139}{512}\right)$.
   Für $\boxed{x_{5;6} = 2}$ gilt: $f''(2) = 0$. Auch das Vorzeichenwechselkriterium läßt keine weiteren Schlüsse zu. Da sich die Stelle $x_{2;3;4} = x_{5;6} = 2$ aber als eine dreifache Nullstelle der Funktion f erwies, wird die Funktion dort möglicherweise eine Wendestelle besitzen, was sogleich bei der Bestimmung der Wendestellen bestätigt wird.

5. **Bestimmung der Wendepunkte des Schaubildes der Funktion und die Gleichung der entsprechenden Wendetangenten:**
   Forderung: $f''(x) = 0$
   $0 = -6x^2 + 15x - 6 \Leftrightarrow 0 = 2x^2 - 5x + 2 \Rightarrow x_{8;9} = \dfrac{5 \pm \sqrt{25 - 4 \cdot 2 \cdot 2}}{4} = \dfrac{5 \pm 3}{4}$. Es gilt also $x_8 = 2$, $x_9 = \dfrac{1}{2}$.
   Test:
   Für $\boxed{x_8 = 2}$ gilt: $f'''(2) = -9 \neq 0 \Rightarrow f$ besitzt an der Stelle $x_8 = 2$ eine Wendestelle; ihr Schaubild hat einen Wendepunkt mit den Koordinaten $W_1(2|0) = N_{2;3;4}$. Die Gleichung der Wendetangente im Punkt W_1 an das Schaubild der Funktion f lautet: $t_1 : y = 0$
   Für $\boxed{x_9 = \dfrac{1}{2}}$ gilt: $f'''\left(\dfrac{1}{2}\right) = 9 \neq 0 \Rightarrow f$ besitzt an der Stelle $x_9 = \dfrac{1}{2}$ eine weitere Wendestelle; ihr Schaubild hat einen weiteren Wendepunkt mit den Koordinaten $W_2\left(\dfrac{1}{2}\bigg|2\dfrac{17}{32}\right)$.
   Die Gleichung der Wendetangente im Punkt W_2 an das Schaubild der Funktion f lautet:
   $t_2 : y = -\dfrac{27}{8}x + 4\dfrac{7}{32}$

4.4 Das Verfahren einer vollständigen Funktionsuntersuchung

6. **Verhalten der Funktion für** $\boxed{x \to \infty}$ **bzw. für** $\boxed{x \to -\infty}$:
   Sowohl für $x \to \infty$, als auch für $x \to -\infty$ unterschreiten die Funktionswerte der Funktion f jede reelle Zahl. Es gilt $f(x) \to -\infty$ für $x \to -\infty$ und für $x \to \infty$.

7. **Wertetabelle:**

x	$-1,25$	-1	$-0,5$	$-0,25$	0	$0,5$	1	$1,5$	2	3	$3,5$
$f(x)$	$-4\frac{149}{512}$	0	$3\frac{87}{96}$	$4\frac{149}{512}$	4	$2\frac{17}{32}$	1	$\frac{5}{32}$	0	-2	$-7\frac{19}{32}$
$f'(x)$	$21\frac{1}{8}$	$13\frac{1}{2}$	$3\frac{1}{8}$	0	-2	$-\frac{27}{8}$	$-2\frac{1}{2}$	$-\frac{7}{8}$	0	$-6\frac{1}{2}$	$-16\frac{7}{8}$

8. **Schaubild:**

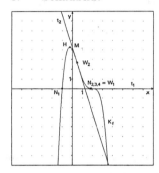

Bild 4.26: Schaubild zu Beispiel d)

Weitere Kontrollergebnisse:

zu b) *Ableitungen:* $f'(x) = 3x - \frac{1}{4}x^3$, $f''(x) = 3 - \frac{3}{4}x^2$, $f'''(x) = -\frac{3}{2}x$

Symmetrie: Das Schaubild der Funktion f ist symmetrisch zur y-Achse.

Gemeinsame Punkte mit den Koordinatenachsen: $N_{1,2}(0|0) = M$, $N_{3,4}(\pm 2\sqrt{6}|0)$

Extrempunkte: $H_{1,2}(\pm 2\sqrt{3}|9)$

Wendepunkte: $W_{1,2}(\pm 2|5)$ *Gleichungen der Wendetangenten:* $t_{1,2}: y = \pm 4x - 3$

Verhalten der Funktion für $x \to \infty$ *bzw. für* $x \to -\infty$: $f(x) \to -\infty$ für $x \to \infty$ und für $x \to -\infty$.

Wertetabelle! Schaubild!

zu c) *Ableitungen:* $f'(x) = \frac{9}{5}x^2 + 6x + \frac{9}{5}$, $f''(x) = \frac{18}{5}x + 6$, $f'''(x) = \frac{18}{5}$

Symmetrie: Das Schaubild der Funktion f weist keine einfache Symmetrie auf.

Gemeinsame Punkte mit den Koordinatenachsen: $N_1(1|0)$, $N_{2,3}(-3|0)$, $M\left(0\left|-5\frac{2}{5}\right.\right)$

Extrempunkte: $T\left(-\frac{1}{3}\left|-5\frac{31}{45}\right.\right)$, $H(-3|0) = N_{2,3}$

Wendepunkte: $W\left(-\frac{5}{3}\Big|-2\frac{38}{45}\right)$ *Gleichungen der Wendetangenten:* $t: y = -\frac{16}{5}x - 8\frac{8}{45}$

Verhalten der Funktion für $x \to \infty$ *bzw. für* $x \to -\infty$: $f(x) \to \infty$ *für* $x \to \infty$ *und* $f(x) \to -\infty$ *für* $x \to -\infty$.

Wertetabelle! Schaubild!

4.4.3 Die Funktionsuntersuchung am Beispiel transzententer Funktionen

GRUNDAUFGABE 10:
Führen Sie bei den folgenden Funktionen eine vollständige Funktionsuntersuchung durch. Zeichnen Sie ihr Schaubild.

a) $f(x) = e^x - 2x$

b) $f(x) = \frac{x}{2} + \cos x$ mit $D = [0; 2\pi]$

c) $f(x) = \frac{1}{2} \cdot \ln(4x^2)$ mit $x \neq 0$

d) $f(x) = \sin x - x^3$ mit $D = \left[-\frac{2\pi}{3}; \frac{2\pi}{3}\right]$

zu a) $\boxed{f(x) = e^x - 2x}$

1. **Bestimmung der Ableitungsfunktionen der Funktion** f:
$f'(x) = e^x - 2$, $f''(x) = e^x$, $f'''(x) = e^x$

2. **Symmetrieuntersuchung des Schaubildes der Funktion** f:
Da weder $f(-x) = e^{-x} - 2(-x) = e^{-x} + 2x$ noch $-f(-x) = -(e^{-x} + 2x) = -e^{-x} - 2x$ mit der Funktionsgleichung $f(x) = e^x - 2x$ übereinstimmt, weist das Schaubild der Funktion f keine einfache Symmetrie auf.

3. **Bestimmung der gemeinsamen Punkte des Schaubildes der Funktion mit den Koordinatenachsen:**
a) Gemeinsame Punkte mit der x-Achse:
Die Frage, ob das Schaubild der Funktion f gemeinsame Punkte mit der x-Achse aufweist, wird ausnahmsweise erst nach Punkt 6 der Funktionsuntersuchung aufgegriffen.

b) Schnittpunkt mit der y-Achse:
Der Schnittpunkt mit der y-Achse lautet: $M(0|1)$

4. **Bestimmung der Hoch- und Tiefpunkte des Schaubildes der Funktion:**
Forderung: $f'(x) = 0$
$0 = e^x - 2 \Leftrightarrow 2 = e^x \Rightarrow x_1 = \ln 2$
Test:
Für $\boxed{x_1 = \ln 2}$ gilt: $f''(\ln 2) = e^{\ln 2} = 2 > 0 \Rightarrow f$ besitzt an der Stelle $x_1 = \ln 2$ ein lokales Minimum; ihr Schaubild hat einen Tiefpunkt mit den Koordinaten $T(\ln 2 | 2(1 - \ln 2))$.

5. **Bestimmung der Wendepunkte des Schaubildes der Funktion und die Gleichung der entsprechenden Wendetangenten:**
Forderung: $f''(x) = 0$

Da die Exponentialfunktion g mit $g:x \to e^x$ nur positive Werte annehmen kann, - es gilt ja $W_g = \mathbb{R}^+$ - ist die Lösungsmenge der Gleichung $0 = 2x$ die leere Menge, nämlich $L = \{\ \}$. Die Funktion f besitzt demnach keine Wendestelle, ihr Schaubild also auch keinen Wendepunkt.

6. **Verhalten der Funktion für $\boxed{x \to \infty}$ bzw. für $\boxed{x \to -\infty}$:**
Sowohl für $x \to \infty$ als auch für $x \to -\infty$ streben die Funktionswerte der Funktion f über alle Grenzen. Es gilt also $f(x) \to \infty$ für $x \to \infty$ und für $x \to -\infty$. Darüber hinaus läßt sich eine Asymptote mit der Gleichung $h: y = -2x$ für $x \to -\infty$ erkennen, denn es gilt: $\lim_{x \to -\infty}(f(x) - h(x)) = \lim_{x \to -\infty}((e^x - 2x) - (-2x)) = \lim_{x \to -\infty}(e^x - 2x + 2x) = \lim_{x \to -\infty} e^x = 0$. Für $x \to -\infty$ kommt also das Schaubild der Funktion f der Geraden mit der Gleichung $h: y = -2x$ beliebig nahe.

Nachtrag zu 3. Bestimmung der gemeinsamen Punkte des Schaubildes der Funktion mit der x-Achse:
Daß das Schaubild der Funktion f keine gemeinsamen Punkte mit der x-Achse aufweisen kann, läßt sich erst an dieser Stelle begründen: Das lokale Minimum $f(\ln 2) = 2(1 - \ln 2)$ der Funktion f ist zugleich ein globales Minimum, denn ihre Funktionswerte streben für $x \to \infty$ und für $x \to -\infty$ gegen $+\infty$. (Darüber hinaus liegt das Schaubild der Funktion f durchweg in einer Linkskurve, denn es gilt: $f''(x) > 0$ für alle $x \in D_f$). Da dieses globale Minimum aber positiv ist - es ist ja $f(\ln 2) = 2(1 - \ln 2) > 0$ - kann das Schaubild mit der x-Achse keine gemeinsamen Punkte besitzen.

7. **Wertetabelle:**

x	-2	$-1,5$	-1	$-0,5$	0	$\ln 2$	1	$1,5$	2
$f(x)$	$\approx 4,14$	$\approx 3,22$	$\approx 2,37$	$\approx 1,61$	1	$\approx 0,61$	$\approx 0,72$	$\approx 1,48$	$\approx 3,39$
$f'(x)$	$\approx -1,9$	$\approx -1,8$	$\approx -1,6$	$\approx -1,4$	-1	0	$\approx 0,72$	$\approx 2,5$	$\approx 5,4$

8. **Schaubild:**

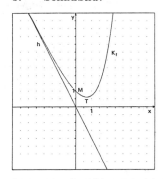

Bild 4.27: Schaubild zu Beispiel a)

zu d) $\boxed{f(x) = \sin x - x^3}$

1. **Bestimmung der Ableitungsfunktionen der Funktion f:**
$f'(x) = \cos x - 3x^2$, $f''(x) = -\sin x - 6x$, $f'''(x) = -\cos x - 6$

2. **Symmetrieuntersuchung des Schaubildes der Funktion f:**
Es gilt - wobei hier außerdem von der Symmetrieeigenschaft des Schaubildes der Sinusfunktion $\sin(-x) = \sin x$ Gebrauch gemacht wird -:
$$f(-x) = \sin(-x) - (-x)^3 = -\sin x + x^3 = -(\sin x - x^3) = -f(x)$$
Das Schaubild der Funktion f ist demnach punktsymmetrisch zum Koordinatenursprung.

3. **Bestimmung der gemeinsamen Punkte des Schaubildes der Funktion mit den Koordinatenachsen:**
a) Gemeinsame Punkte mit der x-Achse:
Forderung: $f(x) = 0$
Eine Lösung der trigonometrischen Gleichung $0 = \sin x - x^3$ erhält man durch Überlegung. So ist $x_1 = 0$ eine (der drei) Lösungen dieser Gleichung. Einen Näherungswert für die zweite Lösung, nämlich $x_2 \approx 0,9286$, findet man beispielsweise über das NEWTON-Verfahren mit Hilfe des Startwertes $x_0 = 0,9$ (, denn die Funktion f wechselt innerhalb des Intervalls $[0,8;1]$ ihr Vorzeichen). Unter Verwendung der vorangehenden Symmetriebetrachtung kann dann sofort auf die dritte Lösung dieser trigonometrischen Gleichung geschlossen werden: $x_3 \approx -0,9286$. Die Koordinaten der gemeinsamen Punkte mit der x-Achse lauten demnach: $N_1(0|0)$, $N_{2,3}(\approx \pm 0,9286|0)$

b) Schnittpunkt mit der y-Achse:
Punkt $N_1(0|0) = M$ ist zugleich der gemeinsame Punkt mit der y-Achse.

4. **Bestimmung der Hoch- und Tiefpunkte des Schaubildes der Funktion:**
Forderung: $f'(x) = 0$
Die Lösungsmenge auch dieser Gleichung $0 = \cos x - 3x^2$ kann nur näherungsweise mit Hilfe des NEWTON-Verfahrens ermittelt werden. Dabei ergibt sich $x_4 \approx 0,5354$, und - wieder unter Berücksichtigung der Symmetrie des Schaubildes der Funktion f - muß $x_5 \approx -0,5354$ ebenfalls eine Stelle sein, an der das Schaubild eine waagerechte Tangente besitzt.
Test:
Für $\boxed{x_4 \approx 0,5354}$ gilt: $f''(x_4) < 0 \Rightarrow f$ besitzt an der Stelle $x_4 \approx 0,5354$ ein lokales Maximum; ihr Schaubild hat einen Hochpunkt mit den (gerundeten) Koordinaten $H(0,5354|0,3567)$. Der Tiefpunkt des Schaubildes der Funktion f ergibt sich sogleich über die besagte Symmetrie ihres Schaubildes als $T(-0,5354|-0,3567)$.

5. **Bestimmung der Wendepunkte des Schaubildes der Funktion und die Gleichung der entsprechenden Wendetangenten:**
Forderung: $f''(x) = 0$
Die Gleichung $0 = -\sin x - 6x$ besitzt $x_5 = 0$ als einzige Lösung: Die Gerade $y = -6x$ vermag die Sinuskurve $y = \sin x$ nur einmal zu schneiden, und zwar im Koordinatenursprung.

Test:
Für $\boxed{x_5 = 0}$ gilt: $f'''(0) = -\cos 0 - 6 = -7 \neq 0 \Rightarrow f$ besitzt an der Stelle $x_5 = 0$ eine Wendestelle; ihr Schaubild hat einen Wendepunkt mit den Koordinaten $W(0|0)$. Die Gleichung der Wendetangente lautet $t: y = x$.

6. **Verhalten der Funktion an den Rändern des Definitionsbereiches:**

   Da sich der Definitionsbereich der Funktion f nur auf das Intervall $\left[-\frac{2\pi}{3}; \frac{2\pi}{3}\right]$ beschränkt, erweist sich eine Untersuchung des Verhaltens der Funktion für $x \to \infty$ bzw. für $x \to -\infty$ in diesem Beispiel als zwecklos. Statt dessen kann auf ihr Verhalten an den Rändern des Definitionsbereiches eingegangen werden:

   Überprüft man die Funktionswerte der Funktion an den Stellen $x_6 = -\frac{2\pi}{3}$ und $x_7 = \frac{2\pi}{3}$, nämlich $f\left(-\frac{2\pi}{3}\right) = \frac{8}{27}\pi^3 - \frac{1}{2}\sqrt{3} \approx 8{,}32$ und $f\left(\frac{2\pi}{3}\right) = -\frac{8}{27}\pi^3 + \frac{1}{2}\sqrt{3} \approx -8{,}32$, kann man auf ein globales (Rand-) Minimum, hier $f\left(\frac{2\pi}{3}\right) \approx -8{,}32$ bzw. ein globales (Rand-) Maximum, hier $f\left(-\frac{2\pi}{3}\right) \approx 8{,}32$ schließen, was gegen das lokale Minimum, $f(-0{,}5354) \approx -0{,}3567$ bzw. gegen das lokale Maximum, $f(0{,}5354) \approx 0{,}3567$ abgehoben werden muß.

7. **Wertetabelle:**

x	$\mp\frac{2\pi}{3}$	∓ 2	$\mp 1{,}75$	$\mp 1{,}5$	$\mp 1{,}25$	$\approx \mp 0{,}93$	$\approx \mp 0{,}53$	0
$f(x)$	$\approx \pm 8{,}32$	$\approx \pm 7{,}09$	$\approx \pm 4{,}38$	$\approx \pm 2{,}38$	$\approx \pm 1{,}01$	0	$\approx \mp 0{,}36$	0
$f'(x)$	$\approx -13{,}7$	$\approx -12{,}4$	$\approx -9{,}4$	$\approx -6{,}7$	$\approx -4{,}4$	$\approx -2{,}0$	0	1

8. **Schaubild:**

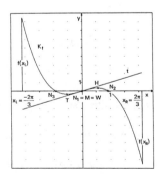

Bild 4.28: Schaubild zu Beispiel d)

Weitere Kontrollergebnisse:

zu b) *Ableitungen:* $f'(x) = \frac{1}{2} - \sin x$, $f''(x) = -\cos x$, $f'''(x) = \sin x$

Symmetrie: Das Schaubild der Funktion f weist keine einfache Symmetrie auf.

Gemeinsame Punkte mit den Koordinatenachsen: Das Schaubild besitzt innerhalb des Definitionsbereiches keine gemeinsamen Punkte mit der *x*-Achse; die Begründung dafür ist erst nach der Untersuchung der Funktion an den Rändern des Definitionsbereiches zu erbringen. $M(0|1)$ ist der Schnittpunkt des Schaubildes mit der *y*-Achse

Extrempunkte: $T\left(\dfrac{5\pi}{6}\bigg|\dfrac{1}{12}(5\pi-6\sqrt{3})\right)$, $H\left(\dfrac{\pi}{6}\bigg|\dfrac{1}{12}(\pi+6\sqrt{3})\right)$

Wendepunkte: $W_1\left(\dfrac{\pi}{2}\bigg|\dfrac{\pi}{4}\right)$, $W_2\left(\dfrac{3\pi}{2}\bigg|\dfrac{3\pi}{4}\right)$

Gleichungen der Wendetangenten: $t_1: y = -\dfrac{1}{2}x + \dfrac{\pi}{2}$, $t_2: y = \dfrac{3}{2}x - \dfrac{3\pi}{2}$

Verhalten der Funktion an den Rändern des Definitionsbereiches:
Es ist $f(0) = 1$ und $f(2\pi) = \pi+1$. Vergleicht man diese Funktionswerte mit dem (lokalen) Maximum $f\left(\dfrac{\pi}{6}\right) = \dfrac{1}{12}(\pi+6\sqrt{3}) \approx 1{,}13$ und dem (lokalen) Minimum $f\left(\dfrac{5\pi}{6}\right) = \dfrac{1}{12}(5\pi-6\sqrt{3}) \approx 0{,}44$, so erweist sich das lokale Minimum als globales Minimum der Funktion f, denn es gilt $f\left(\dfrac{5\pi}{6}\right) < f(0)$ und $f\left(\dfrac{5\pi}{6}\right) < f(2\pi)$, das globale Maximum ist hier ein (Rand-) Maximum, nämlich $f(2\pi) = \pi+1$, denn es ist $f(2\pi) > f\left(\dfrac{\pi}{6}\right)$ und zugleich $f(2\pi) > f(0)$.

Wertetabelle! Schaubild!

zu c) *Ableitungen:* Als zweckmäßig erweist es sich hier, den Funktionsterm unter Berücksichtigung der Logarithmengesetze als Summe zu schreiben. Dieser neue Funktionsterm ist allerdings nur für $x > 0$ erklärt. Da das Schaubild der ursprünglichen Funktion jedoch achsensymmetrisch zur *y*-Achse ist, lassen sich danach Rückschlüsse auf den Bereich $x < 0$ ziehen: Für $x > 0$ gilt also $f(x) = \dfrac{1}{2}\cdot \ln(4x^2) = \dfrac{1}{2}\cdot \ln(2x)^2 = \ln(2x) = \ln 2 + \ln x$.

Die ersten beiden Ableitungen lauten dann: $f'(x) = \dfrac{1}{x}$, $f''(x) = -\dfrac{1}{x^2}$

Symmetrie: Das Schaubild der Funktion f ist achsensymmetrisch zur *y*-Achse.

Gemeinsame Punkte mit den Koordinatenachsen: $N_{1,2}(\pm\dfrac{1}{2}|0)$, einen Schnittpunkt mit der *y*-Achse besitzt dieses Schaubild nicht.

Extrempunkte: Da die erste Ableitung für $x > 0$ durchweg positiv ist, besitzt das Schaubild keine Extrempunkte.

Wendepunkte: Die zweite Ableitung ist für alle $x > 0$ durchweg negativ, es sind keine Wendepunkte vorhanden.

Verhalten der Funktion für $x \to \infty$ *bzw. für* $x \to -\infty$: $f(x) \to \infty$ für $x \to \infty$ und für $x \to -\infty$ (, für $x \to 0^+$ und für $x \to 0^-$ gilt für den Funktionsterm: $f(x) \to -\infty$).

Wertetabelle! Schaubild!

4.5 Praxisorientierte Problemstellungen der Differentialrechnung

4.5.1 Bestimmung ganzrationaler Funktionen

Ganzrationale Funktionen spielen in der Praxis eine große Rolle. So können beispielsweise die Auslaufbahn künstlich geschaffener Sprungschanzen (vgl. **Übungsaufgabe 17**, Seite 213), das Tragwerk beim Bau von Brücken (vgl. **Übungsaufgabe 18**, Seite 214) u.v.a. durch Schaubilder ganzrationaler Funktionen beschrieben werden. Das Bestimmen solcher Funktionen bei vorgegebenen Eigenschaften, wie zum Beispiel die Steigung im kritischen Punkt der Auslaufbahn einer Schanze, oder ein Neigungswinkel des Hängekabels und die Länge der Fahrbahn einer Brücke, legt nun Aufgabenstellungen der folgenden Art nahe.

GRUNDAUFGABE 11:
Bestimmen Sie jeweils die Gleichung der ganzrationalen Funktion, deren Schaubild durch die genannten Eigenschaften gekennzeichnet ist.

a) Das Schaubild einer Funktion 3. Grades hat im Wendepunkt $W\left(\frac{1}{2}\Big|\frac{5}{8}\right)$ die Steigung $m = 3\frac{3}{8}$. Sie schneidet die x-Achse an der Stelle $x_0 = -2$.

b) Eine zur y-Achse symmetrische Parabel 4. Ordnung schneidet die y-Achse im Punkt $M(0|4,5)$. Die Tangente verläuft im Punkt $P(\sqrt{3}|0)$ parallel zur x-Achse.

c) Das Schaubild einer Funktion 3. Grades ist punktsymmetrisch zum Koordinatenursprung, seinem Wendepunkt. Dort besitzt es die Steigung $m = -1$, sein Hochpunkt hat die Ordinate $y_H = \frac{2}{3}$.

d) Eine Parabel 3. Ordnung geht durch den Koordinatenursprung und wird im Wendepunkt $W\left(2\Big|-1\frac{5}{6}\right)$ von der Geraden mit der Gleichung $y = -x + \frac{1}{6}$ berührt.

Bemerkung:
Wir verfolgen beim Bestimmen ganzrationaler Funktionen ein ähnliches Verfahren, wie es beim Bestimmen quadratischer Funktionen erläutert wurde. Außerdem wird es hier um so wichtiger, die sprachlich gefaßten Eigenschaften in mathematische Gleichungen zu übersetzen. Hierzu mögen die folgenden 'Übersetzungshilfen' gegeben werden:

Sprachliche Formulierung	Mathematische Formulierung
Eine ganzrationale Funktion 2. Grades....	$f(x) = ax^2 + bx + c$
3. Grades...	$f(x) = ax^3 + bx^2 + cx + d$
4. Grades...	$f(x) = ax^4 + bx^3 + cx^2 + dx + e$
Das Schaubild einer ganzrationalen Funktion 5. Grades verläuft symmetrisch zum Koordinatenursprung....	$f(x) = ax^5 + bx^3 + cx$ *(Der Funktionsterm verfügt über nur ungerade x-Potenzen.)*

Das Schaubild einer ganzrationalen Funktion 4. Grades verläuft symmetrisch zur y-Achse....	$f(x) = ax^4 + bx^2 + c$ (Der Funktionsterm verfügt über nur gerade x-Potenzen einschließlich einem Absolutglied.)
Das Schaubild einer ganzrationalen Funktion 3. Grades verläuft symmetrisch zum Koordinatenursprung....	$f(x) = ax^3 + bx$ (Der Funktionsterm verfügt über nur ungerade x-Potenzen.)
Das Schaubild der Funktion f berührt an der Stelle x_0 die x-Achse....	$f(x_0) = 0$ und $f'(x_0) = 0$ (Die Stelle x_0 ist zum einen Nullstelle der Funktion f, zum andern muß die x-Achse Tangente des Schaubildes von f im Punkt mit der Abszisse x_0 sein.)
Das Schaubild einer Funktion g berührt das Schaubild der Funktion f an der Stelle x_0....	$f(x_0) = g(x_0)$ und $f'(x_0) = g'(x_0)$ (Zum einen ist der Punkt mit der Abszisse x_0 Punkt des Schaubildes von f wie auch von g, zum andern müssen die Tangentensteigungen der beiden Schaubilder an der Stelle x_0 übereinstimmen.)
Das Schaubild einer Funktion g schneidet an der Stelle x_0 das Schaubild der Funktion f rechtwinklig....	$f(x_0) = g(x_0)$ und $f'(x_0) \cdot g'(x_0) = -1$ (Der Punkt mit der Abszisse x_0 ist Punkt des Schaubildes von g und Punkt des Schaubildes von f. Darüber hinaus muß die Steigung der Tangente an das Schaubild von g im Punkt P negativ reziprok zur Steigung der Tangente an das Schaubild von f sein.)
Das Schaubild der Funktion f hat einen Extrempunkt mit den Koordinaten $E(x_0\|y_0)$... (oder: Die Funktion f hat an der Stelle x_0 ein Extremum...)	$f'(x_0) = 0$ und $f(x_0) = y_0$ (An der Stelle x_0 besitzt die Funktion entweder ein Maximum oder ein Minimum, es ist $f(x_0) = y_0$)
Das Schaubild der Funktion f hat einen Wendepunkt mit den Koordinaten $W(x_0\|y_0)$... (oder: Die Stelle x_0 ist Wendestelle der Funktion f ...)	$f''(x_0) = 0$ und $f(x_0) = y_0$
Das Schaubild der Funktion f hat einen Terrassenpunkt mit den Koordinaten $W(x_0\|y_0)$...	$f''(x_0) = 0$ und $f(x_0) = y_0$ und $f'(x_0) = 0$
Das Schaubild der Funktion f hat einen Wendepunkt mit den Koordinaten $W(x_0\|?)$. Die Steigung der Wendetangente ist m.	$f''(x_0) = 0$ und $f'(x_0) = m$

zu a) (vgl. GRUNDAUFGABE 11, Seite 207)

1) Ansatz: $\quad f(x) = ax^3 + bx^2 + cx + d$

2) *Ableitungen* (soweit sie für die Lösung der Aufgabe von Belang sind):
$$f'(x) = 3ax^2 + 2bx + c$$
$$f''(x) = 6ax + 2b$$

3) *Bedingungen:*

$\boxed{1}$: $\quad f\left(\dfrac{1}{2}\right) = \dfrac{5}{8} \quad \Longrightarrow \quad \dfrac{1}{8}a + \dfrac{1}{4}b + \dfrac{1}{2}c + d = \dfrac{5}{8}$ $\quad\boxed{1}$

$\boxed{2}$: $\quad f''\left(\dfrac{1}{2}\right) = 0 \quad \Longrightarrow \quad 3a + 2b = 0$ $\quad\boxed{2}$

$\boxed{3}$: $\quad f'\left(\dfrac{1}{2}\right) = 3\dfrac{3}{8} \quad \Longrightarrow \quad \dfrac{3}{4}a + b + c = 3\dfrac{3}{8}$ $\quad\boxed{3}$

$\boxed{4}$: $\quad f(-2) = 0 \quad \Longrightarrow \quad -8a + 4b - 2c + d = 0$ $\quad\boxed{4}$

Jede der vier Bedingungen führt auf eine lineare Gleichung. Die Koeffizienten a, b, c und d ergeben sich als Lösungmenge des linearen Gleichungssystems, hier eines Gleichungssystemes mit vier Gleichungen und vier Unbekannten:

4) *Rechnung:*

aus $\boxed{2}$: $\quad 3a + 2b = 0 \Longleftrightarrow 2b = -3a \Longleftrightarrow b = -\dfrac{3}{2}a$ $\quad\boxed{2'}$

$\boxed{2'}$ in $\boxed{1}$: $\quad \dfrac{1}{8}a + \dfrac{1}{4}\left(-\dfrac{3}{2}a\right) + \dfrac{1}{2}c + d = \dfrac{5}{8}$

$\Longleftrightarrow \dfrac{1}{8}a - \dfrac{3}{8}a + \dfrac{1}{2}c + d = \dfrac{5}{8} \Longleftrightarrow -\dfrac{1}{4}a + \dfrac{1}{2}c + d = \dfrac{5}{8}$ $\quad\bigg|\cdot(8)$

$\Longleftrightarrow -2a + 4c + 8d = 5$ $\quad\boxed{1'}$

$\boxed{2'}$ in $\boxed{3}$: $\quad \dfrac{3}{4}a + \left(-\dfrac{3}{2}a\right) + c = 3\dfrac{3}{8} \Longleftrightarrow -\dfrac{3}{4}a + c = 3\dfrac{3}{8}$ $\quad\bigg|\cdot\left(\dfrac{8}{3}\right)$

$\Longleftrightarrow -2a + \dfrac{8}{3}c = 9$ $\quad\boxed{3'}$

$\boxed{2'}$ in $\boxed{4}$: $\quad -8a + 4\left(-\dfrac{3}{2}a\right) - 2c + d = 0 \Longleftrightarrow -14a - 2c + d = 0$ $\quad\bigg|\cdot(-8)$

$\Longleftrightarrow 112a + 16c - 8d = 0$ $\quad\boxed{4'}$

$\boxed{1'} + \boxed{4'}$:
$\quad 110a + 20c = 5 \Longleftrightarrow 44a + 8c = 2$ $\quad\boxed{5'}$ $\quad\bigg|\cdot\left(\dfrac{2}{5}\right)$

aus $\boxed{3'}$: $\quad -2a + \dfrac{8}{3}c = 9 \Longleftrightarrow 6a - 8c = -27$ $\quad\boxed{6'}$ $\quad\big|\cdot(-3)$

$\boxed{5'} + \boxed{6'}$: $\quad 50a = -25 \Longrightarrow a = -\dfrac{1}{2}$ $\quad\boxed{7'}$

$\boxed{7'}$ in $\boxed{6'}$: $\quad 6\left(-\dfrac{1}{2}\right) - 8c = -27 \Longleftrightarrow -3 - 8c = -27 \Longleftrightarrow 24 = 8c \Longrightarrow c = 3$ $\quad\boxed{8'}$

$\boxed{7'}$ in $\boxed{2'}$: $\quad b = -\dfrac{3}{2}\left(-\dfrac{1}{2}\right) = \dfrac{3}{4}$ $\quad\boxed{9}$

$\boxed{7'}$ und $\boxed{8'}$ in $\boxed{1'}$: $-2\left(-\dfrac{1}{2}\right)+4\cdot 3+8d=5 \Leftrightarrow 8d=-8 \Rightarrow d=-1$

5) Ergebnis: $f(x)=-\dfrac{1}{2}x^3+\dfrac{3}{4}x^2+3x-1$

zu b) (vgl. GRUNDAUFGABE 11, Seite 207)

1) Ansatz: $f(x)=ax^4+bx^2+c$
(Der Funktionsterm enthält nur x-Potenzen mit geraden Exponenten, da die entsprechende Parabel 4.Ordnung symmetrisch zur y-Achse verläuft.)

2) Ableitungen: $f'(x)=4ax^3+2bx$

3) Bedingungen:

$\boxed{1}$: $\quad f(0)=\dfrac{9}{2} \quad \Rightarrow \quad c=\dfrac{9}{2}$ $\hfill \boxed{1}$

$\boxed{2}$: $\quad f(\sqrt{3})=0 \quad \Rightarrow \quad 9a+3b+c=0$ $\hfill \boxed{2}$

$\boxed{3}$: $\quad f'(\sqrt{3})=0 \quad \Rightarrow \quad 12\sqrt{3}a+2\sqrt{3}b=0$ $\hfill \boxed{3}$

4) Rechnung:

$\boxed{1}$ in $\boxed{2}$: $\quad 9a+3b+\dfrac{9}{2}=0 \Leftrightarrow 9a+3b=-\dfrac{9}{2} \Leftrightarrow 3a+b=-\dfrac{3}{2}$ $\quad \boxed{2'} \quad \Big|:3$

aus $\boxed{3}$: $\quad 12\sqrt{3}a+2\sqrt{3}b=0 \Leftrightarrow -6a-b=0$ $\quad \boxed{3'} \quad \left|\left(-\dfrac{1}{2\sqrt{3}}\right)\right.$

$\boxed{2'}+\boxed{3'}$: $\quad -3a=-\dfrac{3}{2} \Rightarrow a=\dfrac{1}{2}$ $\hfill \boxed{4'}$

$\boxed{4'}$ in $\boxed{3'}$: $\quad -6\left(\dfrac{1}{2}\right)-b=0 \Rightarrow b=-3$

5) Ergebnis: $f(x)=\dfrac{1}{2}x^4-3x^2+4\dfrac{1}{2}$

zu c) (vgl. GRUNDAUFGABE 11, Seite 207)

1) Ansatz: $f(x)=ax^3+bx$
(Der Funktionsterm enthält nur x-Potenzen mit ungeraden Exponenten, da die entsprechende Parabel 3.Ordnung symmetrisch zum Koordinatenursprung verläuft.)

2) Ableitungen: $f'(x)=3ax^2+b$
$f''(x)=6ax$

4.5 Praxisorientierte Problemstellungen der Differentialrechnung

3) Bedingungen:
(Die beiden Bedingungen $f(0) = 0$ und $f''(0) = 0$ sind schon beim Ansatz berücksichtigt und liefern keine neuen Informationen.)

$\boxed{1}$: $\qquad f'(0) = -1 \quad \Longrightarrow \quad b = -1 \qquad \boxed{1}$

(Die weiteren Eigenschaften werden erst im Laufe der Rechnung berücksichtigt.)

4) Rechnung:
Vorläufige Gleichung der Funktion f mit ihren ersten zwei Ableitungen:
$$f(x) = ax^3 - x$$
$$f'(x) = 3ax^2 - 1$$
$$f''(x) = 6ax$$

Bestimmung der Extremstellen der Funktion f:

Forderung: $\qquad f'(x) = 0$

$$0 = 3ax^2 - 1 \Leftrightarrow 1 = 3ax^2 \Leftrightarrow x^2 = \frac{1}{3a} \Longrightarrow x_{1,2} = \pm\sqrt{\frac{1}{3a}} \text{ mit } a > 0$$

Test:

Für $\boxed{x_1 = \sqrt{\frac{1}{3a}}}$ gilt: $f''\left(\sqrt{\frac{1}{3a}}\right) = 6a\sqrt{\frac{1}{3a}} > 0 \Longrightarrow f$ besitzt an der Stelle $x_1 = \sqrt{\frac{1}{3a}}$ ein

lokales Minimum; ihr Schaubild hat einen Tiefpunkt.

Für $\boxed{x_2 = -\sqrt{\frac{1}{3a}}}$ gilt: $f''\left(-\sqrt{\frac{1}{3a}}\right) = -6a\sqrt{\frac{1}{3a}} < 0 \Longrightarrow f$ besitzt an der Stelle $x_2 = -\sqrt{\frac{1}{3a}}$

ein lokales Maximum; ihr Schaubild hat einen Hochpunkt.

Weitere Bedingung:

$\boxed{2}$: $\qquad f\left(-\sqrt{\frac{1}{3a}}\right) = \frac{2}{3} \quad \Longrightarrow \quad a\left(-\sqrt{\frac{1}{3a}}\right)^3 - \left(-\sqrt{\frac{1}{3a}}\right) = \frac{2}{3} \qquad \boxed{2}$

aus $\boxed{2}$:
$$a\left(-\sqrt{\frac{1}{3a}}\right)^3 - \left(-\sqrt{\frac{1}{3a}}\right) = \frac{2}{3} \Leftrightarrow -a \cdot \frac{1}{3a} \cdot \sqrt{\frac{1}{3a}} + \sqrt{\frac{1}{3a}} = \frac{2}{3}$$
$$\Leftrightarrow -\frac{1}{3} \cdot \sqrt{\frac{1}{3a}} + \sqrt{\frac{1}{3a}} = \frac{2}{3} \Leftrightarrow \sqrt{\frac{1}{3a}}\left(1 - \frac{1}{3}\right) = \frac{2}{3} \Leftrightarrow \sqrt{\frac{1}{3a}} \cdot \frac{2}{3} = \frac{2}{3}$$
$$\Leftrightarrow \sqrt{\frac{1}{3a}} = 1 \Leftrightarrow \frac{1}{3a} = 1 \Longrightarrow a = \frac{1}{3}$$

5) Ergebnis: $\qquad f(x) = \frac{1}{3}x^3 - x$

zu d) (vgl. GRUNDAUFGABE 11, Seite 207)

1) Ansatz: $\qquad f(x) = ax^3 + bx^2 + cx + d$

2) Ableitungen: $\qquad f'(x) = 3ax^2 + 2bx + c$
$\qquad\qquad\qquad\qquad f''(x) = 6ax + 2b$

3) **Bedingungen:**

$\boxed{1}$:	$f(0) = 0$	$\Rightarrow$	$d = 0$	$\boxed{1}$
$\boxed{2}$:	$f(2) = -1\frac{5}{6}$	$\Rightarrow$	$8a + 4b + 2c + d = -1\frac{5}{6}$	$\boxed{2}$
$\boxed{3}$:	$f'(2) = -1$	$\Rightarrow$	$12a + 4b + c = -1$	$\boxed{3}$
$\boxed{4}$:	$f''(2) = 0$	$\Rightarrow$	$12a + 2b = 0$	$\boxed{4}$

4) **Rechnung:**
(Die Rechnung bleibt dem Leser überlassen.)

5) **Ergebnis:** $\quad f(x) = \frac{1}{48}x^3 - \frac{1}{8}x^2 - \frac{3}{4}x$

Übungsaufgaben:

1. Das Schaubild einer Funktion 3. Grades berührt im Koordinatenursprung O die x-Achse. Die Tangente im Kurvenpunkt $P\left(\frac{2}{3}\middle|0\right)$ verläuft parallel zur Geraden g mit der Gleichung $y = -\frac{2}{3}x + \frac{2}{3}$.

2. Eine Parabel dritter Ordnung hat im Kurvenpunkt $Q(-1|1,5)$ eine waagerechte Tangente und im Kurvenpunkt $R(0|1)$ ihren Wendepunkt.

3. Die beiden Punkte $A\left(0\middle|\frac{5}{3}\right)$ und $B(5|0)$ sind Punkte der Parabel 3. Ordnung. Sie berührt außerdem die x-Achse an der Stelle $x = -2$.

4. Das Schaubild einer ganzrationalen Funktion 3.Grades schneidet die y-Achse im Punkt $C\left(0\middle|\frac{5}{4}\right)$. Die Tangente im Wendepunkt $D\left(1\middle|\frac{1}{4}\right)$ an das Schaubild dieser Funktion schneidet die y-Achse im Punkt $E\left(0\middle|\frac{7}{4}\right)$.

5. Das Schaubild der Funktion g mit $g: x \to -\frac{3}{8}x(x^2 - 4)$ schneidet das Schaubild der Funktion f, eine ganzrationale Funktion 3. Grades, im Koordinatenursprung rechtwinklig. Beide Schaubilder besitzen außer dem Koordinatenursprung noch zwei weitere gemeinsame Achsenschnittpunkte.

6. Eine zum Koordinatenursprung symmetrische Parabel 3. Ordnung hat im Punkt $P\left(\frac{4}{3}\sqrt{3}\middle|\frac{16}{9}\sqrt{3}\right)$ eine waagerechte Tangente.

7. Das Schaubild einer ganzrationalen Funktion 3. Grades, das punktsymmetrisch zum Koordinatenursprung verläuft, schneidet die Ursprungsgerade mit der Steigung $m = -\frac{3}{4}$ an der Stelle $x = \frac{1}{3}$. Die Steigung seiner Wendetangente beträgt $m = -1$.

8. Eine zur y-Achse symmetrische Parabel 4. Ordnung geht durch den Punkt $P(0|-3)$ und hat im Punkt $Q\left(4\left|-8\frac{1}{3}\right.\right)$ eine waagerechte Tangente.

9. Das Schaubild einer ganzrationalen Funktion 4. Grades verläuft achsensymmetrisch zur y-Achse und geht durch den Koordinatenursprung. In den Punkten $R_1(-2|0)$ und $R_2(2|0)$ schneidet es eine Parabel 2. Ordnung mit der Öffnung $a = \frac{1}{32}\sqrt{2}$ rechtwinklig.

10. Eine Parabel 4. Ordnung besitzt in $S(1|0)$ eine waagerechte Tangente und in $T(-1|2)$ einen Terrassenpunkt.

11. Das Schaubild einer ganzrationalen Funktion 4. Grades schneidet die y-Achse in $M(0|-2,5)$. Sie schneidet die x-Achse unter anderem in den Punkten $N_1(-1|0)$ und $N_2(1|0)$. Darüber hinaus ist das Schaubild symmetrisch bezüglich der Geraden $x = 2$.

12. Eine Parabel 4. Ordnung hat im Koordinatenursprung, ihrem Wendepunkt, und an der Stelle $x = \frac{9}{4}$ waagerechte Tangenten. Sie schneidet die x-Achse ein zweites Mal unter dem Winkel $\alpha = 60°$.

13. Eine bezüglich des Koordinatenursprungs symmetrische Parabel 5. Ordnung hat an der Stelle $x = 0$ die Steigung $m = -6$, an der Stelle $x = -1$ hat sie einen Wendepunkt mit den Koordinaten $W\left(-1\left|\frac{2}{5}\right.\right)$.

14. Eine Parabel 5. Ordnung mit Terrassenpunkt in $Q\left(0\left|\frac{16}{5}\right.\right)$ besitzt die gleichen x-Achsenschnittpunkte wie die Parabel mit der Gleichung $y = \frac{1}{4}x^3 - \frac{1}{4}x^2 - x + 1$.

15. Eine bezüglich des Koordinatenursprunges symmetrische Parabel 5. Ordnung hat in $W\left(\sqrt{2}\left|\frac{1}{3}\sqrt{2}\right.\right)$ einen Wendepunkt. Die Steigung der Wendetangente in Punkt W an die Parabel ist $m = -5$.

16. a) Zeigen Sie allgemein, daß das Schaubild einer ganzrationalen Funktion 3. Grades symmetrisch bezüglich seines Wendepunktes verläuft.
Hinweis: Bestimmen Sie zunächst in Abhängigkeit der Koeffizienten a und b die Wendestelle x_W. Zeigen Sie dann: $\frac{1}{2}(f(x_W + h) + f(x_W - h)) = f(x_W)$. Warum ist damit die besagte Symmetrie nachgewiesen?
b) Welche Bedingungen müssen die Kooefizienten a, b und c erfüllen, damit das Schaubild der Funktion f mit $f: x \to ax^4 + bx^2 + c$ drei Wendepunkte besitzt. Zeigen Sie, daß unter diesen Voraussetzungen die drei Wendepunkte auf einer Ursprungsgeraden liegen.

17. Die Auslaufbahn einer künstlich geschaffenen Sprungschanze (vgl. **Bild 4.29**) entspricht dem Schaubild einer ganzrationalen Funktion 3. Grades. Der höchste Punkt der Aufsprungbahn P_A liegt $26\frac{2}{3}m$ über dem kritischen Punkt P_K, wo die Auslaufbahn von einer Rechts- in eine Linkskurve übergeht. Dort beträgt die Steigung $m = -\frac{4}{9}$. Bestimmen Sie die horizontale Länge d der Auslaufbahn. Es gilt $\overline{P_A P_K} = \overline{P_K P_B}$. (*Hinweis:* Legen Sie Punkt P_K in den Ursprung des Koordinatensystems.)

18. Das Tragekabel einer Hängebrücke hat die Form einer Parabel 2. Ordnung (vgl. **Bild 4.30**). Der Abstand der Kabeltürme beträgt $190m$. Der minimale Abstand des Hängekabels zur Fahrbahn (in der Mitte der Brücke) beträgt $5m$, $30m$ rechts bzw. links von der Brückenmitte entfernt, bildet das Kabel zur Horizontalen einen Winkel von $15°$. Bestimmen Sie die Höhe der Tragetürme. *(Hinweis:* Verwenden Sie die Umformung $\tan\dfrac{\alpha}{2} = \dfrac{\sin\alpha}{1+\cos\alpha}$.)

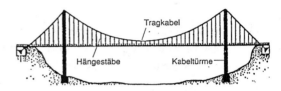

Bild 4.29: Sprungschanze   **Bild 4.30:** Hängebrücke

4.5.2. Extremwertprobleme

GRUNDAUFGABE 12:

a) Die Schaubilder der Funktionen f und g, genannt K_f und K_g, mit $f:x \to -\dfrac{1}{6}x^3 + 5\dfrac{2}{3}$ und $g:x \to -\dfrac{1}{3}x^2 - \dfrac{4}{3}x + 5\dfrac{2}{3}$ werden von einer Geraden mit der Gleichung $x = u$ geschnitten. Der Schnittpunkt der Geraden mit K_f heiße P, der Schnittpunkt mit K_f werde Q genannt. Für welchen Wert u mit $0 \le u \le 4$ ist das Streckenstück PQ auf dieser Geraden am längsten?

b) Gegeben sei das Schaubild einer ganzrationalen Funktion f mit $f:x \to -\dfrac{1}{8}x^3 + \dfrac{9}{8}x$, genannt K_f. Der Eckpunkt A eines rechtwinkligen Dreiecks $\triangle ABC$ liegt im Koordinatenursprung, eine Kathete des Dreiecks, die Seite $c = AB$, liegt auf der x-Achse, der Eckpunkt C des Dreiecks liegt auf K_f im 1. Quadranten des Koordinatensystems. Bestimmen Sie die Koordinaten der Punkte B und C der Dreiecks $\triangle ABC$ so, daß die Summe der Kathetenlängen (der Flächeninhalt) des Dreiecks maximal wird.

Bemerkungen:

1) Schon die Formulierung der Aufgabe läßt erkennen, daß es sich um ein *Extremwertproblem* handelt: Der Abstand muß *am größten* werden, die Summe der Kathetenlängen oder der Flächeninhalt eines Dreiecks soll *maximal* werden. Bei anderen Beispielen wird gefragt, wie groß der Flächeninhalt oder der Umfang eines Rechtecks bei bestimmten Vorgaben *höchstens* sein könne, welcher Punkt auf einem bestimmten Schaubild am *weitesten links*, oder am *tiefsten* liege u.v.a.. Die Sprache solcher Aufgabenstellungen ist durch grammatikalische Superlative gekennzeichnet.

4.5 Praxisorientierte Problemstellungen der Differentialrechnung

2) Methodisch lassen sich solche Probleme in folgenden Schritten erfassen:

zu a) (vgl. GRUNDAUFGABE 12, Seite 214)

1) Skizze:
Eine Skizze der genannten Schaubilder ermöglicht, das gestellte Problem zu veranschaulichen und trägt zu den weiteren Überlegungen bei.

Überlegungen zu den beiden Schaubildern:
zu K_f: Das Schaubild der Funktion f ist eine an der x-Achse gespiegelte, mit dem Faktor $k = \frac{1}{6}$ gestauchte und um $5\frac{2}{3}$ Einheiten nach oben verschobene Normalparabel 3. Ordnung.
zu K_g: Die Scheitelgleichung dieser Parabel lautet $g(x) = -\frac{1}{3}(x+2)^2 + 7$. Es ist also eine nach unten geöffnete und mit dem Faktor $k = \frac{1}{3}$ gestauchte Normalparabel mit Scheitel $S(-2|7)$.

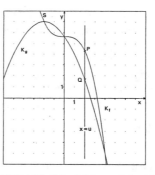

Bild 4.31: Schaubilder zu Beispiel a)

2) Aufstellen der Zielfunktion mit sinnvollem Definitionsbereich:
Gefragt ist hier, an welcher Stelle u mit $0 \leq u \leq 4$ die Ordinatendifferenz der beiden Funktionen betragsmäßig am größten sei. In diesem Fall muß die Funktion $z(u) = f(u) - g(u)$, auch Zielfunktion genannt, auf Extremwerte untersucht werden. Für diese Zielfunktion gilt:
$$z(u) = -\frac{1}{6}u^3 + 5\frac{2}{3} - \left(-\frac{1}{3}u^2 - \frac{4}{3}u + 5\frac{2}{3}\right) = -\frac{1}{6}u^3 + \frac{1}{3}u^2 + \frac{4}{3}u \text{ mit } D_z = [0;4].$$

3) Untersuchung der Zielfunktion auf lokale Extremwerte:
Ableitungen: $z'(u) = -\frac{1}{2}u^2 + \frac{2}{3}u + \frac{4}{3}$, $z''(u) = -u + \frac{2}{3}$
Forderung: $z'(u) = 0$

Es gilt $0 = -\frac{1}{2}u^2 + \frac{2}{3}u + \frac{4}{3} \Leftrightarrow 0 = 3u^2 - 4u - 8$

$\Rightarrow u_{1,2} = \frac{4 \pm \sqrt{16 - 4 \cdot 3 \cdot (-8)}}{6} = \frac{4 \pm \sqrt{112}}{6} = \frac{4 \pm 4\sqrt{7}}{6} = \frac{2}{3}(1 \pm \sqrt{7})$

Der Wert $u_2 = \frac{2}{3}(1 - \sqrt{7})$ muß bei der folgenden Rechnung nicht mehr berücksichtigt werden, da u_2 nicht im Definitionsbereich der Funktion z liegt. Es gilt: $u_2 \notin [0;4]$

Test: Für $\boxed{u_1 = \frac{2}{3}(1+\sqrt{7})}$ gilt: $z''\left(\frac{2}{3}(1+\sqrt{7})\right) = -\frac{2}{3}(1+\sqrt{7}) + \frac{2}{3} < 0 \Longrightarrow z$ besitzt an der Stelle $u_1 = \frac{2}{3}(1+\sqrt{7})$ ein lokales Maximum, nämlich $z\left(\frac{2}{3}(1+\sqrt{7})\right) \approx 2{,}82$

4) *Randwertbetrachtung:*
Da sich die Zielfunktion z nur auf einen Teilbereich des für sie zulässigen Definitionsbereiches beschränkt, müssen hier - da in diesem Zusammenhang nicht nur nach den lokalen, sondern zugleich nach den globalen Extremwerten gefragt ist - die Funktionswerte an den Rändern des Definitionsbereiches überprüft und mit den lokalen Maxima (bzw. Minima) verglichen werden. In seltenen Fällen werden dabei die lokalen Maxima über- bzw. die lokalen Minima unterschritten:
Zum einen gilt $z(0) = 0 < z(u_1) \approx 2{,}82$, zum andern $z(4) = 0 < z(u_1) \approx 2{,}82$. Also ist das lokale Maximum zugleich das globale Maximum der Zielfunktion z für $0 \leq u \leq 4$.

5) *Ergebnis:*
Gefragt ist hier lediglich nach der Stelle u, für die die Ordinatendifferenz der beiden Funktionen f und g am größten sei. Deshalb ist es auch nicht notwendig den genauen Wert des globalen Maximums zu errechnen. Also ist die Länge der oben genannten Strecke PQ für
$u = \frac{2}{3}(1+\sqrt{7}) \approx 2{,}43$ am längsten.

Weitere Anmerkungen zu Aufgaben von Typ a):
zu 2)
Sinnvoll erweist sich bei Aufgaben, bei denen nach der maximalen/minimalen Ordinatendifferenz gefragt wird, die Zielfunktion so anzusetzen, daß sie im genannten Bereich positive Werte annimmt. Würde sich also das Schaubild der Funktion f unterhalb des Schaubildes der Funktion g befinden - was sich selbstverständlich aus der Skizze ablesen läßt -, hätte die Zielfunktion die folgende Gestalt: $z(u) = g(u) - f(u)$. Das Einführen der Unbekannten u ist deshalb zweckmäßig, weil dadurch die auf meist nur einen bestimmten Bereich begrenzte Zielfunktion von der auf ganz /R erklärten Funktion abgehoben werden kann. Oft wird diese Variable schon in der Aufgabenstellung mit u bezeichnet.
zu 4)
Sollte die Zielfunktion innerhalb des zu betrachtenden Bereichs über mehr als ein lokales Maximum (bzw. Minimum) verfügen, so wird an dieser Stelle das größte Maximum (bzw. kleinste Minimum) unter ihnen mit den Funktionswerten an den Rändern des Definitionsbereiches verglichen.
zu 5)
Hier möge auf die Fragen, die in der Aufgabe gestellt werden, geantwortet werden. Ergebnisse werden mit genauem Wert angegeben. Sie werden höchstens dann gerundet, wenn damit eine bessere Vorstellung vom Ergebnis gewährleistet werden kann.

zu b) (vgl. GRUNDAUFGABE 12, Seite 214)

1) Skizze:
Überlegungen zum Schaubild K_f:
Das Schaubild K_f ist eine zum Koordinatenursprung symmetrische Parabel 3. Ordnung, das die x-Achse in den Punkten $N_1(-3|0)$ und $N_2(3|0)$ schneidet. Darüber hinaus muß es im Bereich $0 \le x \le 3$ oberhalb der x-Achse liegen, denn es gilt: $f(x) \to -\infty$ für $x \to \infty$. Damit wird auch die Lage des genannten Dreiecks $\triangle ABC$ offensichtlich.

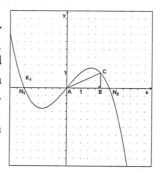

Bild 4.32: Schaubild zu Beispiel b)

2) Aufstellen der Zielfunktion mit sinnvollem Definitionsbereich:
Hier wird zunächst nach dem Dreieck $\triangle ABC$ gefragt, bei dem die Summe der Kathetenlängen maximal wird. Für diese Summe gilt: $s = \overline{AB} + \overline{BC}$. Bezeichnet man nun die Abszisse des Punktes B mit u, so besitzt Punkt B, der auf der x-Achse liegt, die Koordinaten $B(u|0)$, die Koordinaten des Punktes C, ein Punkt des Schaubildes K_f, lauten $C(u|f(u))$. Damit läßt sich die folgende Zielfunktion aufstellen:

$$s(u) = u + f(u) = u + \left(-\frac{1}{8}u^3 + \frac{9}{8}u\right) = -\frac{1}{8}u^3 + \frac{17}{8}u \text{ mit } D_s = [0;3]$$

3) Untersuchung der Zielfunktion auf lokale Extremwerte:
Ableitungen: $s'(u) = -\frac{3}{8}u^2 + \frac{17}{8}$, $s''(u) = -\frac{3}{4}u$
Forderung: $s'(u) = 0$

Es gilt $0 = -\frac{3}{8}u^2 + \frac{17}{8} \Leftrightarrow 0 = 3u^2 - 17 \Rightarrow u_{1,2} = \pm\sqrt{\frac{17}{3}} = \pm\frac{1}{3}\sqrt{51}$

Wiederum ist $u_2 = -\frac{1}{3}\sqrt{51} \notin D_s$ und bleibt fernerhin unberücksichtigt.

Test: Für $u_1 = \frac{1}{3}\sqrt{51}$ gilt: $s''\left(\frac{1}{3}\sqrt{51}\right) = -\frac{1}{5}\sqrt{51} < 0 \Rightarrow s$ besitzt an der Stelle $u_1 = \frac{1}{3}\sqrt{51}$ ein lokales Maximum, nämlich $s\left(\frac{1}{3}\sqrt{51}\right) \approx 3,37$

4) Randwertbetrachtung:
Für $u = 0$ gilt $s(0) = 0 < s(u_1)$, für $u = 3$ ist $s(3) = 3 < s(u_1)$. Also stimmt auch hier das lokale Maximum mit dem globalen Maximum der Funktion s innerhalb des Bereiches überein. Die beiden Dreiecke, die für die beiden Werte $u = 0$ und $u = 3$ entstehen, heißen entartete Dreiecke, die besitzen einen Flächeninhalt vom Inhalt $A = 0 FE$.

5) Ergebnis:
Von Interesse sind hier die Koordinaten der Eckpunkte des Dreiecks $\triangle ABC$, bei der die Summe der Kathetenlängen maximal ist. Punkt B hat die Koordinaten $B\left(\frac{1}{3}\sqrt{51}\,\middle|\,0\right)$, die Ordinate des Punktes C läßt sich mit Hilfe der ursprünglichen Funktion f errechnen:
$y_C = f\left(\frac{1}{3}\sqrt{51}\right) = \frac{5}{36}\sqrt{51} \approx 0{,}99$. Die Koordinaten der Punkte B und C heißen demnach
$B\left(\frac{1}{3}\sqrt{51}\,\middle|\,0\right)$ und $C\left(\frac{1}{3}\sqrt{51}\,\middle|\,\frac{5}{36}\sqrt{51}\right)$.

Weitere Kontrollergebnisse:
Im zweiten Teil der Aufgabe wird nach dem Dreieck gefragt, das den größten Flächeninhalt besitzt. Die Zielfunktion heißt in diesem Fall:
$$A(u) = \frac{1}{2} \cdot u \cdot f(u) = \frac{1}{2} \cdot u \cdot \left(-\frac{1}{8}u^3 + \frac{9}{8}u\right) = -\frac{1}{16}u^4 + \frac{9}{16}u^2 \text{ mit } D_s = [0;3].$$
Die weitere Rechnung bleibt dem Leser überlassen.
Die Koordinaten der Punkte B und C lauten dann $B\left(\frac{3}{2}\sqrt{2}\,\middle|\,0\right)$ und $C\left(\frac{3}{2}\sqrt{2}\,\middle|\,\frac{27}{32}\sqrt{2}\right)$.

Übungsaufgaben:

1. Die Schaubilder der Funktionen f und g mit $f: x \rightarrow -\frac{2}{5}x^2 + x + 1$ und $g: x \rightarrow -x + 1$ begrenzen auf einer Parallelen zur y-Achse eine Strecke. An welcher Stelle u mit $0 < u < 5$ ist diese Strecke am längsten? Bestimmen Sie die Länge dieser Strecke.

2. Das Schaubild der Funktion f mit $f: x \rightarrow \frac{1}{4}x^4$ soll im Intervall $[0;2]$ durch die Normalparabel 2. Ordnung angenähert werden. Mit welchem maximalen Fehler muß dabei gerechnet werden?
Eine Verbesserung der Annäherung soll durch das zum Koordinatenursprung symmetrische Schaubild einer ganzrationalen Funktion 3. Grades, genannt g, erreicht werden, die an der Stelle $x = 0$ nicht nur denselben Funktionswert sondern auch dieselbe Ableitung wie die Funktion f besitzt. Darüber hinaus sollen die Funktionswerte der Funktionen f und g an der Stelle $x = 2$ übereinstimmen.

3. Gegeben seien die Funktionen f und g mit $f: x \rightarrow \frac{1}{2}(e^x + e^{-x})$ und $g: x \rightarrow x^2 + 1$. Bestimmen Sie näherungsweise die Stelle(n) u mit $-3 \leq u \leq 3$ (mit $-3{,}5 \leq u \leq 3{,}5$), an denen die Ordinaten der beiden Funktionen die größte Differenz aufweisen.

4. a) Eine zur y-Achse symmetrische Parabel 4. Ordnung, genannt P, hat im Punkt $T(2\sqrt{3}\,|\,0)$ einen Tiefpunkt. Sie schneidet die y-Achse im Punkt $M(0\,|\,4{,}5)$. Ermitteln Sie die Gleichung der Parabel und skizzieren Sie sie.
   b) P sei wieder die Parabel aus Teilaufgabe a). Das Rechteck $ABCD$, von dem eine Seite auf der x-Achse und die Ecken C und D auf dem Parabelbogen P zwischen den beiden Tiefpunkten $T_{1,2}(\pm 2\sqrt{3}\,|\,0)$ liege, soll so bestimmt werden, daß der Flächeninhalt des Rechtecks maximal wird. Geben Sie die Eckpunkte dieses Rechtecks an. (Warum gibt es kein solches Rechteck, bei dem der Umfang maximal wird?)

4.5 Praxisorientierte Problemstellungen der Differentialrechnung

5. Gegeben seien die Funktionen f und g mit $f : x \to 0{,}2x^3 - 2{,}45x$ und $g : x \to \frac{1}{7}x^2 - \frac{1}{2}x$. Eine Gerade mit der Gleichung $x = u$ mit $0 \leq u \leq 3{,}5$ hat mit dem Schaubild der Funktion f den Punkt P, mit dem Schaubild der Funktion den Punkt Q gemeinsam. Bestimmen Sie nun die Eckpunkte P und Q des Dreiecks $\triangle OPQ$ so, daß das Dreieck maximalen Flächeninhalt besitzt. (*Hinweis:* Runden Sie die Ordinaten der Eckpunkte auf vier Stellen hinter dem Komma.)

6. Das Schaubild der Funktion f mit $f : x \to \frac{1}{3}x^2 - 2x$ begrenzt mit der x-Achse im 4. Quadranten des Koordinatensystems eine Fläche. Dieser Fläche soll ein Dreieck $\triangle ABC$ einbeschrieben werden, dessen Spitze C die Koordinaten $C(3|0)$ besitzt. Die Eckpunkte seiner Grundseite, die parallel zur x-Achse verlaufe, liegen auf der Parabel.
  a) Wie groß kann der Flächeninhalt eines solchen Dreiecks höchstens werden?
  b) Das Dreieck $\triangle ABC$ soll nun um seine Symmetrieachse gedreht werden. Dabei entsteht ein Kegel. Hat dieser Kegel unter den Kegeln, die durch Rotation der einbeschriebenen Dreiecke entstehen, auch das größte Volumen?

5 Einführung in die Integralrechnung

5.1 Das bestimmte Integral

5.1.1 Problemstellung

So wie das Tangentenproblem, das zur Begründung der Differentialrechnung beitrug, löste auch das Flächenproblem eine jahrhundertelange mathematische Diskussion aus und gab den Impuls für die Integralrechnung, den zweiten tragenden Pfeiler der Analysis. Schon AR-CHIMEDES (287 – 212 v.Chr.) bemühte sich um die Quadratur der Parabel, um die Bestimmung eines Quadrates also, das denselben Flächeninhalt besitzt wie eine unter anderem durch eine Parabel begrenzte Fläche. Gegenstand der Integralrechnung ist es, den Inhalt solcher krummlinig begrenzter Flächen rechnerisch zu ermitteln. Daß ein sehr enger Zusammenhang zwischen der Differential- und der Integralrechnung besteht, ja die Differentialrechnung sogar als Umkehrung der Integralrechnung angesehen werden kann, wird sich sehr bald zeigen. Zunächst aber möge das Flächenproblem in der folgenden Formulierung zum Ausdruck kommen:

Gegeben sei eine Funktion f, deren Schaubild K_f kontinuierlich verläuft. Darüber hinaus sollen - zunächst noch - die Funktionswerte innerhalb des Intervalls $[a;b]$ positiv sein und für wachsende x-Werte immer größer werden.

Gesucht ist der Inhalt der Fläche A, die vom Schaubild der Funktion f, den Geraden $x = a$ und $x = b$ (mit $b > a$) und der x-Achse eingeschlossen wird. (Diese Fläche befindet sich - aufgrund der oben erwähnten Vorgaben - oberhalb der x-Achse.)

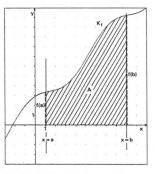

Bild 5.1: Das Flächenproblem

Dieses Flächenproblem läßt sich schrittweise lösen:
Eine erste grobe Annäherung (vgl. **Bild 5.2**) erzielt man durch die Berechnung des Inhaltes der beiden Rechtecke U_1 und O_1, für die gilt:
$$U_1 = f(a) \cdot (b - a) \quad \text{bzw.} \quad O_1 = f(b) \cdot (b - a).$$
Der wahre Inhalt der Fläche A liegt selbstverständlich dazwischen:
$$U_1 \leq A \leq O_1.$$
Eine Verbesserung der Annäherung erhält man durch Halbierung des Intervalls $[a;b]$ (vgl. **Bild 5.3**) und Aufsummieren des Inhaltes der jeweils zwei entstehenden Rechtecke.

5.1 Das bestimmte Integral

Es gilt:
$$U_2 = \left(f(a) + f\left(a + \frac{b-a}{2}\right) \right) \cdot \frac{b-a}{2} \quad \text{bzw.} \quad O_2 = \left(f\left(a + \frac{b-a}{2}\right) + f(b) \right) \cdot \frac{b-a}{2},$$
$$\text{mit } U_2 \leq A \leq O_2.$$

Für das in vier gleiche Teile geteilte Intervall $[a;b]$ gilt dann entsprechend (vgl. **Bild 5.4**):

$$U_4 = \left(f(a) + f\left(a + \frac{1}{4}(b-a)\right) + f\left(a + \frac{1}{2}(b-a)\right) + f\left(a + \frac{3}{4}(b-a)\right) \right) \cdot \frac{b-a}{4} \quad \text{bzw.}$$

$$O_4 = \left(f\left(a + \frac{1}{4}(b-a)\right) + f\left(a + \frac{1}{2}(b-a)\right) + f\left(a + \frac{3}{4}(b-a)\right) + f(b) \right) \cdot \frac{b-a}{4},$$
$$\text{mit } U_4 \leq A \leq O_4.$$

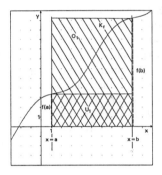
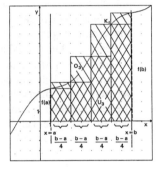

Bild 5.2: erste Annäherung   **Bild 5.3**: zweite Annäherung   **Bild 5.4**: dritte Annäherung

Eine fortgesetzte Halbierung läßt sogar eine Annäherung des Inhalt der Fläche A für beliebiges n (n möge dabei eine gerade Zahl sein) zu:

$$U_n = \left(f(a) + f\left(a + \frac{1}{n}(b-a)\right) + f\left(a + \frac{2}{n}(b-a)\right) + \ldots + f\left(a + \frac{n-1}{n}(b-a)\right) \right) \cdot \frac{b-a}{n}$$

$$O_n = \left(f\left(a + \frac{1}{n}(b-a)\right) + f\left(a + \frac{2}{n}(b-a)\right) + \ldots + f\left(a + \frac{n-1}{n}(b-a) + f(b)\right) \right) \cdot \frac{b-a}{n}$$
$$\text{mit } U_n \leq A \leq O_n.$$

Strebt nun $n \to \infty$, wiederholt man also die Halbierung dieses Intervalls fortgesetzt, so läßt sich nachweisen, daß die Differenz der Rechtecksummen O_n und U_n immer kleiner wird, ja gegen Null strebt:

$$\lim_{n \to \infty}(O_n - U_n) = \lim_{n \to \infty} \left(f(b) \cdot \frac{b-a}{n} - f(a) \cdot \frac{b-a}{n} \right) = \lim_{n \to \infty}(f(b) - f(a)) \cdot \frac{b-a}{n} = 0$$

Also gilt: $\lim_{n \to \infty} O_n = \lim_{n \to \infty} U_n = A$. So läßt sich also der Inhalt der Fläche A als Grenzwert der Summe der Rechteckflächen O_n (auch Obersummen genannt) bzw. U_n (mit Untersummen bezeichnet) für den Grenzübergang $n \to \infty$ errechnen. Das führt auf den folgenden Begriff:

5.1.2 Definition des bestimmten Integrals

Definition 5.1:
Verläuft das Schaubild der Funktion f oberhalb des Intervalls $[a;b]$ kontinuierlich, so nennt man den *gemeinsamen Grenzwert* der Unter- und der Obersummen für $n \to \infty$ das **bestimmte Integral der Funktion** f **zwischen der (unteren) Grenze** a **und der (oberen) Grenze** b und schreibt dafür: $\int_a^b f(x)dx$

Hinweise:

1) Das **Integralzeichen** $\int$ erinnert als stilisiertes S an die Bildung der Unter- bzw. Obersummen. Mit a und b werden die **Grenzen des Integrals** bezeichnet, a ist hier die untere, b die obere Grenze des Integrals. Mit dem **Integranden** $f(x)$ als der *zu integrierenden Funktion* wird die krummlinige Begrenzungslinie der zu bestimmenden Fläche kenntlich gemacht. Sie wird also unter anderem durch das Schaubild der Funktion f begrenzt. Die Variable x wird in diesem Zusammenhang auch **Integrationsvariable** genannt. Das **Differential** dx hat zwar keine rechnerische Bedeutung, doch erinnert es an die bei der Bildung der Unter- und Obersummen auftretenden Intervallängen, die bei der ständigen Intervallhalbierung immer kleiner werden, ja für $n \to \infty$ gegen Null streben. Darüber hinaus verdeutlicht das Differential dx, daß x Integrationsvariable ist. Der Begriff **Integral** rührt vom lateinischen Wort *integratio* her und kann in diesem Zusammenhang als *Wiederherstellung eines zuvor Zerlegten zu einem Ganzen* begriffen werden.

2) Der Ausdruck '$\int_a^b f(x)dx$' wird folgendermaßen ausgesprochen: 'Integral $f(x)$ von a bis b'.

3) Genügt die Funktion f den im Flächenproblem gestellten Vorgaben, so wird mit der Bestimmung des Integrals der Inhalt der Fläche ermittelt, die vom Schaubild der Funktion f, den Geraden $x = a$ und $x = b$ und der x-Achse selbst begrenzt wird.

5.1.3 Weiterführende Beispiele

GRUNDAUFGABE 1:
Bestimmen Sie mit Hilfe von Unter- bzw. Obersummen den Inhalt der Fläche A, die vom Schaubild der folgenden Funktion f, den Geraden $x = 0$ und $x = b$ und der x-Achse (den Geraden $x = a$ und $x = b$ und der x-Achse) begrenzt wird:

a) $f(x) = x^2$ b) $f(x) = x^3$ c) $f(x) = x^4$

Anmerkungen:
zu a)

Für die Obersummen gilt: $O_n = \left(f\left(\frac{b}{n}\right) + f\left(\frac{2b}{n}\right) + ... + f\left(\frac{(n-1)\cdot b}{n}\right) + f(b) \right) \cdot \frac{b}{n}$

Die teilweise Substitution $h = \frac{b}{n}$ verkürzt die nachfolgenden Rechenschritte.

5.1 Das bestimmte Integral

Es gilt dann:
$$O_{n(h)} = \left(f(h) + f(2h) + \ldots + f((n-1)\cdot h) + f(n\cdot h)\right)\cdot h$$
$$= \left(h^2 + (2h)^2 + (3h)^2 + \ldots + ((n-1)\cdot h)^2 + (n\cdot h)^2\right)\cdot h$$
$$= \left(h^2 + 4h^2 + 9h^2 + \ldots + (n-1)^2 h^2 + n^2 h^2\right)\cdot h = \left(1 + 4 + 9 + \ldots + (n-1)^2 + n^2\right)\cdot h^3.$$

In der Klammer entsteht die Summe der ersten n Quadratzahlen, für die der folgende Zusammenhang gilt:
$$1^2 + 2^2 + 3^2 + \ldots + (n-1)^2 + n^2 = \frac{1}{6}n\cdot(n+1)\cdot(2n+1) \text{ (vgl. \textbf{Übungsaufgabe 1a}), Seite 224)}$$

Also vereinfacht sich der Ausdruck, wobei ebenfalls die Rücksubstitution erfolgt, zu
$$O_{n(h)} = \left(1 + 4 + 9 + \ldots + (n-1)^2 + n^2\right)\cdot h^3 = \left(\frac{1}{6}n\cdot(n+1)\cdot(2n+1)\right)\cdot h^3$$
$$= \left(\frac{1}{6}n\cdot(n+1)\cdot(2n+1)\right)\cdot\left(\frac{b}{n}\right)^3 = \left(\frac{1}{6}n\cdot(n+1)\cdot(2n+1)\right)\cdot\frac{b^3}{n^3} = \frac{b^3}{6}\cdot\frac{n+1}{n}\cdot\frac{2n+1}{n}$$
$$= \frac{b^3}{6}\cdot\left(1+\frac{1}{n}\right)\cdot\left(2+\frac{1}{n}\right).$$

Strebt nun $n \to \infty$, so gilt für den Inhalt der Fläche A:
$$A = \lim_{n\to\infty} O_n = \lim_{n\to\infty} \frac{b^3}{6}\cdot\left(1+\frac{1}{n}\right)\cdot\left(2+\frac{1}{n}\right) = \frac{b^3}{6}\cdot 2 = \frac{1}{3}b^3$$

Dasselbe Ergebnis erhält man selbstverständlich für den Grenzwert der Untersummen für $n \to \infty$. Unter Verwendung der Integralschreibweise erhält man: $\int_0^b x^2 dx = \frac{1}{3}b^3$

zu b)
Unter Verwendung der Formel für die Summe der ersten n Kubikzahlen
$1^3 + 2^3 + 3^3 + \ldots + (n-1)^3 + n^3 = \frac{1}{4}n^2\cdot(n+1)^2$ (vgl. **Übungsaufgabe 1b**), Seite 225) gilt für den Grenzwert der Unter- wie auch der Obersummen (der Nachweis bleibt dem Leser überlassen):
$$A = \lim_{n\to\infty} O_n = \lim_{n\to\infty} U_n = \frac{1}{4}b^4. \text{ Also ist } \int_0^b x^3 dx = \frac{1}{4}b^4$$

zu c)
Mit $1^4 + 2^4 + 3^4 + \ldots + (n-1)^4 + n^4 = \frac{1}{30}n\cdot(n+1)\cdot(2n+1)\cdot(3n^2 + 3n - 1)$ (vgl. **Übungsaufgabe 1c**), Seite 225) gilt $A = \lim_{n\to\infty} O_n = \lim_{n\to\infty} U_n = \frac{1}{5}b^5$ und damit $\int_0^b x^4 dx = \frac{1}{5}b^5$.

Hinweis:
Damit läßt sich auch die Maßzahl der Fläche A bestimmen, die durch das Schaubild der Funktion f, den Geraden $x = a$ mit $a \neq 0$ und $x = b$ und der x-Achse begrenzt wird:

zu a)

Veranschaulichung:
Es ist $A = A_1 - A_2$ wobei

$$A_1 = \int_0^b x^2 dx = \frac{1}{3}b^3, \quad A_2 = \int_0^a x^2 dx = \frac{1}{3}a^3$$

ist. Damit gilt $\int_a^b x^2 dx = \frac{1}{3}b^3 - \frac{1}{2}a^3$.

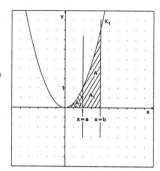

Bild 5.5: Fläche zwischen dem Schaubild der Funktion f, den Geraden $x = a$ und $x = b$ und der x-Achse

Betrachtet man nun das bestimmte Integral als Differenz einer neuen Funktion F an der Stelle b und der Stelle a, so liegt nahe, daß die Funktion f die Ableitung dieser neuen Funktion darstellt: $\int_a^b x^2 dx = \frac{1}{3}b^3 - \frac{1}{3}a^3 = F(b) - F(a)$ mit $F(x) = \frac{1}{3}x^3$.

Dabei gilt: $F'(x) = f(x)$

Dafür hat sich die folgende Schreibweise durchgesetzt: $\int_a^b x^2 dx = \left[\frac{1}{3}x^3\right]_a^b = \frac{1}{3}b^3 - \frac{1}{3}a^3$.

Diese Überlegung läßt sich selbstverständlich auf die anderen Funktionen übertragen:

zu b) $\int_a^b x^3 dx = \left[\frac{1}{4}x^4\right]_a^b = \frac{1}{4}b^4 - \frac{1}{4}a^4$ Wiederum entspricht die erste Ableitung der Funktion $F(x) = \frac{1}{4}x^4$ der Funktion $f(x) = x^3$. Auch hier gilt $F'(x) = f(x)$.

zu c) Ebenso ist $\int_a^b x^4 dx = \left[\frac{1}{5}x^5\right]_a^b = \frac{1}{5}b^5 - \frac{1}{5}a^5$ mit $F(x) = \frac{1}{5}x^5$ und $F'(x) = f(x)$.

Der Zusammenhang zwischen Integral- und Differentialrechnung läßt sich an dieser Stelle also erahnen. Im *Hauptsatz der Differential- und Integralrechnung*, dem das nachfolgende Kapitel gewidmet wird, wird dieser Zusammenhang besiegelt.

Übungsaufgaben:
1. a) Es ist $(k-1)^2 = k^2 - 2k + 1$. Notieren Sie untereinander jeweils die Gleichungen, die sich dabei für $k = 1; 2; \ldots ; n$ ergeben. Zeigen Sie dann durch Addition dieser Gleichungen, daß gilt: $0 = n^2 - 2(1 + 2 + 3 + \ldots n) + n$. Zeigen Sie damit die Gültigkeit der Summenformel der ersten n natürlichen Zahlen: $1 + 2 + 3 + 4 + \ldots + n = \frac{1}{2}n(n+1)$

b) Es ist $(k-1)^3 = k^3 - 3k^2 + 3k - 1$. Notieren Sie abermals untereinander jeweils die Gleichungen, die sich für $k = 1; 2; \ldots; n$ ergeben. Zeigen Sie dann nach demselben Verfahren wie oben, daß daraus $0 = n^3 - 3(1^2 + 2^2 + 3^2 + \ldots n^2) + 3(1 + 2 + \ldots + n) - n$ folgt und bestätigen Sie die Summenformel der ersten n Quadratzahlen: $1^2 + 2^2 + 3^2 + 4^2 + \ldots + n^2 = \frac{1}{6}n(n+1)(2n+1)$

c) Zeigen Sie durch ein entsprechendes Vorgehen wie in den Teilaufgaben a) und b) die Gültigkeit der Summenformel der ersten n Kubikzahlen: $1^3 + 2^3 + 3^3 + 4^3 + \ldots + n^3 = \frac{1}{4}n^2(n+1)^2$

d) Zeigen Sie: $1^4 + 2^4 + 3^4 + 4^4 + \ldots + n^4 = \frac{1}{30}(n+1)(2n+1)(3n^2 + 3n - 1)$

5.2 Der Hauptsatz der Differential- und Integralrechnung

5.2.1 Stammfunktionen

GRUNDAUFGABE 2:
Gegeben seien die folgenden Funktionen f. Bestimmen Sie ihren maximalen Definitionsbereich und geben Sie jeweils eine Funktion F so an, daß gilt $F'(x) = f(x)$.

a) $f : x \to 2x$
b) $f : x \to x^3$
c) $f : x \to \cos x$
d) $f : x \to e^x$
e) $f : x \to \frac{1}{x^2}$
f) $f : x \to \frac{1}{x} - 1$

Definition 5.2:
Eine Funktion F heißt **Stammfunktion** von f, wenn gilt: $F'(x) = f(x)$

Kontrollergebnisse:

a) $F : x \to x^2 + c$
b) $F : x \to \frac{1}{4}x^4 + c$
c) $F : x \to \sin x + c$
d) $F : x \to e^x + c$
e) $F : x \to -\frac{1}{x} + c$
f) $F : x \to \ln|x| - x + c$

Dabei ist für c jede beliebige reelle Zahl denkbar.

Hinweis:
Die eben genannten Beispiele zeigen, daß mit $F : x \to F(x)$ auch die Funktion $G : x \to F(x) + c$ Stammfunktion der Funktion f sind, denn es gilt $F'(x) = f(x)$ und ebenso $G'(x) = (F(x) + c)' = F'(x) = f(x)$.

Die Umkehrung dieser Aussage ist ebenfalls gültig:

Satz 5.1:
Ist F eine Stammfunktion von f, dann unterscheidet sich jede weitere Stammfunktion von f nur durch eine *additive Konstante c*.

Beweis:
Sind nämlich sowohl F als auch G Stammfunktionen der Funktion f, so muß für die Ableitung der Differenzfunktion D mit $D: x \to G(x) - F(x)$ gelten: $D'(x) = (G(x) - F(x))' = 0$. Aus diesem Grunde kann die Differenzfunktion nur eine konstante Funktion sein, woraus die Behauptung des Satzes folgt.

Durch Vergleich mit der Tabelle der wichtigsten Ableitungsfunktionen lassen sich die wichtigsten Stammfunktionen zusammenstellen. Dabei wird hier auf die additive Konstante c verzichtet.

	Funktionsterm der Funktion f:	Definitionsbereich der Funktion f:	Funktionsterm der Stammfunktion der Funktion f:	Definitionsbereich der Funktion F:
a)	$f: x \to c$ mit $c \in I\!R$	$D_f = I\!R$	$F: x \to cx$	$D_F = I\!R$
b)	$f: x \to x$	$D_f = I\!R$	$F: x \to \frac{1}{2} x^2$	$D_F = I\!R$
c)	$f: x \to x^2$	$D_f = I\!R$	$F: x \to \frac{1}{3} x^3$	$D_F = I\!R$
d)	$f: x \to x^3$	$D_f = I\!R$	$F: x \to \frac{1}{4} x^4$	$D_F = I\!R$
e)	$f: x \to x^4$	$D_f = I\!R$	$F: x \to \frac{1}{5} x^5$	$D_F = I\!R$
f)	$f: x \to x^n$ mit $n \in I\!N$	$D_f = I\!R$	$F: x \to \frac{1}{n+1} x^{n+1}$ mit $n \in I\!N$	$D_F = I\!R$
g)	$f: x \to \frac{1}{x}$	$D_f = I\!R \setminus \{0\}$	$F: x \to \ln|x|$	$D_F = I\!R \setminus \{0\}$
h)	$f: x \to \frac{1}{x^2}$	$D_f = I\!R \setminus \{0\}$	$F: x \to -\frac{1}{x}$	$D_F = I\!R \setminus \{0\}$
i)	$f: x \to e^x$	$D_f = I\!R$	$F: x \to e^x$	$D_F = I\!R$
j)	$f: x \to \frac{1}{\sqrt{x}}$	$D_f = I\!R^+$	$F: x \to 2\sqrt{x}$	$D_F = I\!R^+$
k)	$f: x \to \sin x$	$D_f = I\!R$	$F: x \to -\cos x$	$D_F = I\!R$
l)	$f: x \to \cos x$	$D_f = I\!R$	$F: x \to \sin x$	$D_F = I\!R$

5.2 Der Hauptsatz der Differential- und Integralrechnung

Sind nun die Funktionen F, U, und V Stammfunktionen der Funktionen f, u und v so gilt für ihre Zusammensetzungen insbesondere:

m)	$f: x \to u(x) + v(x)$	D_f		$F: x \to U(x) + V(x)$	D_F
n)	$f: x \to c \cdot u(x)$ mit $c \in \mathbb{R}$	D_f		$F: x \to c \cdot U(x)$	D_F
o)	$f: x \to u(ax + b)$	D_f		$F: x \to \frac{1}{a} U(ax + b)$	D_F

Anmerkung:
Die Gesetze zur Ermittlung von Stammfunktionen zusammengesetzter Funktionen lassen sich durch Differentiation der gefundenen Stammfunktionen relativ einfach bestätigen. Dabei finden die drei wichtigsten Ableitungsregeln, die Faktor- die Summen- und die vereinfachte Kettenregel ihre Anwendung.
Bei der Ermittlung von Stammfunktionen zusammengesetzter Funktionen erweist sich daher eine nachfolgende Kontrolle durch Ableiten sinnvoll, vor allem dann, wenn es sich um eine verkettete Funktion handelt.

Beispiele:
a) Die Funktion f mit $f: x \to (3-x)^5$ besitzt Stammfunktionen der Form F mit
$F: x \to -\frac{1}{6}(3-x)^6 + c$, denn $F'(x) = -\frac{1}{6} \cdot 6 \cdot (3-x)^5 \cdot (-1) = f(x)$

b) Für die Funktion f mit $f: x \to \frac{1}{3} \sin \frac{1}{2} x$ ist F mit $F: x \to -\frac{2}{3} \cdot \cos \frac{1}{2} x$ eine Stammfunktion, denn $F'(x) = -\frac{2}{3} \cdot \left(-\sin \frac{1}{2} x\right) \cdot \frac{1}{2} = f(x)$

5.2.2 Formulierung des Hauptsatzes

Der Beweis des nun folgenden Hauptsatzes der Differentialrechnung würde den Rahmen unserer Überlegungen sprengen. Der Begriff der Stammfunktion erleichtert jedoch, die schon im vorhergehenden Kapitel gestellten Vermutungen zu formulieren:

Satz 5.2: Hauptsatz der Differential- und Integralrechnung:
Verläuft das Schaubild der Funktion f oberhalb des Intervalls $[a; b]$ kontinuierlich und ist F irgendeine Stammfunktion von f, so läßt sich das bestimmte Integral I der Funktion f zwischen den Grenzen a und b wie folgt bestimmen:

$$I = \int_a^b f(x)\,dx = \left[F(x)\right]_a^b = F(b) - F(a)$$

Beispiel:
Mit Hilfe des Hauptsatzes der Differential- und Integralrechnung möge der Inhalt der Fläche zwischen dem Schaubild der Funktion $f: x \rightarrow \frac{1}{x}$, den Geraden $x = 1$ und $x = e$ und der x-Achse bestimmt werden:

$$I = \int_1^e \frac{1}{x} dx = [\ln x]_1^e = \ln e - \ln 1 = 1$$

Der Inhalt der genannten Fläche A beträgt 1FE

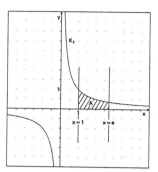

Bild 5.6: Beispiel zum Hauptsatz der Differential- und Integralrechnung

Hinweis.
Daß sich zu einer Funktion f nie eindeutig eine Stammfunktion angeben läßt, wirkt sich nicht hinderlich auf die Berechnung des bestimmten Integrals bzw. auf die des Inhaltes der entsprechenden Fläche aus. Das gleiche Ergebnis erhält man bei der Wahl einer anderen Stammfunktion, die sich von der ursprünglichen Stammfunktion ja nur durch eine additive Konstante c unterscheidet:

$$I = \int_1^e \frac{1}{x} dx = [\ln x + c]_1^e = \ln e + c - (\ln 1 + c) = \ln e + c - \ln 1 - c = \ln e - \ln 1 = 1$$

Übungsaufgaben:

1. Bestimmen Sie zu den folgenden Funktionen je eine Stammfunktion:

   a) $f: x \rightarrow 4x$ b) $f: x \rightarrow -2x$ c) $f: x \rightarrow \frac{2}{3} x$

   d) $f: x \rightarrow 6x$ e) $f: x \rightarrow 4$ f) $f: x \rightarrow 1$

   g) $f: x \rightarrow -0,5$ h) $f: x \rightarrow 0$ i) $f: x \rightarrow 3x^2$

   j) $f: x \rightarrow 9x^2$ k) $f: x \rightarrow \frac{1}{2} x^2$ l) $f: x \rightarrow 4x^3$

   m) $f: x \rightarrow 20x^3$ n) $f: x \rightarrow -8x^3$ o) $f: x \rightarrow 5x^4$

   p) $f: x \rightarrow 10x^4$ q) $f: x \rightarrow -\frac{3}{2} x^4$ r) $f: x \rightarrow x^5$

   s) $f: x \rightarrow x^8$ t) $f: x \rightarrow t^6$ u) $f: x \rightarrow -x^7$

   v) $f: x \rightarrow -t$ w) $f: x \rightarrow tx^3$ x) $f: x \rightarrow rx^4$

2. Bestimmen Sie auch hier zu den folgenden Funktionen je eine Stammfunktion:

   a) $f: t \rightarrow \frac{1}{4} t$ b) $f: t \rightarrow 0$ c) $f: t \rightarrow -\frac{1}{2}$

   d) $f: t \rightarrow -t^2$ e) $f: t \rightarrow 5t^3$ f) $f: t \rightarrow \sqrt{2}\, t^3$

   g) $f: t \rightarrow at$ h) $f: t \rightarrow \frac{1}{2} t^4$ i) $f: t \rightarrow -8t^4$

5.2 Der Hauptsatz der Differential- und Integralrechnung

j) $f: t \to 3{,}5t^6$
k) $f: t \to mt + c$
l) $f: t \to t^4 - \dfrac{1}{3}t^2$

m) $f: t \to c + bt$
n) $f: t \to 4t + 5$
o) $f: t \to 6t^2 + t^8$

p) $f: t \to at^2 + bt + c$
q) $f: t \to 3(a+t)^2 - a$
r) $f: t \to nt^{n-3} + (n+1)t^n$

3. Geben Sie zu den folgenden Funktionen jeweils eine Stammfunktion an. Kontrollieren Sie ihr Ergebnis durch nachfolgende Differentiation:

a) $f: x \to (1+2x)^3$
b) $f: x \to 3 \cdot (1-x)^4$
c) $f: x \to \dfrac{3}{4x^2}$

d) $f: x \to \dfrac{1}{\sqrt{x+1}}$
e) $f: x \to \dfrac{2}{(1-5x)^2}$
f) $f: x \to 4 \cdot \dfrac{1}{\sqrt{2-x}}$

g) $f: x \to \dfrac{5}{\sqrt{3 - \dfrac{1}{2}x}}$
h) $f: x \to \dfrac{3}{2} \cdot \cos 2x$
i) $f: x \to \dfrac{1}{3} \cdot \sin \dfrac{1}{2} x$

j) $f: x \to e + e^{-\frac{1}{2}x}$
k) $f: x \to \dfrac{1}{e^{-kx}}$
l) $f: x \to (x-1)^2 - \left(e^{-2x}\right)^2$

4. Ermitteln Sie den Wert der folgenden bestimmten Integrale. Zeichnen Sie Schaubilder und deuten Sie das Ergebnis anschaulich:

a) $\displaystyle\int_0^3 x\,dx$
b) $\displaystyle\int_0^1 x\,dx$
c) $\displaystyle\int_0^1 x^2\,dx$

d) $\displaystyle\int_2^3 x^2\,dx$
e) $\displaystyle\int_1^2 x^3\,dx$
f) $\displaystyle\int_{0{,}5}^{1{,}5} x^3\,dx$

g) $\displaystyle\int_0^4 2x\,dx$
h) $\displaystyle\int_1^2 \dfrac{1}{2}x^2\,dx$
i) $\displaystyle\int_1^5 \dfrac{1}{4}x^2\,dx$

j) $\displaystyle\int_2^3 \dfrac{1}{3}x^3\,dx$
k) $\displaystyle\int_1^6 3\,dx$
l) $\displaystyle\int_3^7 dx$

m) $\displaystyle\int_2^6 (x+2)\,dx$
n) $\displaystyle\int_1^4 (x^3 + x)\,dx$
o) $\displaystyle\int_0^t (ax+b)\,dx$

p) $\displaystyle\int_0^4 \left(2x - \dfrac{1}{2}x^2\right)dx$
q) $\displaystyle\int_{-2}^2 (4 - x^2)\,dx$
r) $\displaystyle\int_{-3}^2 \left(\dfrac{1}{6}x^3 - \dfrac{3}{2}x\right)dx$

s) $\displaystyle\int_{-4}^4 \left(2x^2 - \dfrac{1}{8}x^4\right)dx$
t) $\displaystyle\int_1^5 (6-t)\,dt$
u) $\displaystyle\int_0^2 \left(4 - \dfrac{1}{4}s^2\right)ds$

5. Bestimmen Sie den Inhalt der Fläche, die durch das Schaubild der Funktion f, den Geraden $x = a$ und $x = b$ und der x-Achse eingeschlossen wird. Zeichnen Sie Schaubilder:

a) $\displaystyle\int_{-10}^2 \dfrac{1}{2}e^x\,dx$
b) $\displaystyle\int_0^1 e^{x+1}\,dx$
c) $\displaystyle\int_0^2 e^{1-2x}\,dx$

d) $\displaystyle\int_{-1}^0 \dfrac{1}{2}(e^x + e^{-x})\,dx$
e) $\displaystyle\int_{-1}^1 (e^x + e^{-x})^2\,dx$
f) $\displaystyle\int_1^4 \dfrac{5}{x}\,dx$

g) $\displaystyle\int_1^{2e} \left(\dfrac{1}{x^2} + \dfrac{1}{x}\right)dx$
h) $\displaystyle\int_1^4 \dfrac{x+4}{2x}\,dx$
i) $\displaystyle\int_0^1 \dfrac{1}{4-3x}\,dx$

j) $\int\limits_{0}^{\frac{\pi}{4}}(\sin x+\cos x)dx$ k) $\int\limits_{-2}^{3}2\sin\left(\frac{1}{2}x+1\right)dx$ l) $\int\limits_{0}^{\frac{3\pi}{2}}(x-\sin x)dx$

5.3 Die wichtigsten Eigenschaften des bestimmten Integrals

Die nachfolgenden Eigenschaften des bestimmten Integrals werden zum einen das Aufsuchen mancher Stammfunktionen und die Berechnung einiger bestimmter Integrale erleichtern, zum anderen lassen sich hier ein paar interessante Flächenverhältnisse rechnerisch einfach aufzeigen.

5.3.1 Linearität des bestimmten Integrals

GRUNDAUFGABE 3:
Bestimmen Sie den Wert der folgenden Integrale und vergleichen Sie diese. Zeichnen Sie Schaubilder.

a) $\int\limits_{0}^{1}4x\,dx$ mit $4\int\limits_{0}^{1}x\,dx$ b) $2\int\limits_{1}^{5}\frac{1}{x^2}dx$ mit $\int\limits_{1}^{5}\frac{2}{x^2}dx$

zu a) $\int\limits_{0}^{1}4x\,dx=\left[2x^2\right]_{0}^{1}=2$ bzw. $4\int\limits_{0}^{1}x\,dx=4\left[\frac{1}{2}x^2\right]_{0}^{1}=2$

Flächenvergleich:
Der Inhalt der Fläche A_1 zwischen dem Schaubild der Funktion f mit $f:x\rightarrow 4x$, den Geraden $x=0$ und $x=1$ und der x-Achse ist demnach genau viermal so groß wie der Inhalt der Fläche A_2 zwischen der 1. Winkelhalbierenden, den genannten Geraden und der x-Achse.

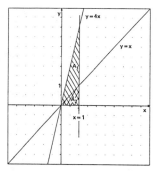

Bild 5.7: Beispiel a) zur Linearität des bestimmten Integrals

Während der Vergleich der beiden Flächeninhalte im Beispiel a) selbstverständlich auch elementargeometrisch gezogen werden kann, ist im Beispiel b) die Integralrechnung unabkömmlich.

zu b) $2\int\limits_{1}^{5}\frac{1}{x^2}dx=2\left[-\frac{1}{x}\right]_{1}^{5}=\frac{8}{5}$ bzw. $\int\limits_{1}^{5}\frac{2}{x^2}dx=\left[-\frac{2}{x}\right]_{1}^{5}=\frac{8}{5}$

Flächenvergleich:
Der Inhalt der Fläche A_1 zwischen der (Normal-) Hyperbel 2. Ordnung, den Geraden $x = 1$ und $x = 5$ und der x-Achse ist halb so groß wie der Inhalt der Fläche A_2 zwischen der mit dem Faktor $k = 2$ gestreckten (Normal-) Hyperbel 2. Ordnung, den genannten Geraden und der x-Achse.

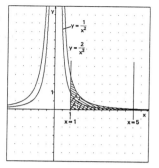

Bild 5.8: Beispiel b) zur Linearität des bestimmten Integrals

Das führt auf den folgenden Satz:

Satz 5.3:
Genügt die Funktion f den Voraussetzungen des Hauptsatzes der Differential- und Integralrechnung, so gilt:
$$\int_a^b c \cdot f(x)\,dx = c \cdot \int_a^b f(x)\,dx, \text{ d.h.:}$$
'Ein konstanter Faktor c kann als Faktor vor das Integral gesetzt werden.'

Beweis:
Für die Funktion u mit $u: x \to c \cdot f(x)$ ist die Funktion U mit $U: x \to c \cdot F(x)$ eine Stammfunktion. Nach dem Hauptsatz der Integral- und Differentialrechnung gilt nun:
$$\int_a^b c \cdot f(x)\,dx = \int_a^b u(x)\,dx = [U(x)]_a^b = U(b) - U(a) = c \cdot F(b) - c \cdot F(a) = c \cdot (F(b) - F(a))$$
$$= c \cdot [F(x)]_a^b = c \cdot \int_a^b f(x)\,dx, \text{ woraus die Behauptung des Satzes folgt.}$$

GRUNDAUFGABE 4:
Bestimmen Sie den Wert der folgenden Integrale und vergleichen Sie diese. Zeichnen Sie Schaubilder.

c) $\int_0^{\pi}(x + \sin x)\,dx$ mit

$\int_0^{\pi} x\,dx$ und $\int_0^{\pi} \sin x\,dx$

d) $\int_0^2 \frac{1}{2}(e^x + e^{-x})\,dx$ mit

$\frac{1}{2}\int_0^2 e^x\,dx$ und $\frac{1}{2}\int_0^2 e^{-x}\,dx$

zu c)
$$\int_0^{\pi}(x + \sin x)\,dx = \left[\frac{1}{2}x^2 - \cos x\right]_0^{\pi} = 2 + \frac{1}{2}\pi^2$$
bzw. $\int_0^{\pi} x\,dx = \left[\frac{1}{2}x^2\right]_0^{\pi} = \frac{1}{2}\pi^2$ und $\int_0^{\pi} \sin x\,dx = [-\cos x]_0^{\pi} = 2.$

Flächenvergleich:
Der Inhalt der Fläche A_1 zwischen dem Schaubild der Funktion f mit $f: x \to x + \sin x$ und der 1. Winkelhalbierenden entspricht dem der Fläche A_2 zwischen der Sinuskurve und der x- Achse.

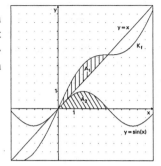

Bild 5.9: Beispiel c) zur Linearität des bestimmten Integrals

Die Berechnung der bestimmten Integrale und die entsprechenden Flächenvergleiche im Beispiel d) bleiben dem Leser überlassen.

Zusammenfassend formulieren wir den folgenden Satz:

Satz 5.4:
Genügt die Funktion f den Voraussetzungen des Hauptsatzes- der Differential- und Integralrechnung, so gilt:
$$\int_a^b (f(x) + g(x))dx = \int_a^b f(x)dx + \int_a^b g(x)dx, \text{ d.h.:}$$
'Das Integral einer Summe entspricht der Summe der Integrale der einzelnen Summanden.'

Beweis:
Für die Funktion u mit $u: x \to f(x) + g(x)$ ist die Funktion U mit $U: x \to F(x) + G(x)$ eine Stammfunktion.
Mittels des Hauptsatzes der Differential- und Integralrechnung gilt wiederum:
$$\int_a^b (f(x) + g(x))dx = [F(x) + G(x)]_a^b = F(b) + G(b) - (F(a) + G(a))$$
$$= F(b) + G(b) - F(a) - G(a) = F(b) - F(a) + G(b) - G(a) = [F(x)]_a^b + [G(x)]_a^b$$
$$= \int_a^b f(x)dx + \int_a^b g(x)dx, \text{ woraus auch hier die Behauptung des Satzes folgt.}$$

5.3 Die wichtigsten Eigenschaften des bestimmten Integrals

5.3.2 Intervalladditivität

GRUNDAUFGABE 5:
Bestimmen Sie den Wert der folgenden Integrale und vergleichen Sie diese. Zeichnen Sie Schaubilder.

a) $\int_1^2 \frac{1}{x}dx + \int_2^4 \frac{1}{x}dx$ mit $\int_1^4 \frac{1}{x}dx$

b) $\int_{-\frac{\pi}{2}}^{0} \cos x\, dx + \int_{2\pi}^{\frac{5\pi}{2}} \cos x\, dx$ mit $\int_{-\frac{\pi}{2}}^{\frac{\pi}{2}} \cos x\, dx$

zu a)

$$\int_1^2 \frac{1}{x}dx + \int_2^4 \frac{1}{x}dx = \left[\ln x\right]_1^2 + \left[\ln x\right]_2^4 = \ln 2 - \ln 1 + \ln 4 - \ln 2 = \ln 4 \text{ bzw. } \int_1^4 \frac{1}{x}dx = \left[\ln x\right]_1^4 = \ln 4$$

Veranschaulichung:
Die Summe der Inhalte der beiden Teilflächen zwischen der (Normal-) Hyperbel 1. Ordnung, der x-Achse und den Geraden $x = 1$ und $x = 2$ (Fläche A_1) bzw. den Geraden $x = 2$ und $x = 4$ (Fläche A_2) entspricht selbstverständlich dem Inhalt der Fläche zwischen der (Normal-) Hyperbel 1. Ordnung, der x-Achse und den Geraden $x = 1$ und $x = 4$ (Fläche A): $A = A_1 + A_2$

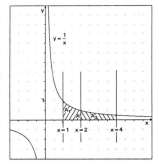

Bild 5.10: Beispiel a) zur Intervalladditivität des bestimmten Integrals

zu b)
Unter Berücksichtigung der Periodizität der Kosinuskurve - aus $\cos(x) = \cos(x - 2\pi)$ folgt
$\int_{2\pi}^{\frac{5\pi}{2}} \cos x\, dx = \int_0^{\frac{\pi}{2}} \cos x\, dx$ -, lassen sich dieselben Schlüsse wie im Beispiel a) ziehen:

$$\int_{-\frac{\pi}{2}}^{0} \cos x\, dx + \int_{2\pi}^{\frac{5\pi}{2}} \cos x\, dx = \int_{-\frac{\pi}{2}}^{0} \cos x\, dx + \int_0^{\frac{\pi}{2}} \cos x\, dx = \left[\sin x\right]_{-\frac{\pi}{2}}^{0} + \left[\sin x\right]_0^{\frac{\pi}{2}}$$

$$= \sin 0 - \left(\sin\left(-\frac{\pi}{2}\right)\right) + \sin\frac{\pi}{2} - (\sin 0) = -\left(\sin\left(-\frac{\pi}{2}\right)\right) + \sin\frac{\pi}{2} = 2$$

bzw. $\int_{-\frac{\pi}{2}}^{\frac{\pi}{2}} \cos x\, dx = \left[\sin\right]_{-\frac{\pi}{2}}^{\frac{\pi}{2}} = \sin\frac{\pi}{2} - \sin\left(-\frac{\pi}{2}\right) = 2$

Veranschaulichung:
Auch hier entspricht die Summe der beiden Inhalte der Flächen zwischen der Kosinuskurve und der x-Achse über den Intervallen $\left[-\frac{\pi}{2}; 0\right]$ (Fläche A_1) bzw. $\left[2\pi, \frac{5\pi}{2}\right]$ (Fläche A_2) dem Inhalt der Gesamtfläche zwischen der Sinuskurve und der x-Achse über dem Intervall $\left[-\frac{\pi}{2}; \frac{\pi}{2}\right]$ (Fläche A): $A = A_1 + A_2$

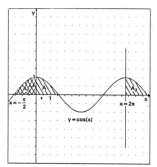

Bild 5.11: Beispiel b) zur Intervalladditivität des bestimmten Integrals

Wir fassen zusammen:

Satz 5.5:
Genügt die Funktion f den Voraussetzungen des Hauptsatzes- der Differential- und Integralrechnung und ist $b \in [a; c]$, so gilt:
$$\int_a^c f(x)dx = \int_a^b f(x)dx + \int_b^c f(x)dx$$

Beweis:
Die Funktion F mit $F: x \to F(x)$ sei eine Stammfunktion der Funktion f mit $f: x \to f(x)$. Aus dem Hauptsatz der Differential- und Integralrechnung folgt wiederum die Behauptung des Satzes:

$$\int_a^c f(x)dx = [F(x)]_a^c = F(c) - F(a) = F(c) - F(b) + F(b) - F(a) = [F(x)]_b^c + [F(x)]_a^b$$
$$= \int_a^c f(x)dx + \int_a^b f(x)dx$$

Auf die beiden Spezialfälle dieses Satzes werden wir bei der Berechnung mancher Integrale zurückgreifen:

1) Für $\boxed{a = b}$ folgt aus $\int_a^c f(x)dx = \int_a^b f(x)dx + \int_b^c f(x)dx$ die Gleichung

   $\int_a^c f(x)dx = \int_a^a f(x)dx + \int_a^c f(x)dx$ und damit $\int_a^a f(x)dx = 0$.

2) Für $\boxed{a = c}$ lassen sich aus $\int_a^c f(x)dx = \int_a^b f(x)dx + \int_b^c f(x)dx$ und $\int_a^a f(x)dx = 0$ die folgenden Schlüsse ziehen:

5.3 Die wichtigsten Eigenschaften des bestimmten Integrals

$$\int_a^c f(x)dx = \int_a^b f(x)dx + \int_b^c f(x)dx \iff \int_a^a f(x)dx = \int_a^b f(x)dx + \int_b^a f(x)dx$$

$$\iff 0 = \int_a^b f(x)dx + \int_b^a f(x)dx \iff -\int_a^b f(x)dx = \int_b^a f(x)dx.$$

Merke 5.1:
Genügt die Funktion f den Voraussetzungen des Hauptsatzes der Differential- und Integralrechnung, so gilt:

$$\boxed{-\int_a^b f(x)dx = \int_b^a f(x)dx}, \text{ d.h.:}$$

'Vertauscht man beim bestimmten Integral die Grenzen, so ändert sich sein Vorzeichen'.

Beispiel:

$$\int_{-2}^{-\sqrt{2}} \frac{1}{2}x^2 dx + \int_{-\sqrt{2}}^{0} \frac{1}{2}x^2 dx = \int_{-2}^{0} \frac{1}{2}x^2 dx = -\int_{0}^{-2} \frac{1}{2}x^2 dx = -\left[\frac{1}{6}x^3\right]_0^{-2} = -\frac{(-2)^3}{6} + 0 = \frac{4}{3}$$

Übungsaufgaben:

1. Berechnen Sie auf möglichst einfache Weise die folgenden bestimmten Integrale:

a) $\int_1^3 (2x+1)dx - \int_1^3 (1-x)dx$
b) $\int_{-2}^{0} (x^2+1)dx - \int_{-2}^{0} (1+x)^2 dx$

c) $\int_1^4 \frac{2x+1}{x^2}dx - \int_1^4 \frac{2x-1}{x^2}dx$
d) $\int_2^5 \frac{2-2x}{\sqrt{x-1}}dx + \int_2^5 \frac{2x-1}{\sqrt{x-1}}dx$

e) $\int_1^e \left(\frac{2}{x}-x\right)dx + \int_1^e \frac{(x+1)(x-1)}{x}dx$
f) $\int_1^5 \frac{3\sqrt{x}-2}{\sqrt{x}}dx + 2\int_1^5 \frac{\sqrt{x}}{x}dx + \int_5^8 dx$

g) $4\int_1^2 \frac{1}{x^2}dx - 3\int_5^2 \frac{1}{3x^2}dx + \int_2^1 \frac{3}{x^2}dx$
h) $\frac{1}{2}\int_1^2 \frac{1-x^2}{x^2}dx + 0{,}1\int_1^2 \left(4 - \frac{2}{x^2}\right)dx$

i) $4\int_0^{\frac{\pi}{2}} \sin\frac{1}{2}x\,dx - \frac{1}{2}\int_0^{-\frac{\pi}{2}} 8\sin\frac{1}{2}x\,dx + 8\int_{\frac{\pi}{2}}^{2\pi} \frac{\sin 0{,}5x}{2}dx - \int_{\frac{5\pi}{2}}^{2\pi} 4\sin\frac{1}{2}x\,dx$

j) $\int_0^1 e^{\frac{1}{3}x+1}dx - e\int_{\ln 3}^{1} \frac{1}{e^{-\frac{1}{3}x}}dx - \int_6^{\ln 3} e \cdot \sqrt[3]{e^x}\,dx$

5.4 Berechnung weiterer Flächeninhalte mit Hilfe des Hauptsatzes der Differential- und Integralrechnung

5.4.1 Inhaltsberechnung von Flächen, die teils unter- teils oberhalb der x-Achse liegen

GRUNDAUFGABE 6:
Bestimmen Sie mit Hilfe des Hauptsatzes der Differential- und Integralrechnung die folgenden bestimmten Integrale. Deuten Sie das Ergebnis anschaulich:

a) $\int_{3}^{6}\left(2x - \frac{x^2}{3}\right)dx$ b) $\int_{0}^{6}\left(2x - \frac{x^2}{3}\right)dx$ c) $\int_{-3}^{0}\left(2x - \frac{x^2}{3}\right)dx$

d) $\int_{0}^{\pi}\sin x\,dx$ e) $\int_{\frac{\pi}{2}}^{\pi}\sin x\,dx$ f) $\int_{0}^{2\pi}\sin x\,dx$

Anmerkungen zu a) bis c):

Stammfunktion der Funktion f ist hier beispielsweise F mit $F: x \to x^2 - \frac{1}{9}x^3$

zu a) $I = \int_{3}^{6}\left(2x - \frac{x^2}{3}\right)dx = \left[x^2 - \frac{1}{9}x^3\right]_{3}^{6} = 6^2 - \frac{1}{9}\cdot 6^3 - \left(3^2 - \frac{1}{9}\cdot 3^3\right) = 6$

zu b) $I = \int_{0}^{6}\left(2x - \frac{x^2}{3}\right)dx = \left[x^2 - \frac{1}{9}x^3\right]_{0}^{6} = 6^2 - \frac{1}{9}\cdot 6^3 - \left(0^2 - \frac{1}{9}\cdot 0^3\right) = 12$

zu c) $I = \int_{-3}^{0}\left(2x - \frac{x^2}{3}\right)dx = \left[x^2 - \frac{1}{9}x^3\right]_{-3}^{0} = \left(0^2 - \frac{1}{9}\cdot 0^3\right) - \left((-3)^2 - \frac{1}{9}\cdot(-3)^3\right) = -12$

Veranschaulichung:
Das Schaubild der Funktion f ist eine mit Faktor $k = \frac{1}{3}$ gestauchte, nach unten geöffnete Parabel 2. Ordnung mit Scheitel $S(3|3)$.

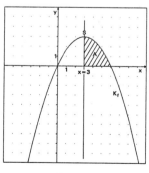
Bild 5.12: Beispiel a)

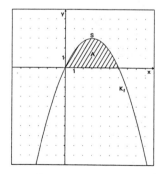
Bild 5.13: Beispiel b)

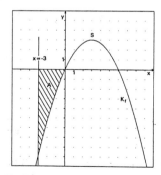
Bild 5.14: Beispiel c)

zu a) Durch das bestimmte Integral wird der Inhalt der Fläche bestimmt, die das Schaubild der Funktion f, die Geraden $x = 3$ und $x = 6$ und die x-Achse einschließt. Der Flächeninhalt beträgt $A = 6FE$.

zu b) Das bestimmte Integral gibt den Inhalt der Fläche wieder, die vom Schaubild der Funktion f und der x-Achse selbst eingeschlossen wird, da die Funktion f an den Stellen $x = 0$ und $x = 6$ Nullstellen besitzt. Der Inhalt der Fläche beträgt $A = 12FE$. Daß der Inhalt der Fläche im Beispiel b) doppelt so groß sein muß wie der beim Beispiel a), läßt sich auch über die Symmetrie der Parabel bezüglich der Geraden $x = 3$, auf welcher der Scheitel der Parabel liegt, erklären.

zu c) Daß der Wert des bestimmten Integrals hier negativ ist, läßt sich damit begründen, daß die Fläche, deren Inhalt es zu bestimmen gilt, unterhalb der x-Achse liegt. Erinnert man sich daran, daß das bestimmte Integral als Grenzwert der Unter- bzw. Obersummen erklärt war, also durch Aufsummieren von Rechteckinhalten, dessen Höhen durch die Funktionswerte der Funktion bestimmt waren, überrascht dieses Ergebnis nicht. Denn liegt das Schaubild unterhalb der x-Achse, sind die Funktionswerte der entsprechenden Funktion selbstverständlich negativ. Für den Inhalt der genannten Fläche - selbstverständlich ein positiver Wert - gilt jedoch: $A = |-12|FE = 12FE$

Anmerkungen zu d) bis f):
Stammfunktion der Funktion f ist hier beispielsweise F mit $F: x \to -\cos x$

zu d) $I = \int_0^\pi \sin x\, dx = [-\cos x]_0^\pi = -\cos \pi - (-\cos 0) = 2$

zu e) $I = \int_{\frac{\pi}{2}}^\pi \sin x\, dx = [-\cos x]_{\frac{\pi}{2}}^\pi = -\cos \pi - \left(-\cos \frac{\pi}{2}\right) = 1$

zu f) $I = \int_0^{2\pi} \sin x\, dx = [-\cos x]_0^{2\pi} = -\cos 2\pi - (-\cos 0) = 0$

Veranschaulichung:

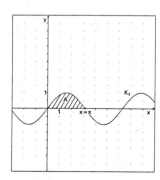

Bild 5.15: Beispiel d)

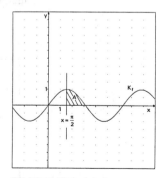

Bild 5.16: Beispiel e)

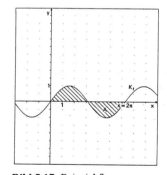

Bild 5.17: Beispiel f)

Weitere Anmerkungen zu d) bis f):
zu d) Mit Hilfe des bestimmten Integrals läßt sich der Flächeninhalt zwischen der Sinuskurve und der x-Achse über dem Intervall $[0; \pi]$ angeben. Er beträgt $A = 2FE$.

zu e) Der Inhalt der Fläche zwischen der Sinuskurve, den Geraden $x = \dfrac{\pi}{2}$ und $x = \pi$ und der x-Achse beträgt $A = 1FE$.

zu f) Daß das bestimmte Integral den Wert Null aufweist, liegt daran, daß ein gleich großer Anteil des Inhaltes der zu bestimmenden Fläche über- wie auch unterhalb der x-Achse liegt. Somit ist $I_1 = \int_0^{\pi} \sin x\,dx = 2$ und $I_2 = \int_{\pi}^{2\pi} \sin x\,dx = -2$. Die Inhalte der ersten Teilfläche A_1 wie auch der zweiten Teilfläche A_2 betragen demnach beide $A_1 = 2FE$ und $A_2 = |-2|FE$. Für den wahren Flächeninhalt gilt also: $A = A_1 + A_2 = 4FE$, was auch mit Hilfe der Symmetrie der Sinuskurve am Punkt $P(\pi|0)$ sich hätte bestätigen lassen: $A = A_1 + A_2 = 2 \cdot A_1 = 4FE$

Wir fassen zusammen:

Merke 5.2:
Für $\boxed{f(x) \geq 0}$ für $x \in [a;b]$ mit $b > a$ stimmt der Wert des bestimmten Integrals I mit dem Inhalt der Fläche, die vom Schaubild der Funktion f, den Geraden $x = a$ und $x = b$ und der x-Achse eingeschlossen wird, überein:

$$\boxed{A = I = \int_a^b f(x)\,dx}$$

Ist jedoch $\boxed{f(x) < 0}$ für $x \in [a;b]$ mit $b > a$ stimmt der Wert des bestimmten Integrals I nur bis auf das Vorzeichen mit dem Inhalt der oben genannten Fläche überein:

$$\boxed{A = |I| = -\int_a^b f(x)\,dx}$$

Hinweis:
Nimmt also die Funktion f im Intervall $[a;b]$ auch negative Werte an, dann liefert das bestimmte Integral von f zwischen den Grenzen a und b nicht den Inhalt A der Gesamtfläche zwischen dem Schaubild der Funktion f, den Geraden $x = a$ und $x = b$ und der x-Achse, sondern die Differenz der Inhalte der Flächen oberhalb und der Flächen unterhalb der x-Achse. In diesem Falle muß man, um den Inhalt der Gesamtfläche zu ermitteln, zunächst die Nullstellen der Funktion f im Intervall $[a;b]$ ermitteln und dann die Inhalte der Teilflächen getrennt berechnen. Das leitet über zu folgendem Satz:

Satz 5.6:
Hat f im Intervall $[a;b]$ die Nullstellen x_1, x_2, x_3, ..., x_k mit $a \leq x_1 < x_2 < x_3 < \ldots < x_k \leq b$, dann gilt für den Inhalt der Fläche, welche das Schaubild von f, den Geraden $x = a$ und $x = b$ mit $b > a$ und der x-Achse einschließt:

$$A = \left|\int_a^{x_1} f(x)\,dx\right| + \left|\int_{x_1}^{x_2} f(x)\,dx\right| + \left|\int_{x_2}^{x_3} f(x)\,dx\right| + \ldots + \left|\int_{x_k}^{b} f(x)\,dx\right|$$

5.4 Berechnung weiterer Flächeninhalte mit Hilfe des Hauptsatzes der Differential- und Integralrechnung

Beispiel:

Gegeben sei die Funktion f mit $f: x \rightarrow \frac{1}{16}x^5 - \frac{1}{16}x^4 - \frac{3}{4}x^3 - \frac{1}{4}x^2 + x$.

Bestimmen Sie den Inhalt des Flächenstückes A, das durch das Schaubild der Funktion f mit der Geraden $x = -3$ und der x-Achse eingeschlossen wird.

Zunächst werden die Nullstellen der Funktion f ermittelt. Die Nullstelle $x_1 = 0$ läßt sich sofort ablesen. Mindestens die weiteren zwei Nullstellen müssen erraten werden. Dabei ist es hilfreich, den Koeffizient der höchsten x-Potenz wie auch x selbst auszuklammern: $f(x) = \frac{1}{16}x(x^4 - x^3 - 12x^2 - 4x + 16)$. Beispielsweise erweisen sich $x_2 = 4$ und $x_3 = -2$ - es sind zwei ganzzahlige Teiler des Absolutgliedes - als weitere Nullstellen der Funktion f. Die übrigen Nullstellen x_4 und x_5 berechnet man notfalls mit Hilfe der Polynomdivision. Die Funktion läßt sich nun in der Form $f(x) = \frac{1}{16}x(x+2)^2(x-1)(x-4)$ schreiben. Ordnet man nun die Nullstellen der Größe nach an, so läßt sich die oben genannte Gesamtfläche berechnen: $A = A_1 + A_2 + A_3 + A_4 = \left|\int_{-3}^{-2} f(x)dx\right| + \left|\int_{-2}^{0} f(x)dx\right| + \left|\int_{0}^{1} f(x)dx\right| + \left|\int_{1}^{4} f(x)dx\right|$

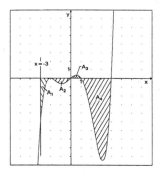

Bild 5.18: Berechnung von Flächen, die teils unter- teils oberhalb der x-Achse liegen.

Wählt man nun eine beliebige Stammfunktion der Funktion f, beispielsweise F mit $F: x \rightarrow \frac{1}{96}x^6 - \frac{1}{80}x^5 - \frac{3}{16}x^4 - \frac{1}{12}x^3 + \frac{1}{2}x^2$ lassen sich die Einzelintegrale mit Hilfe des Hauptsatzes der Differential- und Integralrechnung bestimmen. Es gilt: $A_1 = \left|\int_{-3}^{-2} f(x)dx\right| = \left|-\frac{701}{480}\right|$, $A_2 = \left|\int_{-2}^{0} f(x)dx\right| = \left|-\frac{11}{15}\right|$, $A_3 = \left|\int_{0}^{1} f(x)dx\right| = \frac{109}{480}$ und $A_4 = \left|\int_{1}^{4} f(x)dx\right| = \left|-\frac{2511}{160}\right|$. Der Inhalt der Gesamtfläche wird $A = 18\frac{11}{96}$ FE betragen.

5.4.2 Inhaltsberechnung von Flächen zwischen zwei (sich schneidenden) Kurven

GRUNDAUFGABE 7:
Gegeben seien die Funktionen f und g mit

$$f: x \to -\frac{1}{4}x^2 + \frac{37}{7} \quad \text{und} \quad g: x \to \frac{1}{28}x^3 + 4.$$

Ihre Schaubilder werden mit K_f und K_g bezeichnet. Bestimmen Sie den Inhalt der Fläche
a) A_1, die von den beiden Schaubildern K_f und K_g und den beiden Geraden mit den Gleichungen $x = 0$ und $x = 2$ eingeschlossen wird,
b) A_2, die von den beiden Schaubildern K_f und K_g und den beiden Geraden mit den Gleichungen $x = 0$ und $x = 4$ eingeschlossen wird,
c) A_3, die im ersten und zweiten Feld von den beiden Schaubildern K_f und K_g eingeschlossen wird,
d) A_4, die insgesamt von den beiden Schaubildern K_f und K_g eingeschlossen wird.

Anmerkungen:
Veranschaulicht man die beiden Schaubilder in einem Koordinatensystem, so lassen sich die Flächen, deren Inhalt es zu bestimmen gilt, genauer lokalisieren.

Veranschaulichung:
K_f ist eine nach unten geöffnete Parabel, die aus der Normalparabel 2. Ordnung durch Stauchung mit dem Faktor $k = \frac{1}{4}$ und Verschiebung um $5\frac{2}{7}$ Einheiten nach oben hervorgeht, K_g ist eine mit dem Faktor $k = \frac{1}{28}$ gestauchte Normalparabel 3. Ordnung, die um vier Einheiten nach oben verschoben ist.

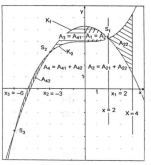

Bild 5.19: Berechnung von Flächen zwischen den Schaubildern zweier Funktionen

zu a) Der Inhalt der Fläche A_1 läßt sich als Differenz der Fläche zwischen dem Schaubild der Funktion f, der Geraden $x = 0$ und $x = 2$ und der x-Achse und der Fläche zwischen dem Schaubild der Funktion g, der Geraden $x = 0$ und $x = 2$ und der x-Achse deuten.

Mit Hilfe der Linearität des bestimmten Integrals gilt nun:

$$A_1 = \int_0^2 f(x)dx - \int_0^2 g(x)dx = \int_0^2 (f(x) - g(x))dx = \int_0^2 \left(-\frac{1}{4}x^2 + \frac{37}{7} - \left(\frac{1}{28}x^3 + 4\right)\right)dx$$

$$= \int_0^2 \left(-\frac{1}{28}x^3 - \frac{1}{4}x^2 + \frac{9}{7}\right)dx = -\frac{1}{28}\int_0^2 (x^3 + 7x^2 - 36)dx = -\frac{1}{28}\left[\frac{1}{4}x^4 + \frac{7}{3}x^3 - 36x\right]_0^2$$

$$= -\frac{1}{28}\left(4 + \frac{56}{3} - 72\right) = -\frac{1}{28} \cdot \left(-\frac{148}{3}\right) = \frac{37}{21} (FE)$$

5.4 Berechnung weiterer Flächeninhalte mit Hilfe des Hauptsatzes der Differential- und Integralrechnung

zu b) Um den Inhalt der Fläche zwischen den Schaubildern K_f und K_g und den Geraden $x = 0$ und $x = 4$ zu berechnen, muß auf die Lage der beiden Schaubilder Rücksicht genommen werden.

Für die Gesamtfläche A_2 gilt: $A_2 = A_{2,1} + A_{2,2}$, wobei die Fläche $A_{2,1}$ der Fläche A_1 aus der Teilaufgabe a) entspricht; unter $A_{2,2}$ versteht man die Fläche zwischen den beiden Schaubildern K_f und K_g und den Geraden $x = 2$ und $x = 4$. Da sich nun im Bereich $2 < x < 4$ das Schaubild K_g oberhalb dem Schaubild K_f befindet, errechnet man diese Fläche wie folgt:

$$A_{2,2} = \int_2^4 g(x)dx - \int_2^4 f(x)dx = \int_2^4 (g(x) - f(x))dx = \frac{1}{28}\int_2^4 (x^3 + 7x^2 - 36)dx$$

$$= \frac{1}{28}\left[\frac{1}{4}x^4 + \frac{7}{3}x^3 - 36x\right]_2^4 = \frac{1}{28}\left(64 + \frac{448}{3} - 144 - 4 - \frac{56}{3} + 72\right) = \frac{1}{28}\left(\frac{356}{3}\right) = \frac{89}{21}(FE)$$

Es ergibt sich: $A_2 = \frac{37}{21} + \frac{89}{21} = \frac{126}{21} = 6(FE)$

Für die beiden weiteren Aufgabenteile c) und d) müssen die Abszissen der Schnittpunkte S_1, S_2 und S_3 der beiden Schaubilder bestimmt werden: Zu lösen ist dabei die Gleichung $-\frac{1}{4}x^2 + \frac{37}{7} = \frac{1}{28}x^3 + 4 \Leftrightarrow 0 = \frac{1}{28}x^3 + \frac{1}{4}x^2 - \frac{9}{7} \Leftrightarrow 0 = x^3 + 7x^2 - 36$.
Die erste Schnittstelle ist bekannt, sie heißt $x_1 = 2$, die beiden weiteren Schnittstellen (Polynomdivision) ergeben sich zu $x_2 = -3$ und $x_3 = -6$.

zu c) Der Inhalt der Fläche, die im 1. und 2. Feld von den beiden Schaubildern begrenzt wird, läßt sich folgendermaßen bestimmen:

$$A_3 = \int_{-3}^2 f(x)dx - \int_{-3}^2 g(x)dx = \int_{-3}^2 (f(x) - g(x))dx = -\frac{1}{28}\int_{-3}^2 (x^3 + 7x^2 - 36)dx$$

$$= -\frac{1}{28}\left[\frac{1}{4}x^4 + \frac{7}{3}x^3 - 36x\right]_{-3}^2 = -\frac{1}{28}\left(-113 + \frac{56}{3} - \frac{81}{4}\right) = \frac{513}{112}(FE)$$

zu d) Aus $A_4 = A_{4,1} + A_{4,2}$ mit $A_{4,1} = A_3$ und

$$A_{4,2} = \int_{-6}^{-3} g(x)dx - \int_{-6}^{-3} f(x)dx = \int_{-6}^{-3} g(x) - f(x) dx = \frac{1}{28}\int_{-6}^{-3} (x^3 + 7x^2 - 36)dx$$

$$= \frac{1}{28}\left[\frac{1}{4}x^4 + \frac{7}{3}x^3 - 36x\right]_{-6}^{-3} = \frac{1}{28}\left(\frac{117}{4}\right) = \frac{117}{112}(FE) \text{ folgt:}$$

$$A_4 = \frac{513}{112} + \frac{117}{112} = 5{,}625(FE)$$

Wir fassen zusammen:

Satz 5.7:
Verlaufen die Schaubilder der Funktionen f und g oberhalb des Intervalls $[a;b]$ kontinuierlich und gilt $\boxed{g(x) \leq f(x)}$ für alle $x \in [a;b]$, so läßt sich der Inhalt der Fläche zwischen den Schaubildern der Funktionen f und g und den Geraden $x=a$ und $x=b$ wie folgt berechnen:

$$\boxed{A = \int_a^b (f(x) - g(x))dx}$$

Schneiden sich jedoch die Schaubilder f und g oberhalb des Intervalls $[a;b]$ mindestens einmal oder ist ihre gegenseitige Lage zueinander noch ungeklärt, ist also die Voraussetzung $g(x) \leq f(x)$ bzw. $f(x) \leq g(x)$ nicht durchweg erfüllt oder noch ungesichert, so werden zunächst die Abszissen der gemeinsamen Punkte der beiden Schaubilder K_f und K_g bestimmt. Nur an diesen Stellen ändern die beiden Schaubilder eventuell ihre gegenseitige Lage.

Es gilt der folgende Zusammenhang:

Satz 5.8:
Die Schaubilder der Funktionen f und g, genannt K_f und K_g, verlaufen im Intervall $[a;b]$ kontinuierlich. Seien nun $x_1, x_2, x_3, ..., x_k$ die Abszissen der gemeinsamen Punkte von K_f und K_g, wobei $a \leq x_1 < x_2 < x_3 < ..... < x_k \leq b$ gilt, so läßt sich der Inhalt der Fläche, die von den beiden Schaubildern f und g, und den Geraden $x=a$ und $x=b$ eingeschlossen wird, wie folgt berechnen:

$$A = \left| \int_a^{x_1} (f(x)-g(x))dx \right| + \left| \int_{x_1}^{x_2} (f(x)-g(x))dx \right| + ... + \left| \int_{x_k}^b (f(x)-g(x))dx \right|$$

Übungsaufgaben:
1. Führen Sie bei den folgenden Funktionen eine vollständige Funktionsuntersuchung durch. Zeichnen Sie ihr Schaubild und berechnen Sie den Inhalt des Flächenstückes, welches das Schaubild der Funktion f mit der x-Achse einschließt:

   a) $f: x \to 8 - x^2$
   b) $f: x \to 3x - \frac{3}{4}x^2$
   c) $f: x \to \frac{1}{2}x^2 - \frac{1}{2}x - 3$
   d) $f: x \to 6x + 4x^2 + \frac{2}{3}x^3$
   e) $f: x \to 6 + \frac{5}{2}x^2 - \frac{1}{4}x^4$
   f) $f: x \to \frac{1}{6}x^4 - \frac{2}{3}x^3$
   g) $f: x \to \frac{1}{4}x^4 - 3x^2 + 9$
   h) $f: x \to \frac{1}{5}x^3 - 2x^2 + 5x$
   i) $f: x \to x^4 - 4x^3 + 4x^2$

2. Berechnen Sie die Fläche, die von den Schaubildern der beiden Funktionen f und g eingeschlossen wird:

   a) $f: x \to 6 - \frac{1}{2}x^2$ und $g: x \to 2$
   b) $f: x \to \frac{3}{4}x^2 + 3x$ und $g: x \to -\frac{3}{2}x$

5.4 Berechnung weiterer Flächeninhalte mit Hilfe des Hauptsatzes der Differential- und Integralrechnung

3. Berechnen Sie den Inhalt der Fläche zwischen dem Schaubild der Funktion f mit

a) $f: x \to \frac{1}{4}x^4 + 2x^2 + 4$ und der Tangente in seinem Hochpunkt.

b) $f: x \to 2x - \frac{1}{3}x^3$ und der Normalen in seinem Wendepunkt.

4. Berechnen Sie den Inhalt der Fläche, die von den Schaubildern der folgenden Funktionen eingeschlossen wird:

a) $f: x \to x^3$ und $g: x \to 2x - x^2$

b) $f: x \to \frac{1}{3}x^2$ und $g: x \to x - \frac{1}{12}x^3$

5. Bestimmen Sie den Inhalt der Fläche, die von den Schaubildern der Funktionen f und g und der x-Achse eingeschlossen wird:

a) $f: x \to \sqrt{x}$ und $g: x \to -x + 2$

b) $f: x \to \sin\frac{\pi}{4}x$ und $g: x \to \frac{1}{2}x^2 - \frac{1}{2}x$

6. Eine bezüglich der y-Achse symmetrische Parabel 4. Ordnung hat in $A(2|0)$ einen Wendepunkt und geht durch den Punkt $B(4|-3)$. Wie groß ist die Fläche zwischen dem Schaubild der Funktion f und seiner Wendetangenten?

7. Das Schaubild der Funktion f mit $f: x \to e^{-0,5x} - 4$, die Tangente im Schnittpunkt mit der x-Achse und die y-Achse begrenzen eine Fläche. Berechnen Sie deren Inhalt.

8. Bestimmen Sie den Inhalt der Fläche, die von den Schaubildern der Funktionen f und g mit $f: x \to e^x - \frac{1}{2}x^2$ und $g: x \to e^x - x$ eingeschlossen wird. Zeichnen Sie!

9. Bestimmen Sie den Inhalt der Fläche, die vom Schaubild der Funktion f mit $f: x \to \frac{1-e^{-x}}{e^x}$, seiner Wendetangente und der x-Achse begrenzt wird.

10. Für jeden Wert $t \neq 0$ seien jeweils die Funktionen f_t und g_t gegeben mit

$f_t: x \to t \cdot \sin x$ und $g_t: x \to -\frac{1}{t} \cdot \sin x$.

Für $x \in [0; \pi]$ begrenzen ihre beiden Schaubilder eine Fläche.

a) Bestimmen Sie den Inhalt dieser Fläche in Abhängigkeit von t. Wie groß ist der Inhalt für $t = 2$?

b) Für welche Werte von t beträgt der Flächeninhalt $5 FE$?

c) Für welche Werte von t ist der ermittelte Flächeninhalt minimal? Geben Sie den minimalen Flächeninhalt an.

11. Die Parabel mit der Gleichung $y = ax(x - 2)$ mit $a < 0$ schließt mit dem Schaubild der Funktion f mit $f: x \to \frac{1}{3}x^4 - \frac{2}{3}x^3$ eine Fläche ein. Bestimmen Sie a so, daß der Inhalt der Fläche $\frac{28}{15} FE$ beträgt.

12. Die Gerade mit der Gleichung $x = u$ schneidet das Schaubild der Funktion f mit $f: x \to 4 - x^2$ im 4. Quadranten. Sie soll mit dem Schaubild von f und der x-Achse eine Fläche mit dem Inhalt $\frac{16}{3} FE$ einschließen. Wie muß dabei u gewählt werden?

13. Gegeben seien die Funktionen f und g mit $f: x \to 1 + x + e^{-x}$ und $g: x \to e^{-x}$. Das Schaubild der Funktion f, das Schaubild der Funktion g und die Gerade mit der Gleichung $x = u$ mit $u < 0$ schließen eine Fläche mit dem Inhalt $2FE$ ein. Bestimmen Sie den zugehörigen Wert u.

14. Das Schaubild der Funktion f mit $f: x \to -\frac{1}{8}x^3 + 2x$ und die x-Achse begrenzen im 1. Quadranten des Koordinatensystems eine Fläche. Bestimmen Sie den Inhalt dieser Fläche. Bestimmen Sie die Gleichung der Ursprungsgeraden, die diese Fläche halbiert.

Stichwortverzeichnis

A
Ableitung, 157
Ableitungsfunktion, **162**
Ableitungsregeln
   Faktorregel, **168**
   Summenregel, **169**
   Vereinfachte Kettenregel, **170**
Abszisse, 30
Additionsverfahren, *siehe Lin. Gl.systeme*
Amplitude, 117
Anfangswert, 81; 95
Assoziativgesetz, 5
Asymptote, 69; 118

B
Berührpunkt, 53; **156**
Betrag einer Zahl, 49
Binomische Formeln, 9
Bogenmaß, 114
Bruch, **4**
   Addition von Brüchen, 7
   Bruchzahl, 4
   Dezimalbruch
      abbrechender D., 4
      periodischer D., 4
   Division von Brüchen, 7
   echter Bruch, 4
   Erweitern eines Bruches, 7
   Kürzen eines Bruches, 7
   Multiplikation von Brüchen, 7
   Stammbruch, 4
   Subtraktion von Brüchen, 7
   unechter Bruch, 4

D
Definitionsmenge, *siehe Funktion*
Differential, 222
Differentialquotient, **157**
Differenzenquotient, **157**
Differenzieren
   graphisches Differenzieren, 166
Diskriminante, *siehe Quadr. Gleichung*
Distributivgesetz, 5
Dreieck
   rechtwinkliges D., 97

E
Einheitskreis, 101
Einsetzungsverfahren, *siehe Lin. Gl.systeme*
Eulersche Zahl, **82**
exponentieller Zerfall, 81; 95
exponentielles Wachstum, 81; 95
Extremstelle, 182
   1. Kriterium für Extremstellen, **183**
   2. Kriterium für Extremstellen, **186**
Extremwert, 182

F
Faktorregel, *siehe Ableitungsregeln*
Flächenproblem, 220
Funktion, 15
   algebraische F., 140
   Definitionsmenge einer F., **17**
   Exponentialfunktion, **78**
      natürliche Exponentialfunktion, 83
   Funktionsvorschrift, 16
   ganzrationale F., **139**
   gerade Funktion, 123; 142
   konstante Funktion, 28
   Kosinusfunktion, **117**
   Lineare Funktion, **28**
   Logarithmenfunktion, **85**
      natürliche Logarithmenfunktion, 94
   periodische F., 117; 118
   Potenzfunktion, **66**
   quadratische Funktion, **45**
   reelle Funktion, 16
   Schaubild einer F., 22
   Sinusfunktion, **117**
   Tangensfunktion, 118
   transzendente F., 140
   Umkehrfunktion, **73**
   ungerade Funktion, 123; 142
   Wertemenge einer F., **18**
   Wertetabelle einer F., 21
   Wurzelfunktion, **73**
   Zielmenge einer F., **18**

G
Gerade, 28
  Geradengleichung
    Hauptform, 28
    Punkt- Steigungsform, **31**
    Zwei-Punkteform, 34
  Schnittwinkel zweier Geraden, 41
  Steigung einer G., 28
  Steigungswinkel einer G., 28
  Ursprungsgerade, 28
Geradenbüschel, 31
Gleichsetzungsverfahren, *siehe Lin. Gl.systeme*

H
Hauptsatz der Differential- und Integralrechnung, 227
Hierarchie der Rechenoperationen, **6**
Hochpunkt, 180; **182**
Höhensatz, 100
Hyperbel, **69**
Hypotenuse, 97

I
Integral, 222
  das bestimmte Integral, **222**
  Grenzen des Integrals, 222
  Linearität des bestimmten I., **231**; **232**
Integralrechnung
  Hauptsatz der Differential- und I., 227
Integrand, 222
Integrationsvariable, 222
Intervalladditivität, **233**
Intervallhalbierung, 221

K
Kathete, 97
  Ankathete, 98
  Gegenkathete, 98
Kathetensatz, 100
Koordinatenachsen, 22
Koordinatensystem, 22
Koordinatenursprung, 22
Kosinuskurve, 117
Kosinussatz, 108

L
Lineare Gleichungssysteme
  Lösungsverfahren lin. Gl.systeme
    Additionsverfahren, **37**
    Einsetzungsverfahren, **36**
    Gleichsetzungsverfahren, **37**
Linearkombination, **136**
Linkskurve, **191**

Logarithmen
  binäre L., 86
  dekadische L., 86
  natürliche L., 86
Logarithmengesetze, **87**
Logarithmensystem, 86
Logarithmus, **86**

M
Maximum
  globales Maximum, 182
  lokales Maximum, **182**
Menge, 1
  Darstellung von Mengen
    aufzählende Form, 1
    beschreibende Form, 1
  Differenzmenge, 3
  Elemente einer Menge, 1
  endliche Mengen, 2
  leere Menge, 2
  Mengendiagramm, 2
  Schnittmenge, 3
  Teilmenge, 2
  unendliche Mengen, 2
  Vereinigungsmenge, 3
  Zahlmengen, 4
Minimum
  globales Minimum, 182
  lokales Minimum, **182**
Mitternachtsformeln, 52
monoton
  streng m. fallend, 78
  streng m. wachsend, 78

N
Newton-Verfahren, **177**
Normale, **159**
Nullprodukt
  Satz des N., **19**; **147**
Nullstelle, 30; **145**
  doppelte Nullstelle, 146
  einfache Nullstelle, 146
  N. einer ganzrationalen Funktion, 152

O
Obersumme, 221
Ordinate, 30
Ordinatenaddition, 134
Ordinatendivision, 135
Ordinatenmultiplikation, 66; 135
orthogonal
  orthogonale Geraden, **43**

P

Parabel, **45**; 139
   Normalparabel, 45; 66
   Scheitel einer Parabel, 45
   Wendeparabel, 66
parallel
   parallele Geraden, **43**
Parallelenschar, 31
Parameter, 31
Pascalsches Dreieck, **11**
Periodizität, 117
Polynom, 139
Polynomdivision, 147
Potenz, **63**
   Basis der Potenz, 63
   Exponent der Potenz, 63
   P. mit gebrochenem Exponent, 71
   P. mit negativem Exponent, 67
Potenzgesetze, **63**; 67
Pythagoras
   Satz von Pythagoras, 99

Q

Quadratische Gleichung
   biquadratische Gleichung, 150
   Diskriminante der quadr. Gl., 53
   Lösungsmenge der quadr. Gl., 51; 52
   reinquadratische Gleichung, 50
Quadratisches Ergänzen, **46**

R

Rechtskurve, **191**

S

Schaubild, *siehe Funktion*
Sekante, 156
Sinuskurve, 117
Sinussatz, 109
Stammfunktion, **225**
Stauchung, 66
Steigung
   Steigung einer Kurve, 154
Streckung, 66
Substitution, 90; 150
Summenregel, *siehe Ableitungsregeln*
Symmetrie
   Achsensymmetrie zur y-Achse, 66; **142**
   einfache Symmetrie, 138; 141
   Punktsymmetrie zum Ursprung, 66; **142**
      bei ganzrationalen Funktionen, 143
   Symmetrie zur y-Achse
      bei ganzrationalen Funktionen, 143

T

Tangente, 154; **156**; **159**
Tangentenproblem, 154
Terrassenpunkt, 181; 192
Tiefpunkt, 180; **182**

U

Umkehrfunktion, *siehe Funktion*
Untersumme, 221

V

Variable, 6
Vereinfachte Kettenregel, *siehe Ableitungsregeln*
Verkettung von Funktionen, 170
Vieta
   Satz von Vieta, **55**

W

Wachstum
   exponentielles Wachstum, 77
   lineares Wachstum, 77
Wachstumsfaktor, 81
Wachstumskonstante, 95
Wendepunkt, **191**
Wendestelle, **191**
   1. Kriterium für Wendestellen, **192**
   2. Kriterium für Wendestellen, **193**
Wendetangente, 195
Wertemenge, *siehe Funktion*
Wertetabelle, *siehe Funktion*
Winkelhalbierende, 34
   1. Winkelhalbierende, 34
   2. Winkelhalbierende, 34

Z

Zahl, **4**
   ganze Zahl, 4
   gemischte Zahl, 4
   irrationale Zahl, 4
   natürliche Zahl, 4
   rationale Zahl, 4
   reelle Zahl, 4
Zerfallsfaktor, 81
Zerfallskonstante, 95
Zielmenge, *siehe Funktion*
Zuordnung, 15

Mathematische Formelsammlung

Für Ingenieure und Naturwissenschaftler

von Lothar Papula

3., verbesserte Auflage 1990. XXII, 335 Seiten mit zahlreichen Abbildungen und Rechenbeispielen und einer ausführlichen Integraltafel. (Viewegs Fachbücher der Technik) Kartoniert. ISBN 3-528-24442-9

Die Formelsammlung ist Teil des Lehr- und Lernsystems von Lothar Papula Mathematik für Ingenieure. Sie enthält alle wesentlichen für das naturwissenschaftlich-technische Studium benötigte mathematischen Formeln. Sie zeigt an Rechenbeispielen, wie man die Formeln treffsicher auf eigene Problemstellungen anwendet.

Das Lehr- und Lernsystem von Lothar Papula besteht aus:

- Lehrbuch Mathematik für Ingenieure 1
- Lehrbuch Mathematik für Ingenieure 2
- Übungen zur Mathematik für Ingenieure
- Mathematische Formelsammlungen

Verlag Vieweg · Postfach 58 29 · 65048 Wiesbaden

Mathematische Formelsammlung

von Friedrich Kemnitz und Rainer Engelhard

*1977. 64 Seiten (Schlömilch-Tafelwerk) Kartoniert.
ISBN 3-528-04869-7*

Logik: Aussagen, Aussageformen, Negation und Verknüpfungen von Aussagen und Aussageformen, Quantoren, Logische Regeln

Mengenlehre: Bezeichnungen, Gesetze

Relationen: Definitionen, Äquivalenzrelationen, Ordnungsrelationen, Abbildungen, Funktionen

Algebraische Strukturen: Verknüpfungen, Gruppen, Ringe, Körper, Vektorräume, Boolesche Verbände, Anordnungen

Zahlenmengen

Der Körper der reellen Zahlen: Grundlegende Gesetze und Definitionen, Weitere Gesetze als Formeln der Arithmetik

Der Körper der komplexen Zahlen – Vektoren in der Geometrie: Allgemeines, Produkte

Systeme linearer Gleichungen: Matrizen und Determinanten, Lineare Gleichungssysteme

Allgemeine Gleichungen in einer Variablen – Arithmetische und geometrische Folgen und Reihen

Geometrie: Planimetrie, Stereometrie, Winkelfunktionen, Ebene Trigonometrie

Analytische Geometrie: Strecke, Gerade, Ebene, Kegelschnitte, Abbildungen in der Geometrie

Analysis: Folgen, Grenzwert, Stetigkeit, Differentialrechnung, Integralrechnung, Potenzreihenentwicklung und Näherungsformeln

Spezielle Funktionen: Arcusfunktionen, Hyperbelfunktionen, Areafunktionen

Kombinatorik, Statistik, Wahrscheinlichkeitsrechnung: Kombinatorik, Statistik, Wahrscheinlichkeitsrechnung – Sachwortverzeichnis.

Verlag Vieweg · Postfach 58 29 · 65048 Wiesbaden